果蔬贮藏加工中的褐变及控制

胡婉峰 编著

中国农业出版社
北 京

图书在版编目（CIP）数据

果蔬贮藏加工中的褐变及控制／胡婉峰编著．—北京：中国农业出版社，2022.2
ISBN 978 - 7 - 109 - 29191 - 1

Ⅰ.①果… Ⅱ.①胡… Ⅲ.①果蔬保藏－研究②果蔬加工－研究 Ⅳ.①TS255.3

中国版本图书馆 CIP 数据核字（2022）第 038094 号

中国农业出版社出版

地址：北京市朝阳区麦子店街 18 号楼
邮编：100125
责任编辑：郑 君 文字编辑：姚 澜 郑 君
版式设计：王 晨 责任校对：刘丽香
印刷：北京中兴印刷有限公司
版次：2022 年 2 月第 1 版
印次：2022 年 2 月北京第 1 次印刷
发行：新华书店北京发行所
开本：700mm×1000mm 1/16
印张：13.75
字数：270 千字
定价：80.00 元

前 言

褐变是指新鲜果蔬在贮藏运输、加工处理过程中因外部因素而发生的颜色变化，或者合成新的色素，外观上呈现出暗色或褐色的现象。长期以来，果蔬在加工及贮藏过程中不必要的色泽变化是制约果蔬产业发展的关键因素。因此，在保持果蔬及其制品原味且热敏性有效成分不被破坏的情况下，抑制果蔬加工及贮藏中不必要的色泽变化，成为果蔬加工亟待解决的关键科学问题之一。

本书主要从"第一篇　机理篇""第二篇　控制篇""第三篇　实例篇"以及"第四篇　其他色变篇"来介绍果蔬制品加工及其贮藏过程中的褐变机理、褐变控制方法，列举常见果蔬褐变的实例，以及除褐变之外的其他色变的形成原理及控制措施。

"机理篇"包括"第一章　酶促褐变"和"第二章　非酶褐变"。第一章详细介绍了酶促褐变机理，分别对参与果蔬褐变的酚类物质、褐变相关酶以及果蔬采后褐变相关生理代谢（膜脂代谢、活性氧代谢、能量代谢）进行了讨论。第二章阐述了非酶褐变机理，主要包括美拉德反应和抗坏血酸降解。"控制篇"包括"第三章　酶促褐变的控制"和"第四章　非酶褐变的控制"。第三章分别从调控酚类物质、抑制酶活性、控制氧气以及还原反应产物4个方面来介绍抑制酶促褐变的可能方式。同时，具体分析了物理调控技术、化学调控技术以及其他调控技术对果蔬褐变的抑制作用。第四章直接从物理调控技术和化学调控技术两方面介绍果蔬加工过程中由美拉德反应和抗坏血酸降解引起的褐变的调控。"实例篇"包括"第五章　采后贮藏过程中的褐变"以及"第六章　果蔬加工制品的褐变"。第五章从果蔬贮藏过程中发生褐变的环境因素切入，分别介绍了由冷害、气体伤害、微生物污染引起的褐变现象。第六章则介绍了果蔬加工制品，如鲜切果蔬、果蔬汁及果酱等产品中所发生的褐变及控制。"其他色变篇"第七章详细介绍了发生在果蔬组织中除褐变之外的其他颜色变化的现象，包括红变、黑变、褪绿、黄变及白变。在介绍其他色变发生机理的同时，还介绍了控制此类颜色变化的物理措施和化学措施。

　　希望本书能够为果蔬加工及贮藏过程中的褐变及其控制提供理论参考。由于编者水平有限，本书可能存在疏漏之处，恳请广大读者多提宝贵意见。

胡婉峰

2021 年 11 月于华中农业大学

目 录 //////////
CONTENTS

第二篇 控制篇

第三篇 实例篇

第四篇　其他色变篇

第一篇　机理篇

第一章　酶促褐变

酶促褐变通常被认为是果蔬褐变的主要类型。植物细胞中的多酚氧化酶（PPO）作为呼吸电子传递链的末端氧化酶，可以保持酚类物质和醌类物质之间的动态平衡（Panadare et al.，2018）。当植物细胞受到环境刺激时，细胞完整性受损，PPO 被激活。在氧气存在的情况下，由于细胞区域化分隔的打破，类囊体中的 PPO 和液泡中的酚类化合物结合，导致酶促褐变的发生（Duan et al.，2011）。在这一过程中，酚类化合物的种类及含量、PPO 的活性以及活性氧的供应对酶促褐变的发生程度有着重要的影响。

第一节　果蔬酚类物质及其在果蔬褐变中的作用

酚类化合物是指芳香烃中苯环上的氢原子被羟基取代所生成的一类化合物。酚类化合物作为果蔬组织中酶促褐变和非酶褐变的底物，主要存在于果皮、果肉及种子中，是植物体重要的次生代谢产物，含量仅次于纤维素、半纤维素和木质素（Arruda et al.，2020）。果蔬中酚类物质的种类和含量随着果蔬的品种、收获季节、成熟度、地域等的不同表现出很大的差异。

在植物中已经鉴定出 8 000 多种酚类化合物，并将其分为不同的亚类，包括酚酸类、类黄酮/花色苷类、木质素等（Fraser et al.，2011）。这个庞大的芳香族化合物家族执行着植物生长发育过程中的紫外线吸收、信号传递、抗病、参与机体结构组成以及植物与环境之间相互作用所必需的生理功能，保护植物免受生物胁迫和非生物胁迫（Dixon et al.，1995）。酚类化合物的多羟基和苯环形成的共轭体系使其成为良好的电子或氢供体，可以捕捉活性氧等自由基，并将其转化为稳定的化合物。

目前，大多研究着重描述多酚氧化酶在酶促褐变过程中的重要作用，并未对重要底物酚类物质进行探讨。因此，本节重点论述酚类物质在果蔬褐变过程中所发挥的作用，主要介绍：①酚类物质的种类以及已报道的参与褐变的酚类物质种类；②酚类物质合成所涉及的一些代谢途径，包括莽草酸途径和苯丙烷途径；③酚类化合物在酶促褐变及非酶褐变过程中的转化过程；④减少酚类物质抑制果蔬褐变的方法。

一、分类

酚类化合物的化学结构比较复杂，既包括植物化学物（Phytochemical），又包括在食品加工过程中发生的化学反应生成的产物（Cheynier，2012），其涵盖了一个数量多且结构多样的化合物组，可以采用多种方法进行分类。1920年，Freudenberg 按照化学结构将酚类物质分为水解单宁（酸酯类多酚）和缩合单宁（黄烷醇类多酚或原花青素）两大类。1927年，Ribereau - Gayon 提出了新的分类方法，将酚类物质分为以下 3 类：①广泛分布的酚类，即在所有植物中广泛存在或在特定植物中具有重要作用；②分布不太广泛的酚类，即化合物的已知含量有限；③以聚合物形式存在的酚类。1965年，Robinson 根据分子的碳架结构对酚类物质进行分类，具体分类如表 1－1 所示。

表 1－1　酚类物质的分类（基于碳架结构）

碳架结构	种类	代表化合物
C_6	简单酚类	邻苯二酚
	苯醌类	对苯醌
$C_6—C_1$	羟基苯甲酸类	对羟基苯甲酸
$C_6—C_2$	苯乙酮类	3 -羟基苯乙酮
	苯乙酸类	3 -羟基苯乙酸
$C_6—C_3$	羟基肉桂酸类	咖啡酸
	香豆素类	7 -羟基香豆素
	苯丙烯类	阿魏酸
	色酮类	丁子香色酮
$C_6—C_4$	萘醌类	蓝雪醌
$C_6—C_1—C_6$	氧杂蒽酮类	芒果苷
$C_6—C_2—C_6$	蒽醌类	大黄素
	芪类	半月苔酸
$C_6—C_3—C_6$	黄酮	木犀草素
	异黄酮	葛根素
	黄烷酮	圣草酚
	黄烷醇	儿茶素
	黄酮醇	槲皮素
	花色苷	矢车菊素

（续）

碳架结构	种类	代表化合物
$(C_6—C_3)_2$	木脂素类	芝麻素
$(C_6—C_3—C_6)_2$	双黄酮类	银杏素
$(C_6—C_3)_n$	木质素类	
$(C_6—C_3—C_6)_n$	缩合单宁	原花青素

根据在苯环中直接连接的羟基数量，酚类物质还可以分为单酚、二酚和多酚（Kumar et al.，2014）。常见的单酚有苯酚、酪氨酸和愈创木酚；常见的二酚有邻苯二酚、4-甲基邻苯二酚、绿原酸和多巴胺等；多酚的种类繁多、结构复杂，包括没食子酸、鞣花酸、原花青素等。多酚分为多酚单体和单宁类物质。多酚单体分为黄酮类和酚酸类。黄酮类物质主要有黄烷-3-醇、黄酮和黄酮醇等，主要参与植物的颜色变化及生长发育等方面。酚酸类物质含2个亚组，即羟基苯甲酸和羟基肉桂酸。羟基苯甲酸包括没食子酸、对羟基苯甲酸、原儿茶酸、香草酸和丁香酸；羟基肉桂酸中最常见的是咖啡酸、阿魏酸、对羟基肉桂酸和芥子酸。单宁类物质按化学结构可分为水解单宁和缩合单宁两大类。水解单宁是由酸及其衍生物与葡萄糖或多元醇通过酯键相连形成的化合物，可分为没食子单宁、鞣花单宁等。缩合单宁是由黄烷类单体缩合而成的寡聚物或多聚物。黄烷醇类化合物是典型的缩合单宁前体，包括儿茶素和表儿茶素。儿茶素和表儿茶素可形成聚合物，即原花青素。

除上述分类外，酚类化合物还可根据其结合形式进行划分。游离形式的酚类化合物溶于水或极性溶剂，主要存在于植物细胞的液泡中。结合形式的酚类化合物具有不溶性，主要位于植物细胞的细胞壁基质中。游离形式的酚类化合物与结构蛋白、纤维素、果胶和其他大分子物质通过共价键结合后，形成结合形式的酚类化合物。研究表明，食物中结合形式的酚类化合物无法被小肠消化和吸收，它们通过与结肠中的微生物相互作用而发挥一系列的生理活性（Oboh et al.，2012）。鉴于此，结合形式的酚类化合物已逐渐成为多酚研究的重点。

二、参与褐变的酚类物质

（一）儿茶素

儿茶素，又名儿茶酸、儿茶精，是从茶叶等天然植物中提取出来的一类活性物质，属于黄烷醇类化合物。1957年，儿茶素的结构并不明确，因此没有观察到其在食品中的广泛存在。1962年，Hardegger等研究发现，儿茶素具有2-苯基苯并二氢吡喃结构，（＋)-儿茶素和（－)-表儿茶素在第2个碳原子上有相同的构型，在第 3 个碳原子上有相反的构型。儿茶素溶于热水、乙醇、冰醋酸、丙酮，微溶于冷水和乙醚，几乎不溶于苯、氯仿及石油醚。

儿茶素在植物体中可以游离态、与糖结合成苷、与有机酸缩合为酯类存在。儿茶素主要分为表儿茶素、表没食子儿茶素、表儿茶素没食子酸酯、表没食子儿茶素没食子酸酯 4 种。苹果中最丰富的黄烷醇类化合物为表儿茶素，与儿茶素互为同分异构体。

在酶促褐变过程中，儿茶素所具有的邻二酚结构，能被 PPO 催化氧化为邻醌结构，邻醌类物质再氧化聚合产生黄色或棕色化合物。在茶叶发酵过程中，约 75% 的儿茶素发生酶促氧化和聚合反应。甲基化的儿茶素也可能被过氧化物酶（POD）氧化。如荔枝果皮中部分纯化的 POD 可以在过氧化氢（H_2O_2）存在下快速氧化 4-甲基邻苯二酚，从而参与荔枝的酶促褐变。

（二）原花青素

原花青素，又称原花色素，其基本结构是 α-苯基苯并吡喃醇，通常以苷的形式存在于植物组织中。原花青素在酸性条件下加热可转化为花青素。1920 年，Roseheim 第一次从葡萄中检测到原花青素，称其是花青素糖苷。1933 年，Robinson 等人证明了原花青素存在于许多植物中。随后，原花青素被证明是紫罗兰花朵合成花青素的中间产物。

（三）花青素

花青素是一类具有水溶性的黄酮类化合物，其基本结构为 2 个苯环和 1 个含氧杂环，即 C_6—C_3—C_6 结构（Zhuang et al.，2018）。由于 B 环上羟基或甲氧基的不同，形成了多样的花色苷。花青素分子中存在高度共轭体系，在紫外光与可见光区域均具有较强吸收，是人眼可见的最重要的水溶性植物色素。花青素是植物着色剂，为花朵和果实赋予颜色。花青素分子结构在不同酸碱度下产生可逆变化，其颜色随 pH 的变化而变化。花青素在 pH<7 时呈红色，pH 为 7~8 时呈紫色，pH>11 时呈蓝色。B 环上羟基数量的增加会导致最大吸收波长的增加，也会使花青素分子颜色发生变化。此外，在自然界中也观察到了花青素的甲基化衍生物。

已知的花青素有 20 多种，植物中较常见的花青素为天竺葵素、矢车菊素、翠雀素或飞燕草素、芍药素、牵牛花色素和锦葵素（Xu et al.，2020），它们通常分布在植物的花、茎、叶和果实等部位，以糖苷的形式聚集在表皮或表皮下细胞的液泡中。花青素常与一个或多个葡萄糖、半乳糖、鼠李糖、阿拉伯糖等通过糖苷键形成花色苷。在少数情况下，龙胆二糖和木糖也可作为花色苷的糖基。糖基在大多数情况下与花青素的 3 位相连，很少与 5 位、7 位相连。

研究表明，花青素在少数情况下参与褐变反应。例如，在 POD 的氧化作用下，荔枝果皮的花青素会发生降解，从而造成荔枝果皮褐变（Zhang et al.，

2005)。在 H_2O_2 存在下，POD 不能直接催化花色苷降解，但当 H_2O_2 和简单酚类（如愈创木酚）同时存在时，花色苷可以被 POD 快速降解。花色苷水解产生的花青素也可以作为 POD 的底物。在没有苯酚的情况下，PPO 对花青素的降解非常缓慢，但随着苯酚浓度的增加氧化速度加快。表明酶促反应形成的邻醌可氧化花青素，从而发生共氧化降解，导致褐变。

（四）黄酮醇

黄酮醇是黄酮基本母核的 3 位被含氧基团取代的一类化合物。黄酮醇与黄酮、黄烷酮一样，均呈淡黄色，统称为花黄素，广泛分布于植物的花、果实、茎、叶中。黄酮醇具有抗氧化、抗癌、抗炎、抗菌等多种生物活性，与植物的生长发育、抵抗非生物胁迫以及色泽、口感等品质的形成具有密切联系（Silva et al.，2016）。

目前已发现黄酮醇约有 1 700 种，是黄酮化合物中数量最多、分布最广泛的一类。常见的黄酮醇有槲皮素（3，5，7，3′，4′-五羟基黄酮）、杨梅素（3，5，7，3′，4′，5′-六羟基黄酮）和山奈酚（3，5，7，4′-四羟基黄酮）等（Mathew et al.，1971）。它们通常以糖苷的形式存在，其中一个或多个羟基与糖基（如葡萄糖）结合。糖基的取代通常是通过酯化黄酮醇核 3 位或 7 位的羟基而发生。芦丁是最常见的黄酮醇苷化合物。茶叶中最主要的黄酮醇苷化合物为槲皮素苷和三糖苷（Fang et al.，2019）。胡萝卜中主要的黄酮醇物质为木犀草素和芹菜素苷。

茶叶中黄酮醇和黄酮醇苷的含量较低，但其会发生聚合反应并形成较大分子质量的色素物质，导致茶叶冲泡颜色偏黄。Dai 等（2017）研究了山奈酚、槲皮素和杨梅素等黄酮醇物质与表没食子儿茶素没食子酸酯（EGCG）的相互作用对绿茶浸液色泽的影响。结果表明，在茶叶冲泡过程中，黄酮醇可与 EGCG 发生相互作用并形成复合物，一定程度上导致绿茶浸液的褐变。

（五）肉桂酸衍生物

肉桂酸，又名桂皮酸，是植物中由苯丙氨酸脱氨降解产生的苯丙烯酸。肉桂酸衍生物在严格意义上并不属于黄酮类化合物，但它们参与黄酮类化合物的 C—C 单元（B 环）的形成，并与类黄酮在高等植物中的分布类似（Mathew et al.，1971）。羟基肉桂酸衍生物（咖啡酸、香豆酸、阿魏酸和芥子酸等）在自然界中较少以游离形式存在，植物中通常以糖苷、酯的形式存在，或者与细胞壁聚合物、蛋白质等相结合的形式存在。阿魏酸（3-甲氧基-4-羟基肉桂酸）和芥子酸（4-羟基-3，5-二甲氧基肉桂酸）在植物中仅以组合形式出现（Xiang et al.，2019）。果蔬中最重要的肉桂酸衍生物是绿原酸，它是奎尼酸和咖啡酸的复合物。绿原酸是苹果褐变的重要底物。

（六）简单酚类

简单酚类是指只具有一个苯环（六碳结构）的酚类物质（Hua et al.，2017）。典型的简单酚类有邻苯二酚、没食子酸和酪氨酸。因为参与褐变的黄酮类化合物结构较复杂，邻苯二酚常被作为酚类酶促氧化研究的模型底物。没食子酸（3,4,5-三羟基苯甲酸）通常以游离酸或形成酯类化合物的形式存在于果蔬中（Guo et al.，2020），是构成水解单宁的基本单位。酪氨酸（2-氨基-3-对羟苯基丙酸）是一种重要的氨基酸，广泛存在于果蔬之中。酪氨酸具有单羟基酚结构，可被酪氨酸酶催化形成 3,4-二羟苯丙氨酸（多巴），多巴再被 PPO 催化形成多巴醌，最终生成黑色素（Min et al.，2020）。

三、酚类物质的合成

陆生植物的果实易发生褐变，其主要原因在于较多的初始酚类底物和较高的 PPO 活性。但蔬菜的初始酚类化合物较少，多酚类化合物的从头合成使出现褐变的时间有一定的滞后性。即蔬菜经切分后，先合成大量的酚类化合物，再进一步发生氧化褐变。

酚类化合物的合成过程如下：糖酵解途径（EMP）和磷酸戊糖途径（PPP）生成的产物进入莽草酸途径，莽草酸进一步转化生成分支酸，进而生成色氨酸、苯丙氨酸和酪氨酸。其中苯丙氨酸由苯丙烷途径的苯丙氨酸解氨酶（PAL）脱氨生成肉桂酸，经数次酶促反应进一步转化为一系列酚类化合物。

（一）莽草酸途径

莽草酸途径是植物体内连接磷酸戊糖途径、糖酵解途径和苯丙烷途径的重要枢纽。该途径中代谢产物除了合成蛋白质外，还可以合成芳香族氨基酸（包括酚类物质）。因此，莽草酸途径在增强植物抗性的过程中具有不可替代的作用。

具体物质转化过程如下：首先，由磷酸戊糖途径和糖酵解途径分别提供赤藓糖-4-磷酸和磷酸烯醇式丙酮酸前体物质生成莽草酸；其次，莽草酸经过酶催化反应生成分支酸（Fraser et al.，2011）；最后，由两个分支途径分别合成色氨酸、苯丙氨酸和酪氨酸。色氨酸的合成：通过邻氨基苯甲酸合成酶进入色氨酸合成途径，并以其作为前体物质进入吲哚类生物碱合成途径。苯丙氨酸和酪氨酸的合成：通过分支酸变位酶（CM）催化生成酪氨酸和苯丙氨酸 2 种芳香族氨基酸，并在 PAL 的催化作用下激活苯丙烷途径。

（二）苯丙烷途径

苯丙烷途径是植物特有的次生代谢途径，以苯丙氨酸为起点，经过一系列酶促反应，生成 8 000 多种次生代谢物。其中，木质素途径与类黄酮途径是苯丙烷代谢的重要分支途径。苯丙氨酸在 PAL 的催化下脱去氨基，生成反式肉桂酸，由此激活苯丙烷途径（Liu et al.，2021）。随后，反式肉桂酸在肉桂酸-4-羟化酶（C4H）、4-香豆酰-辅酶 A 连接酶（4CL）等抗性酶作用下将莽草酸和苯丙氨酸转化为绿原酸、阿魏酸以及咖啡酸等酚类物质。中间过程形成的 4-香豆酰辅酶 A 和乙酸-丙二酸酯途径产生的丙二酰辅酶 A 经查耳酮合成酶（CHS）催化形成黄酮类化合物，并可进一步生成花青素。而经木质素途径生成的木质素可增强植物细胞壁，发挥抵抗病原菌侵染的作用，同时在植物体内维持完整的细胞结构、养料运输和抗逆性等方面具有重要作用（Pan et al.，2013）。

（三）酚类物质的诱导合成和氧化褐变

机械损伤等外部压力会导致植物组织中活性氧（ROS）的产生。过量的 ROS 可能导致蛋白质和膜脂的损伤，甚至引发细胞死亡（Farooq et al.，2019）。在氧化应激状态下，植物细胞会发生两类与抗性相关的酚类代谢。

第一类是酚类化合物的合成。这是由于环境诱导 PAL 大量表达，并进一步刺激了 PAL 介导的酚类化合物合成途径。酚类化合物具有很强的抗氧化性，可以消除过量的 ROS，从而修复 ROS 对细胞的损害（Sousa et al.，2021）。有研究表明，通过增加创伤应激强度可以增强胡萝卜中酚类化合物的合成。在草莓中也观察到了类似现象。

第二类是现有的和新产生的酚类物质的氧化。当细胞膜破裂时，酚类化合物与氧化系统的酶接触。在氧气存在下，酚类化合物被 PPO 氧化成亲电醌，然后与多酚和氨基酸等亲核试剂进行非酶反应，最终生成棕色复合物（Mertens et al.，2019）。有报道称，酚类氧化生成的醌类物质及其配合物对昆虫和病原体具有毒性作用，使酚类氧化在植物抵御生物胁迫中发挥重要作用（War et al.，2012）。

四、酚类物质在褐变过程中的转化

已知酚类化合物具有较强的抗氧化能力，并且具有多种生理功能，如抗自由基和抗菌活性（Zhang et al.，2015）。此外，酚类化合物的氧化通常会导致颜色变化。褐变过程分为酶促褐变和非酶褐变。

（一）酚类物质在酶促褐变中的转化

酶促褐变是一个复杂的过程，包括酶促氧化和非酶聚合 2 个过程。酶促褐变是单酚或邻苯二酚经酶促氧化生成的邻醌，经非酶反应发生缩合或聚合的过程（Docimo et al.，2016）。

1. 酶促氧化

酶促氧化指酚类物质在酶的作用下氧化为醌类（Tinello et al.，2018）。PPO 包括单酚氧化酶和双酚氧化酶，可催化单酚和邻苯二酚转化为相应的半醌和邻醌。在 H_2O_2 存在的情况下，POD 也可以催化酚类物质的氧化反应（Mishra et al.，2013）。有研究表明，PPO 和 POD 在催化多酚的氧化方面具有协同作用（Debelo et al.，2020），可以通过生成反应性的半醌和醌自由基来加速多酚的氧化。

2. 非酶聚合

醌类物质反应性较高，可从小分子的无色物质迅速聚合成具有共轭体系的大分子显色物质。高反应性亲电邻醌的积累，使其进一步与其他亲核试剂（如其他多酚、氨基酸或蛋白质）发生非酶聚合，从而产生深棕色的大分子色素物质，从而使果蔬组织的颜色从亮棕色变为深棕色。因此，果蔬褐变中的棕色物质主要是由醌类进行非酶反应所形成的聚合物（Sánchez et al.，1995）。

（1）醌类与多酚反应

酶促反应形成的醌类化合物可能被亲核酚类化合物攻击形成二聚体，这一过程被称为氧化偶联（Kusano et al.，2007）；而二聚体的醌可继续被还原为相应的邻苯二酚，邻苯二酚二聚体具有被其他醌类再氧化的潜力，这一过程被称为偶联氧化，这些被氧化的二聚体又可以进一步参与氧化偶联反应。这些非酶的连续反应导致了有色聚合物的形成。

Vissers 等（2017）研究发现，非底物酚类化合物可以通过氧化褐变参与褐变反应。此外，非底物酚与底物酚的比例通过影响氧化偶联反应和偶联氧化反应的循环次数来决定酚类化合物通过聚合反应导致的共轭体系的伸长长度。具体来说，较低的非底物酚与底物酚比导致较高的偶联氧化含量，从而形成大量具有共轭体系的棕色产物。Deun 等（2015）的研究也发现，黄烷醇单体（非底物酚）与羟基肉桂酸（底物酚）之间的相对平衡在苹果汁氧化褐变过程中发挥了重要作用。

（2）醌类与氨基酸反应

醌类化合物是反应性亲电中间体，容易受到甲硫氨酸、半胱氨酸等氨基酸的亲核攻击，从而产生结构更为复杂的色素。如褐黑素的形成，酪氨酸被氧化形成多巴醌，与半胱氨酸反应生成半胱氨酸基多巴，半胱氨酸基多巴进一步氧化聚合，生成红褐色的褐黑素（Stevens et al.，1998）。氨基酸（如组氨酸、赖氨酸、半胱氨酸和色氨酸）也可与绿原酸氧化形成的醌进行共价连接（Schilling et al.，2008）。

（3）醌类与蛋白质反应

醌类化合物可以与蛋白质表面的氨基酸残基发生反应，使酚类化合物与蛋白质共价结合，形成的加合物可进一步氧化形成相应的醌类化合物，醌类化合物可与蛋白质再次反应，形成交联的蛋白质聚合物。研究发现，最终添加产物在 250～500 nm 的吸光值高于未修饰蛋白（Rawel et al.，2002）。由于其在

400～500 nm 处的吸收光呈现为棕色，因此，邻醌和蛋白质的交联产物被认为是导致果蔬褐变的另一重要原因。大多数游离绿原酸在马铃薯汁加工过程中与蛋白质共价结合，最终产生棕色可溶性复合物，而在碱性条件下（pH＞7），这些反应会产生更复杂的棕色色素（Narváez et al.，2013）。

3. 影响因素

果蔬酶促褐变程度与 PPO 活性和酚类成分有密切关系（Vhangani et al.，2021）。虽然 PPO 具有保守的活性位点，但是其活性和底物特异性在不同的植物中存在较大差异。此外，PPO 的活性因环境而异，不利环境可以激活非活性形式的 PPO。酚类成分也因植物种类的不同而导致不同的变色。例如，表儿茶素或绿原酸是苹果中主要的酚类化合物，其氧化产物呈暗橙色；多巴胺是香蕉中主要的酚类化合物，其氧化产物呈深褐色（Sojo et al.，1998）；儿茶素是葡萄中主要的酚类化合物，其氧化产物呈粉红色；酪氨酸是马铃薯中主要的酚类化合物，其氧化产物呈深棕色（Li et al.，2021）。

（二）酚类物质在非酶褐变中的转化

通过研究 8 个品种苹果的 PPO 活性、酚类含量与颜色变化的相关性发现，苹果果肉的氧化速率与总酚含量高度相关，而与 PPO 活性的相关性较弱（Persic et al.，2017），表明苹果果肉褐变的主要原因并不是 PPO 催化的酶促褐变。因此，果蔬中还有另一种褐变——非酶褐变。非酶褐变是指在没有任何酶参与的情况下产生棕色色素的反应。酚类化合物的非酶褐变包括酚类化合物与金属离子的络合、酚类化合物的自氧化和原花青素的降解。

1. 酚类与金属离子络合

酚类化合物可以与铁、锡、铝和铜等金属形成螯合物，会导致果蔬变色。例如，马铃薯加热后两端出现的蓝灰色变色，是由于形成了铁和邻苯二酚的络合物。铁离子和邻苯二酚的络合反应如图 1-1 所示。在花椰菜和芦笋中也观

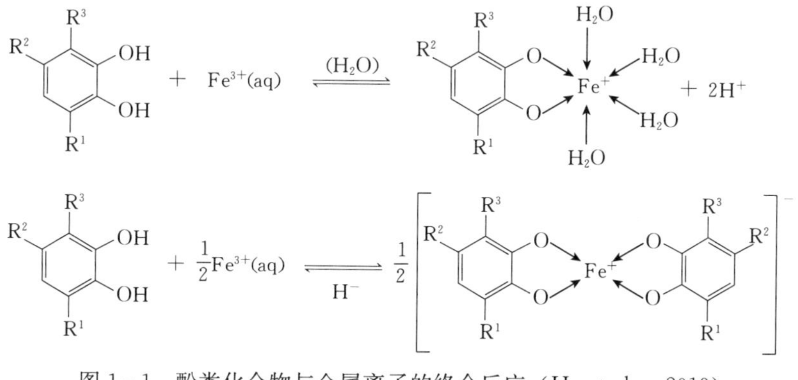

图 1-1　酚类化合物与金属离子的络合反应（He et al.，2019）

察到了类似的变色现象。金属包装的罐头食品中的多酚（如黄酮醇、黄酮类化合物和绿原酸）易与金属离子发生络合反应使食物变色，需要使用金属钝化剂抑制络合反应。

2. 酚类自氧化

酚类化合物的自氧化是一种重要的非酶褐变。有研究发现，当茶叶中的PPO失活或被去除后，儿茶素在热处理过程中会通过自氧化引起褐变。根据报道，表儿茶素自氧化所形成的13-二氢茚-羧酸衍生物和2-茶黄素是导致褐变的主要物质（Tan et al.，2020）。

3. 原花青素分解

食品在热处理过程中出现的红褐色或粉红色变色也属于非酶褐变。白桃罐头在贮藏期间出现的局部变红便是由原花青素分解引起的褐变。原花青素在酸性介质中加热后可水解产生花青素，从而呈现出红色，这种类型的非酶褐变通常发生在原花青素含量高的产品中（Mathew et al.，1971）。

第二节　褐变相关酶

与褐变相关的酶主要有多酚氧化酶（PPO）、苯丙氨酸解氨酶（PAL）、过氧化物酶（POD）。其中 PPO 和 POD 是与酚类化合物氧化褐变有关的酶，而 PAL 是与酚类物质的生物合成直接相关的酶。

一、多酚氧化酶

酶促褐变是发生在果蔬中的重要反应。PPO 在褐变中的作用已被充分证明。理解 PPO 的特性和结构有利于了解酶促褐变的机制，从而控制褐变。

（一）酶学特性

多酚氧化酶是一组催化酚类化合物产生醌类化合物的酶，主要包括酪氨酸酶（tyrosinase，TYR）、儿茶酚氧化酶（catechol oxidase，CO）和金鱼草素合酶（aureusidin synthase，AUS）（Kaintz et al.，2014）。PPO 的催化反应分为单酚的羟基化（单酚酶活性）和邻苯二酚氧化为邻醌（双酚酶活性）。如图 1-2 所示，TYR 具有单酚酶活性和双酚酶活性，而 CO 仅具有双酚酶活性。

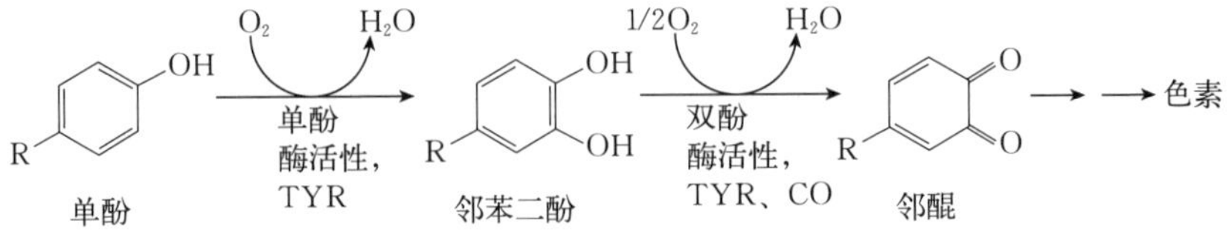

图 1-2　由 TYR 和 CO 催化的反应（Queiroz et al.，2008）

目前，PPO 已经可以从不同的来源中分离和纯化出来，如一些植物、细菌、动物和真菌（Panadare et al.，2018）。PPO 的分子质量为 27～144 ku。有研究表明，植物来源的 PPO 分子质量为 32～200 ku（Yoruk et al.，2003）。从红瑞士芥菜叶片中纯化出了 PPO 分子质量为 41 ku 的单条蛋白（Gao et al.，2009）。损伤诱导的豇豆幼苗中 PPO 的分子质量分别为 58 ku、73 ku 和 220 ku。同一植物中可能存在多条带现象，表示在同一来源中存在不同的 PPO 异构体（Panadare et al.，2018）。樱桃中纯化的 PPO 显示为两条带（52 ku 和 38 ku）。Ataulfo 杧果的 PPO 也显示了多个条带，分子质量分别为 53 ku、112 ku 和 144 ku。

PPO 在生物体内不仅以单体形式存在，而且还以聚合物形式存在。马铃薯块茎中天然 PPO 的分子质量约为 340 ku，纯化的异构体的分子质量约为 69 ku，表明这种 PPO 异构体是一种多聚体（Marri et al.，2003）。茄子中纯化出了一个 PPO 分子质量为 112 ku 的同源二聚体。冰山莴苣的 PPO 通过超声处理从类囊体膜中释放出来，并通过凝胶过滤色谱法分离出了 2 种分子形式，表观分子质量分别为 188 ku 和 49 ku。有学者认为，莴苣 PPO 是由相同的亚单位组成的四聚体（Chazarra et al.，2001）。

PPO 的最佳催化 pH 为 4～7，最佳催化温度为 10～60 ℃。蓝莓 PPO 在 pH6.1～6.3 和 35 ℃时有最佳活性。樱桃中 PPO 的最佳 pH 和温度分别为 7.2 和 40 ℃（Kumar et al.，2008）。此外，PPO 的最佳 pH 和温度也受到酚类底物的影响。对于从醋栗中纯化出的 PPO 来说，以儿茶酚和 4-甲基邻苯二酚为底物时，最佳 pH 均为 5.5，儿茶酚的最佳温度为 40 ℃，4-甲基邻苯二酚的最适温度为 25 ℃；以绿原酸为底物时，最佳 pH 为 5.0，最适温度为 20 ℃（Bravo et al.，2016）。

（二）PPO 底物

PPO 的底物种类广泛，其常见的底物有邻苯二酚、4-甲基邻苯二酚、儿茶素、表儿茶素、多巴胺、绿原酸、咖啡酸、酪氨酸等（Panadare et al.，2018）。不同水果和蔬菜中天然酚类的类型和相对浓度差别很大，且 PPO 活性对不同的底物也显示出明显的差异。4-甲基邻苯二酚是茄子、朝鲜蓟 PPO 的关键底物。儿茶酚是腰果、蓝莓 PPO 的最佳底物。4-甲基邻苯二酚和儿茶酚是樱桃、西兰花、黄油莴苣 PPO 的有效酚类底物。绿原酸是醋栗、梨 PPO 的最佳底物。儿茶素是茶叶 PPO 的最适底物。表儿茶素是荔枝果皮组织中 PPO 的直接底物。PPO 的底物特异性也随栽培品种的不同而变化。对于不同的茄子栽培品种，*Solanum melongena* var. *insanum* 和 *Solanum melongena* var. *zhukovskyi* 的最佳底物是儿茶酚，但 4-甲基邻苯二酚是 *Solanum melongena* var. *falcatum* 的最佳底物（Dogan et al.，2002）。

（三）结构及其激活机制

1. PPO 基因结构

PPO 分为 3 个结构域：中心结构域、N 端结构域和 C 端结构域（Kampatsikas et al.，2019）。中心域包含 2 个铜离子（CuA 和 CuB），结构域高度保守，每个铜离子与 3 个组氨酸残基协调，特征序列 HXXXC 和 HXXXH 分别出现在 CuA 结构域和 CuB 结构域的开头，而 CuB 位点比 CuA 位点更保守。N 端结构域是一个转运肽，它决定了 PPO 的最终位置，到达最终位置后 N 端结构域会被蛋白水解。植物 PPO 是核编码的，N 端结构域编码的转运肽可以引导大多数蛋白质进入叶绿体的类囊体腔内，而秘鲁番荔枝的 *AcPPO* 被转运至高尔基体（Tran et al.，2012）。在叶绿体的类囊体腔内，PPO 以游离态或与类囊体膜松散结合形式存在。PPO 的 C 末端由含有 50 个氨基酸的 DWL 结构域和含有 140～150 个氨基酸的 KFDV 结构域组成（Tran et al.，2012）。这些 PPO 的典型结构已在许多植物物种中得到证实（图 1-3）。

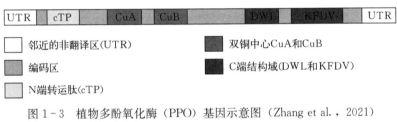

图 1-3 植物多酚氧化酶（PPO）基因示意图（Zhang et al.，2021）
注：保守的 PPO 基因家族结构域。

2. PPO 激活机制

PPO 的潜伏态（非活性）是由中心结构域和 C 末端结构域组成。C 末端结构域通过占位氨基酸阻止底物进入活性部位。*AoTYR* 和 *AbPPO4* 的真菌 PPO 结构已经证明了这一点，其中苯丙氨酸残基（Phe513 和 Phe454）占据了活性位点，阻止底物进入（Mauracher et al.，2014）。而 C 末端结构域水解后，PPO 会从潜伏态进入激活态，行使催化功能。

PPO 的激活包括体内激活和体外激活。体内激活是指潜伏的 PPO C 端结构域的蛋白发生水解，而体外激活可能是通过使用蛋白酶、脂肪酸、十二烷基硫酸钠（SDS）等诱导 PPO 构象发生变化而实现的。连接 PPO N 端结构域和 C 端结构域的区域被称为连接区，且各物种的 PPO C 末端片段的裂解部位位于连接区（Marusek et al.，2006）。关于体内激活过程，Kampatsikas 等（2019）发现，*MdPPO1* 在连接 PPO C 端结构域连接区的 4 个连续的残基（Ser366—Val370）上自发裂解。对于体外激活过程，如血蓝蛋白（存在于节肢动物和软体动物中的携氧蛋白质）在体外受到 SDS 诱导时，血蓝蛋白显示出了 CO 活性。软体动物 *Octopus dofleini* 的血蓝蛋白的晶体结构（PDB：1JS8）显示 Leu2830 是占位氨基酸。通过分子动力学模拟发现，占位氨基酸残基 Leu2830 的侧链在 SDS 环境中与原位置相距 0.54 nm，使酚类底物很容易进入蛋白质的活性部位。

（四）PPO 基因家族及其特征

基因家族是一组遗传自共同祖先基因的基因，具有相似的 DNA 序列和功能。PPO 基因家族是表征最好的多基因家族。铜结合域的高水平遗传保守性促使 PPO 基因家族成员更易于从各种被子植物中分离出来，包括番茄、马铃薯、杂交杨树、水稻、小麦、红三叶草、凤梨和苹果等。系统发育分析表明，PPO 基因家族规模在某些植物物种中越来越多，但在其他物种中减小或不存在。例如，丹参的 19 个 PPO 成员是迄今为止植物物种中最大的 *SmPPO* 家族，而在凤梨、黄瓜和胡桃植物中仅检测到 2 种 PPO，在荔枝和朝鲜蓟植物中仅分离到 1 个 PPO 基因。

PPO 家族的多个成员高度保守，但在不同器官、不同发育阶段和对各种胁迫的反应中的表达存在差异。表明这些基因具有功能多样性，这一概念在一系列研究中得到了验证。例如，小麦籽粒中 PPO 的表达分析表明，5 个成员中有 4 个在谷物发育过程中表达。茄子 PPO 在叶、花和果实中的表达水平差异很大，而在根中仅表达 *SmePPO1* 和 *SmePPO2*。在正常发育过程中，大多 *PtrPPO* 均存在表达差异，但 *PtrPPO1*、*PtrPPO2* 和 *PtrPPO11* 在茉莉酸甲酯、病原体或食草动物等影响下表达水平增大。烟草中的 *NtPPO1*、*NtPPO2* 和 *NtPPO3* 基因在茉莉酸甲酯、脱落酸和食草动物影响下具有不同的响应（Aziz et al.，2019）。

早期研究表明，PPO 基因中无内含子，但随后的研究揭示了单子叶植物中存在内含子（Taketa et al.，2010）。Tran 等（2012）基于全基因组分析预测了 PPO 基因中内含子的广泛分布。此后，大量证据证实了这一预测。例如，8 个高粱 PPO 基因的内含子数量为 0～2 个，在丹参（*SmPPO*）、草莓（*FaPPO*）中也有类似发现。

（五）PPO 催化的酶促褐变

1. 醌类的形成

在单酚酶和双酚酶的催化循环中，PPO 活性中心的铜离子会经过 3 种不同的状态（图 1-4）：金属态 PPO、脱氧态 PPO、含氧态 PPO（Boeckx et al.，2015）。天然 PPO 主要以金属态 PPO 形式存在，其中 OH^- 与 2 个 Cu^{2+}（CuA 和 CuB）结合。脱氧态 PPO 缺乏桥接底物，2 个铜都处于 Cu^+ 状态（Kanteev et al.，2015）。含氧态 PPO 中的 2 个铜离子都是 Cu^{2+}，O_2 以过氧化物（O_2^{2-}）的形式作为 CuA 和 CuB 之间的桥梁（McLarin et al.，2020）。

邻苯二酚类底物，如儿茶酚，可以与金属态 PPO 形式结合，将金属态 PPO 转化为脱氧态 PPO，但单酚类物质不能被金属态 PPO 氧化。也就是说，金属态 PPO 只具有双酚酶的活性。脱氧态 PPO 可以与 O_2 结合，形成含氧态 PPO，含氧态 PPO 是 PPO 的主要氧化形式，可以与单酚和邻苯二酚底物反应，分别再产生脱氧态 PPO 和金属态 PPO（Kanteev et al.，2015）。

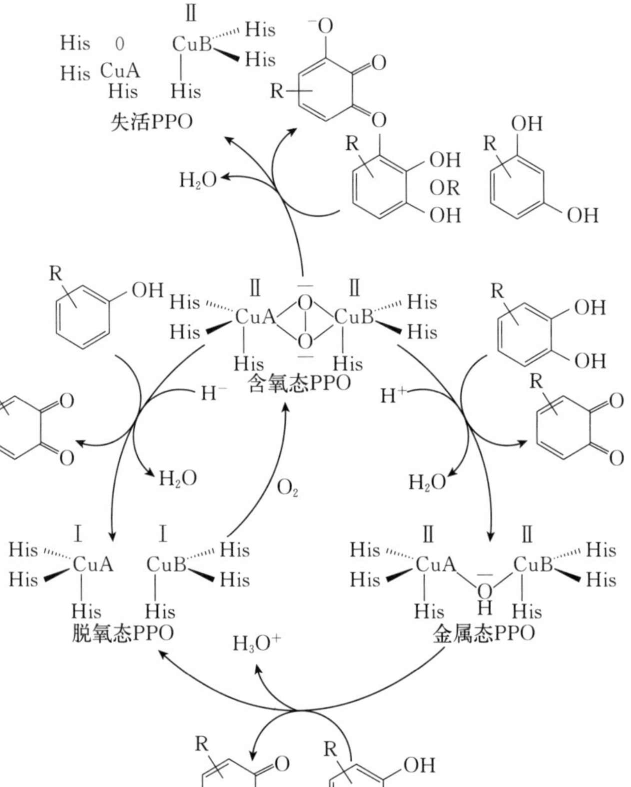

图 1-4　PPO 的催化过程（McLarin et al.，2020）

含氧态 PPO 存在失活步骤。PPO 通过单酚催化途径催化 1,2-二酚和 1,3-二酚。由于催化的是二酚，第二个酚羟基也会经历去质子化过程，与第一个酚羟基一起将 Cu^{2+} 还原成 Cu^0。同时，底物质子在组氨酸残基和活性部位的过氧桥之间穿梭，最终形成 H_2O_2 和邻醌，从而导致一个 Cu^{2+} 被还原成 Cu^0，使组氨酸残基无法与铜原子配位，从而停止催化作用（McLarin et al.，2020）。

2. 与醌类化合物相关的反应

醌类化合物是一种高亲电性的氧化剂，非常不稳定，可形成各种各样的有色或无色产物。醌类既可以参与还原化合物的氧化反应，也可以参与亲核化合物的加成反应，从而形成几种加成产物。

醌类的化学反应如图1-5所示，邻醌可与邻苯二酚进行氧化反应（图1-5中1），其反应速度取决于不同底物（醌类和酚类）各自的氧化还原电位。邻醌可通过生成邻苯二酚将抗坏血酸（AsA）氧化为脱氢抗坏血酸（DHA）（图1-5中2）。亚硫酸盐参与邻醌的还原或加成反应（图1-5中3）。邻醌可与蛋白质、游离氨基酸和硫醇化合物发生反应（图1-5中4和6）。邻醌与邻苯二酚反应形成缩合产物（二聚体、低聚物和共聚物），这些产物最终形成棕色聚合物（图1-5中5）。将水分子添加到邻醌中得到苯三酚（图1-5中7），苯三酚被过量的邻醌或PPO氧化形成羟基醌，羟基醌最终发生氧化缩合，产生有色聚合物，其颜色强度随缩合程度而变化。

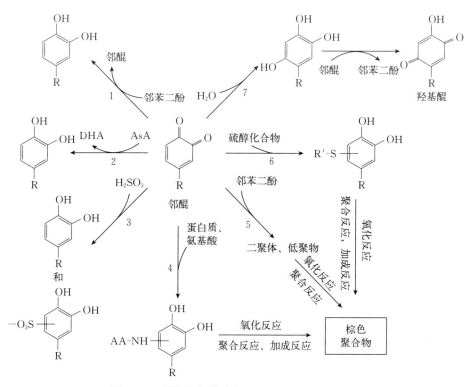

图1-5 醌类的化学反应（Jeantet et al.，2016）

经过多次氧化反应、加成反应和聚合反应，形成了黑色素。色素的颜色（粉色、红色、蓝色、棕色和黑色）和颜色强度取决于多酚种类和氧化反应的环境因素（温度和pH）。

3. 酶促褐变影响因素

植物产品中酶促褐变的发生率和强度取决于多酚的性质和含量、氧气的可用性、酶的活性等。而酶的活性本身又取决于物理化学环境（温度、pH 和水分活度）和天然抑制剂的种类及含量。另外，由于每种酚类化合物都有自己的动力学参数（K_m、v_{max}），并形成特定颜色的色素，因此，酶促褐变的发生概率和发生程度很难用统一的标准进行评估。

（1）底物

酶促褐变主要与 PPO 活性和酚类化合物含量有关。因此，仅含有少量 PPO 和酚类化合物的生物体不易发生酶促褐变。另外，即使在容易褐变的果蔬中，只要细胞组织保持健康和完整，也不易发生褐变反应。植物中酚类化合物的含量取决于多种因素，如品种、成熟度和环境条件（光照、温度、养分和农药等）。酚类化合物在未成熟果实中浓度较高，在成熟过程中部分酚类化合物浓度会降低，果实收获后酚类化合物的浓度保持不变或略有下降。此外，酚类化合物在同一生物体内的分布也存在差异。

（2）PPO 活性

影响 PPO 活性的因素主要有温度、pH、水分活度等。温度对一般的酶促反应有直接影响，特别是对果蔬制品颜色的改变影响较大。PPO 的最佳作用温度为 25～35 ℃，但苹果 PPO 在 70 ℃下依然能发挥较高的催化活性。此外，氧化反应和非酶促聚合也随着温度的升高而增强。当温度下降到 25 ℃以下时，反应速度减慢，但未完全抑制反应。当果蔬贮藏温度低于发生冷害的温度时，则会因冷害导致细胞膜透性增大，从而引发酶和底物的相互接触，最终发生酶促褐变。因此，为了防止褐变的发生，果蔬的最佳贮藏温度应为使酶活性最大限度地减少且不对植物组织的结构造成任何损害的温度范围。

酶促褐变的最适 pH 为 4～7，既有利于 PPO 发挥活性，又有利于非酶加成、缩合及氧化反应的发生。然而，苹果 PPO 在 pH 为 3 时仍保持其最大活性的 40%。因此，单独通过酸化控制酶促褐变较困难。

降低水分活度，有利于减少底物和反应产物的流动性，从而抑制酶促褐变。但对于生鲜果蔬而言，降低水分活度与保持植物组织健康不相容。因此，降低水分活度使组织脱水会导致生理压力，其对酶促褐变的影响远远大于降低酶活性所预期的影响。

（3）氧气

氧气是酶促褐变的第二底物，即使没有酶存在，氧气也会缓慢地将酚类物质氧化为醌类，并使之进一步氧化聚合成褐色大分子物质。真空包装常常有利于鲜切果蔬的褐变控制。对于健康的植物组织而言，细胞结构完整的，不易发生褐变。一方面，这是由于易被氧化的化合物和氧气之间的接触减少，且呼吸酶比褐变相关酶对氧气有更大的亲和力，组织中溶解的氧气会优先被呼吸酶使用。另一方面，由于细胞区域化间隔保持完好，酶与底物不发生接触，酶促褐变也很难发生。

然而，由不同种类的胁迫引起细胞的重新定位，包括机械性损伤（休克、割伤）、病理性损伤（腐生或寄生微生物的攻击）和生理性损伤（细胞调节），都可能诱发植物组织的褐变。植物组织器官受到的压力越大，褐变的风险就越大。当受压力区域直接与大气中的氧气接触时，褐变程度加重。因此，即食鲜切水果和蔬菜极易褐变。在处理这些产品时需要清除受损区域，并在低氧环境中包装。

4. 酶促褐变的结果

（1）感官品质

酚类化合物可改变食品的颜色和口感（苦味和涩感）。在酶促褐变过程中，酚类化合物被氧化成醌，并发生聚合反应，从而导致了食品感官特性的变化。在显色方面，随着酶解速度的加快，酚类物质聚合度增长，共轭体系延长，在特定波长范围的光吸收度增加，导致褐变程度增大。另外，不同酚类化合物的聚合体会和口腔中的唾液蛋白、舌表面蛋白受体结合，产生粗糙的颗粒感、摩擦感，从而改变食品的口感质量。

（2）抗菌活性

酚类化合物是植物体为抵抗环境中的生物或非生物胁迫而产生的次生代谢产物，具有抗真菌活性。白藜芦醇是二苯乙烯家族的植物杀菌素（图1-6）。当葡萄被灰霉病真菌（灰霉病串珠菌）侵染时，组织细胞会产生防御信号，并合成白藜芦醇。其活性较强，可作为天然抗真菌剂，在果蔬贮藏期间控制真菌的生长。有研究表明，改变部分酚类化合物的氧化程度会使其抗菌性发生变化。

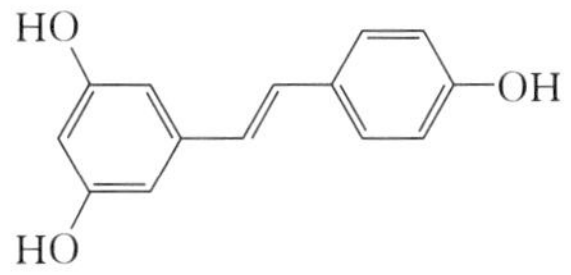

图1-6　白藜芦醇的化学结构（Jeantet et al.，2016）

（3）抗氧化活性

酚类化合物具有抗氧化特性。一方面，酚类物质可以通过自身氧化来清除或抑制自由基的形成。另一方面，部分酚类物质还可以螯合过渡金属（铁和铜），这些过渡金属通常是自由基反应的催化剂。在食品加工过程中，原料预处理、高温杀菌等操作会减少天然抗氧化剂（酚类物质）的含量。例如，剥皮或切割果蔬会导致酶促褐变并降低天然抗氧化剂的含量。

然而，和抗菌活性一样，即使假定酶促氧化会导致食品中酚类物质数量逐渐减少，但一些处于中间氧化状态的酚类化合物可能比非氧化态分子更能清除自由基。茶叶在发酵阶段发生连续氧化和聚合反应，导致红茶中所含的单体酚类化合物较少，但它具有与富含未氧化的单体酚类的绿茶相同的抗氧化能力。由儿茶素和褐变酶的短暂接触所产生的醌类化合物具备阻断自由基传播的能力，但较长的接触时间会加重氧化程度，抗氧化能力也会下降。部分氧化的酚类化合物的抗氧化能力的增加是由于醌类的羟基具有更好地将氢原子提供给自由基并稳定产生未配对电子的能力。但是，由于聚合度的增大，分子复杂性增大，产生了空间位阻，多酚类化合物的抗氧化性反而下降。

5. 酶促褐变的评估

在评价食品品质的标准中，颜色是至关重要的一项指标。偏离标准的颜色变化被认为是食品颜色品质的劣变。因此，基于食品颜色量化的实验方法也被用于评估酶促褐变。

有学者采用目测分级法对果蔬的褐变程度进行评价，按照褐变面积占果实表面积的比例进行分级，以等级来区分褐变程度。这种方法在进行粗略比较时较为实用，但不能给出具体数值来佐证，而且易受到评价者主观印象的影响。利用数码相机拍照也可以评价果实的褐变程度，但是对拍照环境（如光线等）要求较高，易产生较大误差。可在专用拍摄棚中进行拍摄，并可根据数码照片中果蔬颜色的三原色（RGB）色值进行评估。

利用紫外-可见光吸光光谱法测定吸光度也可反映果蔬的褐变程度。通常测定波长范围为 400～500 nm。吸光度的测定是在溶液中进行的，需要提取和纯化导致褐变的显色化合物。因此，吸光度的测定只考虑了可溶性的色素。然而，在酶促褐变过程中，聚合反应会导致一些色素的溶解度降低，这些色素在过滤或离心阶段被去除。此外，根据所形成的色素的结构类型，吸光度的最大值也有所不同。氧化后，儿茶素形成黄色色素，最大吸光度为 380 nm；绿原酸产生黄橙色色素，最大吸光度为 420 nm；而左旋多巴（DOPA）是粉红色色素的前体，最大吸光度为 480 nm。单一波长的吸光度与褐变所产生的颜色变化不完全相关。另外，还可利用色差仪对果蔬进行褐变评价。

二、苯丙氨酸解氨酶

PPO 和 POD 都属于酚类物质氧化褐变相关酶，而苯丙氨酸解氨酶（PAL）则是与酚类物质合成相关的重要酶。PAL 是介导苯丙烷途径代谢从而合成酚类物质的关键酶和限速酶，也是连接初级代谢和次生代谢的第一步反应酶，引导碳源流向酚类化合物。这些酚类化合物成为酶促褐变的直接底物。PAL 广泛存在于绿色植物中，在真菌、细菌中也有发现。PAL 基因的表达、PAL 活性与果蔬酶促褐变息息相关。例如，鲜切果蔬中因受到机械损伤造成

PAL 活性的上升与酚类物质含量的增加密切相关。

（一）PAL 介导酚类物质的生物合成

在 20 种组成人体蛋白质的氨基酸中，苯丙氨酸、酪氨酸和色氨酸的化学结构中均包含 1 个苯环，属于芳香族氨基酸。芳香族氨基酸可用于所有生物体中蛋白质的合成，但在植物中也可作为许多特殊代谢产物的前体，比如酚类化合物（Maeda et al.，2012）。植物中苯丙氨酸的合成与莽草酸途径有关，莽草酸途径的最终产物是分支酸，分支酸可以通过脱水转化为苯丙氨酸或通过脱氢转化为酪氨酸（Yoo et al.，2013）。

PAL 介导的苯丙烷途径和酚类化合物合成途径，以芳香族氨基酸——苯丙氨酸（Phe）为起始化合物，经过一系列酶促催化反应，转化为多种芳香族化合物，统称为酚类（多酚）。

在 PAL 的催化下，苯丙氨酸脱氨基形成肉桂酸，肉桂酸是大部分酚酸类化合物的前体，也是类黄酮化合物的前体。肉桂酸可以在肉桂酸-4-羟化酶（C4H）的作用下羟基化形成香豆酸。这些简单酚在植物中通常以游离态存在，这是酚类物质合成的首要步骤。以肉桂酸为前体生成的 4-香豆酰辅酶 A 可以生成查耳酮，并经分子内环化反应生成该途径中第一个具有典型黄酮结构的化合物——柚皮素，从而进入黄酮类化合物的合成。此过程可以生成一系列类黄酮化合物，如圣草酚、花青素和槲皮素等。这些类黄酮化合物使果蔬鲜切后发生黄变，并可以在后期进一步氧化发生褐变。

PAL 属于植物芳香族氨基酸裂解酶家族。植物芳香族氨基酸裂解酶家族的酶包括单功能苯丙氨酸（L-Phe）解氨酶（PAL，EC 4.3.1.24）和双功能苯丙氨酸/酪氨酸（L-Tyr）解氨酶（PTAL，EC 4.3.1.25）。组氨酸（L-His）解氨酶（HAL，EC 4.3.1.3）与 PAL 和 PTAL 密切相关，但其不存在于植物中。迄今为止，尚未在植物和真菌中鉴定出酪氨酸（单功能）解氨酶 TAL（EC 4.3.1.23）。相反，PAL 广泛存在，PTAL 则主要存在于单子叶草科植物中。

（二）PAL 结构及酶学特性

1. PAL 结构

PAL 的结构如图 1-7 所示。从结构上讲，PAL 是一种含有螺旋结构的蛋白质，其三级结构和四级结构大小远大于 HAL。这主要是由于 PAL 中存在两个额外的结构片段：一个是移动的 N 延伸端，它可与其他细胞成分相互作用而起到锚定作用；另一个是位于活性中心的特定屏蔽域，它可通过限制底物进入狭窄的通道来控制酶活性（Calabrese et al.，2004）。PAL 和氨基裂解酶/氨基变位酶超家族的其他成员在其催化活性位点中包含 1 个共同的辅助因子，3,5-二氢-5-亚甲基-4H-咪唑-4-酮（MIO）。它是通过内部高度保守的三肽段（即 Ala - Ser - Gly）的自催化环化和脱水形成的（Alunni et al.，2003）。MIO 位于活性位点的 3 个极性螺旋的正极顶部，并充当强亲电试剂，来启动 α-氨基的直接消除，并使 β-质子异构化形成芳香酸（Calabrese et al.，2004）。

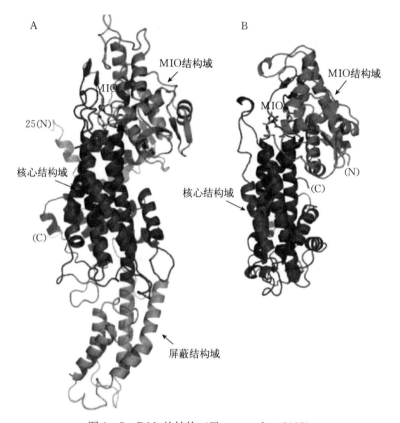

图 1 - 7　PAL 的结构（Zhang et al.，2015）

注：A 为欧芹（*Petroselinum crispum*，PcPAL，蛋白质数据库 1W27）的 PAL 结构，B 为恶臭假单胞菌（*Pseudomonas putida*，PpHAL，蛋白质数据库 1B8F）的 HAL 的结构。MIO 以球棒模型显示。

2. PAL 的酶学特性

天然 PAL 的分子质量为 300～340 ku。PAL 是由 4 个相同的亚基组成的同源蛋白质。油菜花苗有 2 个 PAL 同工酶，每种酶中有 4 个相同的亚基，亚基的分子质量分别为 75.5 ku 和 79.2 ku。异源四聚体的 PAL 是 2 个异源二聚体的复合体，如向日葵（2×58 ku 和 2×68 ku）。PAL 的等电点（pI）通常在酸性范围，为 2.5～6.3（Hwan et al.，1996）。豆类 PAL 的 pI 为 4.8～5.4。

（三）底物特异性及催化机理

单功能的 PAL 和 TAL 对它们的天然底物高度特异。拟南芥和欧芹的

PAL/TAL 活性比大于 10 000。PTAL 有能力以较高的效率催化 Tyr 和 Phe。PTAL 还能使左旋多巴（DOPA）脱氨，产生咖啡酸（Jun et al.，2018）。目前，PTAL 能够使用多种底物的机制尚不清楚。

PAL 的催化活性可能与特定氨基酸有关，如 Phe 和 His 等。通过将 *Rhodobacter sphaeroides* TAL 中的 His 突变为 Phe，该酶选择性转换为 PAL，TAL 活性降低了 18 000 倍，PAL 活性增加了 220 倍。在拟南芥 PAL 中，发生相反的转换（从 Phe 到 His），TAL 活性增加了 18 倍，PAL 活性减少了 80 倍。

（四）PAL 的调控

1. PAL 基因的转录调控

PAL 通常在转录水平上被调控，受到温度、机械损伤、病原菌、重金属和外源植物激素等生物和非生物胁迫的诱导。胡桃中 PAL 的表达受到低温诱导。在受机械损伤的生菜叶片中，PAL 转录水平大幅提高。美洲南瓜中 PAL 受灰霉病菌诱导表达。拟南芥经氯化汞胁迫后迅速促进 *AtPAL1* 的表达。喷施外源植物激素茉莉酸甲酯、脱落酸及水杨酸后，植物体中 PAL 相关的基因表达增加。缺氮和低温诱导了拟南芥 PAL1 和 PAL2 的基因表达（Olsen et al.，2008）。PAL 同源基因响应环境胁迫，并在环境引发的酚类物质合成中具有特殊的功能。

PAL 基因的发育和诱导表达受其启动子活性的调节。启动子区域通常包含多个顺式调控元件。富含 AC 的基序（AC‐Ⅰ，ACCTACC；AC‐Ⅱ，ACCAACC 和 AC‐Ⅲ，ACTAAC）是 MYB 转录因子的目标结合位点，通常出现在不同物种的 PAL 同源基因的启动子中。这些 AC 顺式调控元件也存在于许多其他苯丙类生物合成基因的启动子中，包括查耳酮合成酶（CHS）基因和大多数单酚类生物合成基因，如 4‐香豆酰辅酶 A 连接酶（4CL）。因此，这种 MYB 结合元件在协调一系列苯丙类生物合成基因的表达以实现酚类物质的组织特异性合成中起着关键作用。

PAL 基因表达在转录水平上受到转录因子的调控。研究发现，一些 R2R3 MYB 转录因子能够激活 PAL 基因启动子以控制 PAL 的组织特异性表达（Martin et al.，1997）。海岸松 MYB8 转录因子与 PAL 基因启动子 AC‐Ⅱ 区域特异性结合，从而激活 PAL 的表达及其他苯丙烷类代谢基因的表达。*AmMYB305* 在金鱼草幼花的心皮中表达，当它在烟草原生质体中共表达时会激活 PAL 启动子。烟草叶片瞬时共表达试验表明，丹参 MYB 转录因子激活了 2 个关键迷迭香酸生物合成途径基因（*SmPAL1*、*SmC4H*）的启动子，从而促进丹参根中迷迭香酸和黄酮的积累。在烟草的花药中，一个特定的转录因子 Nt-MYBAS1/2 可以与 MYB 结合位点结合，激活 *NtPAL1* 的表达。胡萝卜悬浮细胞中 MYB1 转录因子与 *Rc PAL* 基因启动子上 box - L 序列相互作用，响应环境因子的刺激。除了 MYB 转录因子外，含 LIM 结构域的蛋白也被证明可以结合在富含 AC 的基序上，即 Pal - box [CCA (C/A) (A/T) A (A/C) C (C/T) CC]，并正向调节 *NtPAL* 和其他苯丙类基因的表达 (Kawaoka et al.，2001)。此外，KNOX 家族的转录因子也影响 PAL 的表达 (Mele et al.，2003)。确定转录因子家族是直接还是间接靶向 PAL 和其他苯丙烷生物合成基因，以及它们如何与网络中的其他调节剂协调控制植物多酚类物质的合成仍有待进一步研究。

2. PAL 的翻译后修饰

(1) PAL 的泛素化和蛋白水解

转录调控是基因表达的最主要方式，转录后调控在基因表达过程中也起着重要作用。在生物和非生物胁迫下，PAL 活性作为防御反应机制被诱导，伴随着不同酚类物质的合成。然而，PAL 的活性会经历一个先上升后迅速下降的过程，产生了一个短暂的诱导模式。

在真核系统中，泛素-26S 蛋白体系统主导着选择性的蛋白质降解。为了启动分解，蛋白质首先被泛素（一种含 76 个氨基酸的蛋白质）共价连接到其赖氨酸残基上进行修饰。然后，该蛋白被 26S 蛋白体识别并降解。利用泛素亲和力和镍螯合亲和层析技术，结合质谱分析，确定了来自拟南芥的一系列泛素化蛋白。其中，几种苯丙烷-单酚生物合成酶，包括 AtPAL - 1、AtPAL - 2 和 AtPAL - 3，均被发现有潜在的泛素化 (Kim et al.，2013)。

目标蛋白的泛素化需要 3 种酶的连续作用：泛素激活酶 (E1)、泛素结合酶 (E2) 和泛素蛋白连接酶 (E3) (Lechner et al.，2006)。F - box 蛋白是典型 SCF 型 E3 蛋白——泛素连接酶的结构成分，负责特异性地执行靶蛋白的泛素化和降解 (Lechner et al.，2006)。KFB 蛋白 (kelch 基序的 F - box 蛋白) 是 F - box 蛋白的一个亚类。这些 KFB 与 PAL 同工酶的物理相互作用表明，它们可能充当关键介质介导蛋白泛素化系统，并能特异性地参与 PAL 的泛素化和随后的降解。将其与烟叶中的 PAL 同工酶共表达会损害 PAL 的稳定性和活性。此外，26S 蛋白酶体的特异性抑制剂（如 MG132）可以延缓或减轻 PAL 蛋白的降解，但 PAL 的泛素化增强。此外，操纵（上调或下调）拟南芥中 KFB 的表达会影响 PAL 的细胞浓度和活性，以及随后沉积在茎细胞壁中的酚酸酯、黄酮类化合物、花青素和木质素的积累 (Zhang et al.，2013)。这些数据表明，KFB 是通过泛素化- 26S 蛋白酶体途径控制 PAL 活性的负调节因子。研究发现，KFB 蛋白家族中 SAGL1 蛋白参与调控拟南芥苯丙烷类代谢产物的生物合成。在 *SAGL1* 基因缺陷的突变体中，PAL 的活性增加，花青素和木质素积累量增加，但在过表达 *SAGL1* 拟南芥植株中，PAL 活性并没有改变。当 *SAGL1* 和 *PAL1-GFP* 在烟草叶片中瞬时共表达时，*PAL1-GFP* 融合蛋白水平降低。此外，双分子荧光互补研究表明，*SAGL1* 和 *PAL1* 之间存在相互作用。这些结果表明，*SAGL1* 通过转录后直接调节 *PAL1* 活性来调控苯丙烷类生物合成途径（Yu et al.，2019）。

KFB 介导的 PAL 泛素化和降解功能是一种基本的调节机制，植物细胞通过这种方式精细地在不同植物组织中将碳通量转向特定的苯丙烷-多酚代谢物。例如，*KFB20* 在叶和茎组织中高表达，而 *KFB01* 主要在花中表达。KFB 本身受植物发育和环境胁迫的调节，从而将发育或环境信号转导至相应的生理过程。例如，将拟南芥幼苗暴露于高碳源（培养基中蔗糖含量为 4%）或 UV-B 辐射下，会抑制 KFB 的表达，并伴随着类黄酮/花色苷的积累（Zhang et al.，2013）。

（2）PAL 的磷酸化

磷酸化是真核细胞中蛋白质翻译后修饰的另一种主要类型。Bolwell（1992）报道在法国豆细胞的悬浮培养物中检测到了 PAL 磷酸化。随后纯化鉴定出 55 ku PAL 激酶活性，该酶可磷酸化豆类和杨树 PAL 保守肽段中的苏氨酸/丝氨酸残基。这种 PAL 激酶显示出钙调蛋白样结构域蛋白激酶（CDPK）的特性。研究发现，拟南芥中的一种钙依赖性蛋白激酶 AtCDPK 可以磷酸化 PAL 的短多肽和杨树的重组 PAL 酶。PAL 多肽序列在来自其他物种的同源酶中大多是保守的，因此，PAL 的这种苏氨酸/丝氨酸磷酸化可能是高等植物中普遍存在的修饰机制（Allwood et al.，1999）。欧芹中 PAL 的结构测定表明，PAL 的潜在磷酸化位点可能位于将屏蔽域连接到核心域的柔性螺旋的末端。该位置显示出最高的迁移率，表明磷酸化可能会影响屏蔽域的移动并改变酶活性中心的催化口袋。此外，还发现 PAL 磷酸化可能会标记特定的亚基，或将其靶向膜的亚细胞分隔（Cheng et al.，2001）。然而，磷酸化蛋白质组学研究尚未能证实 PAL 和来自杨树的任何其他单木质素蛋白的磷酸化，这可能是由于方法具有局限性或者是由 PAL 的物种差异（或条件差异）造成的，这些疑点还有待进一步研究。

3. 代谢物反馈调控

除了响应环境刺激和营养平衡的转录调节外，PAL 和苯丙烷生物合成途径可能还受特定生物合成中间体或代谢产物的调节。反式肉桂酸可以通过调节 PAL 的活性和基因转录来反馈调节进入类黄酮合成通路的通量。当来自法国豆的 PAL 在烟草中过度表达时，肉桂酸-4-羟化酶（C4H）被共抑制，转基因植物表现出的 PAL 活性显著低于对照，这表明 PAL 活性可能受到积累的反式肉桂酸的反馈调节（Blount et al.，2000）。高浓度的反式肉桂酸还可以抑制银杏和山药的 PAL 活性。另外，一定浓度的阿魏酸也能抑制山药 PAL 活性。PAL 反馈下调的机制可能很复杂。PAL 表现出产物抑制特性，过量反式肉桂酸可直接抑制酶活性，积累的反式肉桂酸也会调控 PAL 的转录（Mavandad et al.，1990）。

反馈调节不仅由 PAL 的直接产物触发，还可由分支途径或外源化学信号的中间体触发（Zhang et al.，2015）。添加咖啡酸可显著抑制大豆幼苗 PAL 活性（Bubna et al.，2011）。*AtUGT78D1* 和 *UGT78D2* 2 种同源基因专用于黄酮类化合物合成，在这 2 种基因缺陷的拟南芥双突变体中，黄酮醇的 3 - O - 糖基化受阻，AtPAL 活性以及 *AtPAL1* 和 *PAL2* 的转录被抑制，同时查耳酮合成酶被抑制，黄酮醇合成受阻。此外，在 *tt*4 / *chs* 或黄酮醇合酶 1 基因（*fls1*）的突变系中阻断黄酮醇合成后，可以完全释放 PAL 的抑制，表明黄酮醇苷元可能是触发 PAL 反馈调节的信号分子（Yin et al.，2012）。

三、过氧化物酶

过氧化物酶（POD）（EC. 1. 11. 1. x）广泛分布于生物体中（细菌、真菌、植物、动物），以过氧化氢（H_2O_2）为电子受体催化底物。植物过氧化物酶参与了植物生长和发育的各种重要过程，包括细胞壁代谢、木质化、栓化、活性氧（ROS）和活性氮（RNS）代谢、生长素代谢、果实的生长和成熟、病原体防御等。

（一）果蔬中的过氧化物酶

胡萝卜、番茄、猕猴桃和花椰菜等植物中的 POD 由 3～6 种同工酶组成，分子质量为 35～240 ku。其中，胡萝卜分子质量为 36～70 ku，番茄分子质量为 38～62 ku，花椰菜分子质量为 70 ku，猕猴桃分子质量为 43～45 ku。POD 同工酶分为阴离子型和阳离子型。甜瓜中存在 2 个天然的 POD 电泳条带，其分子质量分别为 240 ku 和 170 ku，它们都由 6 个酸性亚基（pI 为 5.1～6.1）组成。不同成熟程度草莓中的 2 个碱性 POD 同工酶分子质量分别是 58.1 ku 和 65.5 ku。

甜瓜中 POD 的最适温度为 50～55 ℃。POD 在低于 40 ℃时稳定，在 50 ℃ 可稳定 10 min，80 ℃条件下 5 min 内会损失总活性的 90%。最适 pH 在 50 ℃ 下为 5.5～7.5、30 ℃下为 6～7，表明水果中存在多种 POD。绿芦笋的 POD 活性最佳 pH 为 7。蜜瓜和西瓜的 POD 分别在 pH 为 7 和 6.5 时活性最大，前者在 50 ℃活性最高，西瓜的 POD 在约 70 ℃时活性最佳。

芦笋的碱性 POD 同工酶（pI＞9）占主要部分，而在芦笋尖部酸性 POD 更多（Powers et al.，1984）。甘蓝中的阴离子同工酶的等电点是 3.7，并且相对热稳定，而阳离子同工酶的等电点为 9.9，比较容易热失活。在橙汁中，H_2O_2 含量低，POD 活性也较低，阳离子型和阴离子型的 POD 等电点值为

4.5～9.0。

（二）过氧化物酶的分类

根据血红素分类，过氧化物酶可分为血红素过氧化物酶和非血红素过氧化物酶。根据 PeroxiBase 数据库，血红素过氧化物酶比例大于 80%，非血红素过氧化物酶（如巯基过氧化物酶、烷基过氧化物酶、NADH 过氧化物酶）仅占有很小的比例。血红素过氧化物酶被进一步划分为 2 个超家族，即过氧化物酶-环氧化酶超家族（PCOXS）和过氧化物酶-过氧化氢酶超家族（PCATS）（Passardi et al.，2007）。其中 PCOXS 主要存在于动物体内。

PCATS 是研究最深入的非动物血红素过氧化物酶超家族。非动物来源的血红素过氧化物酶显示出较低的氨基酸序列同一性（低于 20%），但具有类似的螺旋折叠，与二硫键和结构钙离子的存在（在植物和真菌过氧化物酶中）和缺失（在细菌过氧化物酶中）无关。

PCATS 进一步细分为 3 类，即Ⅰ型、Ⅱ型和Ⅲ型过氧化物酶。Ⅰ型和Ⅱ型广泛分布于细菌和真菌中，Ⅲ型过氧化物酶在植物中分布广泛。这 3 种类型都含有 1 个原卟啉和三价铁离子，3D 结构非常相似，但它们的氨基酸序列相似性很低，并且具有不同的功能和亚细胞定位。Ⅲ型 POD（EC 1.11.1.7）是植物特有的，它具有钙离子、二硫键以及 N-末端信号肽，同时也能够发生糖基化。迄今为止，在 PeroxiBase 数据库中报告了 5 692 个Ⅲ型过氧化物酶的序列（约 70% 的非动物血红素过氧化物酶），包括辣根过氧化物酶（HRP）、花生过氧化物酶（PNP）、大豆过氧化物酶（SBP）等。这些过氧化物酶作为多基因家族存在，在拟南芥（拟南芥基因组计划，2000）和水稻（国际水稻基因组测序项目，2005）的基因组序列中分别有 73 个和 138 个过氧化物酶基因。

（三）过氧化物酶的催化机理

1. 过氧化氢的降解

过氧化物酶对过氧化氢降解的催化反应是一个双电子氧化还原反应，反应步骤见图 1-8。

$$\text{Peroxidase} + H_2O_2 \longrightarrow \text{Compound Ⅰ} + H_2O \quad \cdots\cdots\cdots\cdots(1)$$

$$\text{Compound Ⅰ} + RH \longrightarrow \text{Compound Ⅱ} + R° \quad \cdots\cdots\cdots\cdots\cdots(2)$$

$$\text{Compound Ⅱ} + RH \longrightarrow \text{Peroxidase} + R° + H_2O \quad \cdots\cdots\cdots(3)$$

图 1-8 过氧化物酶（Peroxidase）催化机理（Pandey et al.，2017）

注：RH 是过氧化物酶底物，通常为酚类和芳香胺；R° 是衍生的自由基产物；化合物Ⅰ（Compound Ⅰ）和化合物Ⅱ（Compound Ⅱ）的结构见图 1-9。

植物特有的血红素过氧化物酶的催化循环始于过氧化物与血红素铁的配位（图 1-9）。配位过氧化物快速异构化裂解，过氧化物从铁中除去第 1 个电子，并从卟啉中除去第 2 个电子，产生 1 个水分子和化合物 I（氧铁卟啉 π-阳离子自由基）的半稳定中间体，具有明显不同于静息态酶的棕红色的光谱特征。该反应涉及 1 个质子从过氧物 O_1（第 1 个氧）转移到 O_2（第 2 个氧），当 O_2 与 2 个氢原子形成水分子离开，此时 H_2O_2 中的 O—O 键断裂。O_1 与血红素铁配位。从铁中去除第 1 个电子，形成 1 个含氧铁基（Fe＝O）中心。第 2 个电子从卟啉环上移除，形成氧铁卟啉 π-阳离子自由基。

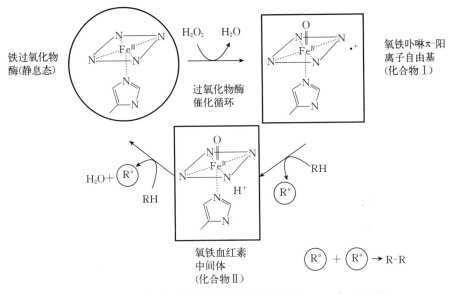

图 1-9　血红素过氧化物酶的催化循环（Pandey et al.，2017）

注：催化过程（氧化-还原）发生在该酶的血红素（Fe＋卟啉Ⅸ）中心。在反应结束时，H_2O_2 被降解为 H_2O，还原当量（RH）被聚合。R°是衍生的自由基产物。

该卟啉自由基接受来自电子供体底物的 1 个电子，产生底物自由基和化合物Ⅱ（氧铁血红素中间体）。在下一个单电子还原步骤中，底物的第 2 个分子将化合物Ⅱ还原为静息态的铁过氧化物酶。例如，POD 在低 H_2O_2 浓度下通过形成化合物Ⅰ、化合物Ⅱ来氧化儿茶素。在这个反应中（＋）-儿茶素作为邻苯二酚，是化合物Ⅱ的还原剂。

另一种中间体，即化合物Ⅲ，其中铁处于亚铁状态，通常在 H_2O_2 大量过剩时形成。化合物Ⅲ不是一个具有催化活性的中间体。这种中间产物很可能是由 H_2O_2 氧化时产生的超氧物与 POD 结合形成的。超氧物也可能是由电子从氧化底物转移到分子氧产生。

2. 酚类物质的氧化褐变

POD 参与酶促褐变的能力与其接受氢供体的能力（如多酚类物质的亲和

力）相关。它们能够氧化多种多酚类物质。POD 可以酚类或者醌类物质作底物，清除 H_2O_2 或醌自由基等。表明 PPO 的存在可进一步促进 POD 调节的褐变反应。

（四）过氧化物酶和活性氧代谢

活性氧（ROS）是大气中氧（O_2）的部分还原形式，由氧被激发形成单线态氧（O_2^1）或电子转移到 O_2 产生。在有 1 个电子的情况下形成超氧自由基；如果转移了 2 个电子，则形成过氧化氢（H_2O_2）；有 3 个电子转移到氧上时产生羟基自由基（OH^-）。这些被还原的氧具有高度活性，能够氧化各种细胞成分，导致植物细胞的氧化损伤。ROS 与膜脂质过氧化、蛋白质氧化、酶抑制和 DNA 损伤有关，最终导致细胞程序性死亡（PCD）。

在植物细胞中，ROS 产生于细胞壁、叶绿体、线粒体、内质网和质外体间隙。在植物中，H_2O_2 的水平主要由过氧化氢酶和过氧化物酶的酶促作用调节。除了清除 H_2O_2 外，细胞壁过氧化物酶也可在缺乏外源 H_2O_2 的情况下，通过氧化底物（如 NADH）来催化 O_2^- 和 H_2O_2 的形成（Mittler，2002）。

第三节 果蔬采后褐变相关生理代谢

一、膜脂代谢

（一）细胞膜脂组成

脂质是一类不溶于水而溶于有机物、结构非均一化的化合物，是构成生物膜基本骨架的成分。在植物细胞膜中主要有 3 类脂质，即甘油磷脂、鞘脂和固醇（Reszczyńska et al.，2020）。其中甘油磷脂含量最丰富，分为磷脂、半乳糖脂、三酰基甘油和磺酰脂 4 类。果蔬细胞中磷脂和糖脂的主要成分是甘油磷脂和甘油糖脂，其中甘油磷脂无处不在，而甘油糖脂仅存在于叶绿体中的类囊体膜上。

磷脂是细胞膜的重要组成部分，磷脂在细胞正常的生命活动中起着信号识别和传导、维持细胞结构和流动性等重要作用。磷脂分为磷脂酰胆碱（PC）、磷脂酰乙醇胺（PE）、磷脂酰丝氨酸（PS）和磷脂酰肌醇（PI）4 类。其中，磷脂酰胆碱是细胞膜磷脂结构中最主要的一种组分，对调节细胞反应、应答等有关键作用。磷脂中含有长度和不饱和程度不同的脂肪酸链，其与磷酸基团共同构成细胞膜，实现细胞膜功能。植物中常见的不饱和脂肪酸有肉豆蔻酸、棕榈酸、花生酸、亚油酸和亚麻酸等。不饱和脂肪酸赋予细胞膜不饱和性和流动性，这是植物在各种胁迫下生存所必需的（Holthuis et al.，2014）。因此，脂肪酸的种类、链长及其饱和程度等直接影响膜脂的性质。

（二）膜脂代谢的物质转化过程

细胞膜是影响细胞代谢和功能的关键部位。当果蔬遭受逆境胁迫（如损伤胁迫或低温胁迫）时，细胞膜脂代谢会最先被诱导（Hou et al.，2016）。膜脂代谢的具体物质转化过程如下：磷脂酰胆碱和磷脂酰肌醇在磷脂酶 D（PLD）催化作用下水解产生磷脂酸（PA）和二酰基甘油（Pinhero et al.，2003）。PA 在植物体中可以参与细胞间信息识别和转导过程，其产生是膜脂代谢中向下游传递信号的第一步，触发相应的反应以响应逆境胁迫。二酰基甘油在脂肪酶的催化作用下水解释放不饱和脂肪酸。之后，下游产物中的不饱和脂肪酸被脂氧合酶（LOX）氧化，生成过氧化产物丙二醛（MDA）和自由基（Li et al.，2009）。

膜脂代谢的特征是不饱和脂肪酸相对含量减少，表现为膜透性的增大和膜脂过氧化程度增强。细胞膜脂肪酸饱和程度的增加，使细胞膜的流动性下降，细胞膜的功能性严重受损（Holthuis et al.，2014）。除此之外，膜脂过氧化产物丙二醛会引起蛋白质、核酸等大分子的交联聚合，且具有细胞毒性。其积累会造成细胞膜的损伤，并加速膜脂的降解过程。PLD 和 LOX 是膜脂代谢关键酶，主要通过诱导磷脂降解和脂肪酸氧化来影响细胞膜代谢，进而导致细胞功能下降。

（三）膜脂代谢关键酶

1. 磷脂酶

磷脂酶是存在于植物体内的可以水解甘油磷脂的一类酶。根据其水解位点的不同，磷脂酶被分为磷脂酶 A_1（PLA_1）、磷脂酶 A_2（PLA_2）、磷脂酶 B（PLB）、磷脂酶 C（PLC）和磷脂酶 D（PLD）5 类。PLA_1 和 PLA_2 在动物的细胞器以及肝脏中存在较多，而 PLC 和 PLD 在动物、植物以及酵母中广泛存在。PLA_1 和 PLA_2 水解磷脂产生亚油酸和亚麻酸等不饱和脂肪酸，PLA_2 作为乙酰水解酶可以调控活性氧和抗逆基因的表达，且与抗病信号传导有关（Kalachova et al.，2016）。但目前对 PLA_1 和 PLB 的研究报道较少。PLC 参与植物渗透调节、应激反应等生理过程，在果蔬的成熟、衰老和抗逆过程中尤为重要。

PLD 是植物体内最主要的磷脂酶，催化磷酸二酯键和碱基发生交换反应（Bargmann et al.，2006）。PLD 的水解具有选择性，它可以水解多种常见的磷脂，如磷脂酰胆碱、磷脂酰乙醇胺和磷脂酰甘油，但不能水解磷脂酰肌醇和磷脂酰丝氨酸。PLD 具有催化磷脂水解（膜脂代谢的起始步骤）的能力，是膜脂代谢的关键酶之一。PLD 也可以参与组织细胞中的磷脂循环以维持细胞的生存和稳定。除此之外，PLD 是脱落酸作用过程中的重要分子，还参与乙烯的信号转导过程。

PLD 活性会受一些调节因子的影响，常见的因子有 Ca^{2+}、4,5-二磷脂酰肌醇、溶血磷脂以及游离脂肪酸。PLD 活性还受到多种外在因素的调控。当果蔬发生衰老或受到外界的逆境胁迫时（如低温胁迫、机械损伤、病原菌感染等）会诱导 PLD 活性增强，促进磷脂组分（PC、PI 等）的降解和 PA 的累积，磷脂双分子层结构遭到破坏，细胞膜完整性丧失，膜透性增大。有研究发现，低温会引起果蔬 PLD 的 mRNA 的高表达，且 PLD 活性升高，细胞膜磷脂等组分发生不同程度的降解，最终造成细胞膜结构的破坏（Kong et al.，2018）。如果 PLD 活性受到抑制，则膜脂代谢产物的含量会减少，从而提高了细胞膜稳定性，保持果实品质。

2. 脂氧合酶

脂氧合酶（LOX）是含有非血红素铁的蛋白质（Zhang et al.，2014）。LOX 广泛分布于植物的果实、种子、芽、根、茎等器官中，且表达丰度存在差异。LOX 的主要作用底物为亚油酸和亚麻酸，可以识别其顺-1,4-戊二烯结构并使其发生加氧反应，生成含有共轭双键的脂肪酸氢过氧化物。

LOX 所催化的膜脂过氧化作用，可以增加脂质的饱和度，降低细胞膜的流动性。同时，LOX 氧化亚油酸和亚麻酸的过程中所产生的活性氧、氧自由基等对细胞膜磷脂双分子层结构有一定的破坏作用，造成细胞膜完整性的破坏和透过性的增加，最终导致植物衰老（Trabelsi et al.，2012）。

LOX 与植物逆境伤害和软化等生理过程密切相关。当果蔬受病原菌侵染或机械损伤时，LOX 活性会显著升高（Motallebi et al.，2015）。果蔬通过诱导 LOX 活性的升高，调节脂肪酸代谢反应，生成一系列具有信号功能的产物，进一步诱导相关抗性基因的表达，从而增强植物对机械损伤和病原菌侵染的防御能力（Grechkin 1998）。LOX 氧化脂肪酸降解产生的信号分子可以刺激 PAL 和 PPO 等褐变相关酶的表达，增强酚类物质合成，促进酚类物质氧化，以抵御不良环境的压力。

二、活性氧代谢

活性氧（ROS）指分子氧在高能级状态接受电子，还原后产生一系列氧的化合物及衍生物，其具有活泼的化学性质（如强还原性）（Singh et al.，2016）。常见的 ROS 有超氧阴离子（O_2^-）、羟基（OH·）、烷氧基（RO·）、过氧化物（ROO·）、过氧化氢（H_2O_2）和单线态氧（$^1O_2$）等。大约 2% 的氧在线粒体内膜和基质中被高氧的环境和高还原态的呼吸链中漏出的大量电子还原为氧自由基。除线粒体外，在叶绿体、过氧化物酶体等细胞器中也检测到了 ROS 的存在（Suzuki et al.，2011）。细胞膜和质外体也是植物响应各种胁迫信号后产生 ROS 的重要场所。

作为植物在生长发育过程中产生的代谢副产物，活性氧在果蔬正常生理代谢过程中起到双重作用，其角色的转变依赖于其在植物体内的浓度。低浓度时，活性氧可作为信号分子来诱导防御基因的表达，或通过使部分植物组织进入细胞凋亡程序等方式来完成植物体对轻度生物或非生物胁迫的响应（Ye et al.，2015）。此外，羟基自由基可以介导种子细胞壁的松动，进而调控植物生命周期中种子萌发、伸长生长和果实成熟等生命过程。而当植物处于逆境（水淹、高盐、干旱、高温、低温、营养匮乏、机械损伤等）或者衰老状态时，植物光呼吸过程中电子传递受阻，体内便会积累大量的活性氧，导致氧化猝发现象的发生（Suzuki et al.，2011）。研究发现，活性氧的积累会诱导植物的氧化应激反应，如通过增强脂氧合酶和环氧合酶的活性，为活性氧自由基攻击细胞膜脂并产生丙二醛（MDA）等强毒力的脂质过氧化终产物提供基础。同时，活性氧也会导致 Ca^{2+} 和 K^+ 运输通道的异常，影响胞浆离子平衡，影响细胞生化途径（Foyer et al.，2016）。过量的活性氧还攻击植物基因组 DNA，造成 DNA 损伤及细胞死亡，严重影响植物的正常生理过程（Noctor et al.，2015）。也有研究表明，植物的衰老过程与活性氧水平的增加密切相关。

为了避免活性氧的过量积累，植物进化出了一套复杂的活性氧清除系统。生物体内的活性氧清除系统可分为 2 类，一类是酶促抗氧化系统，包括超氧化物歧化酶（SOD）、过氧化氢酶（CAT）、过氧化物酶（POD）和抗坏血酸过氧化物酶（APX）等；另一类是非酶促抗氧化系统，包括类胡萝卜素、抗坏血酸和类黄酮等抗氧化物质。据报道，植物细胞中的某些代谢过程可以通过调控游离金属离子（如 Fe^{2+}）的水平，防止芬顿反应生成高毒性羟基自由基（Choudhury et al.，2017）。

果蔬在采摘后仍进行着旺盛的代谢活动，且在采后贮藏过程中极易受到机械损伤、微生物侵染等胁迫，这些胁迫通过激发活性氧代谢，增强了膜脂氧化代谢和褐变相关代谢。因此，活性氧代谢与果蔬褐变密切相关。

（一）活性氧种类

1. 单线态氧

单线态氧（$^1O_2$）又称为激发态氧分子，由三线态氧（基态氧）被激发后形成（Reiter et al.，2001）。三线态氧中的 2 个电子在 $2p\pi*$ 轨道中自旋平行，能量最低。高等植物中的有氧代谢可以施加充分的自由能以逆转基态氧中未成对电子的自旋方向，从而产生单线态氧。自旋相反的 2 个电子在 $2p\pi*$ 轨道中有 2 种排布方式，即单线态氧有 2 种状态。自旋相反的 2 个电子同时占据 1 个 π 轨道的排布方式被称为氧分子的第一激发态；自旋相反的 2 个电子分别占据 2 个 π 轨道的排布方式被称为氧分子的第二激发态。通常所说的单线态氧指的是氧分子的第一激发态。由于单线态氧的同一分子轨道上存在 2 个成对自旋电子，所以比较稳定，在生命体系中的半衰期长达 $1\sim10\ \mu s$（Davies，2003）。多项研究证实，单线态氧可以与多种生命必需大分子和脂质快速发生多类型的反应，引起细胞氧化损伤甚至死亡。

2. 超氧阴离子

超氧阴离子（O_2^-）是氧分子在单一电子条件下还原后得到的物质（Halliwell 2006）。超氧阴离子既是阴离子，又是自由基，其性质活泼。虽然其具有很强的氧化性和还原性，但在生命过程和化学反应中，超氧阴离子一般作为电子受体，通过活性氧自由基链中的一系列反应生成其他的氧自由基。作为自由基链式反应的起始物，超氧阴离子的产生和释放被认为是植物早期防御反应——氧化猝发中活性氧的主体之一。除了可以产生一系列活性氧外，超氧阴离子在细胞内也可直接导致 DNA 损伤，并可使过氧化物酶、谷胱甘肽过氧化物酶和肌酸激酶失活。超氧阴离子呈亲水性，不能穿透细胞膜。又因为超氧阴离子的反应性中等和半衰期较短（$1 \sim 4 \mu s$），超氧阴离子不会导致严重的氧化损伤（Farooq et al.，2019）。但在超氧化物歧化酶的歧化作用下，超氧阴离子容易转化为有细胞毒性的过氧化氢或羟基自由基，进而造成细胞氧化损伤。

3. 过氧化氢

过氧化氢（H_2O_2）是植物体所产生的一种典型的活性氧，可由超氧阴离子自发或通过超氧化物歧化酶催化而产生。与其他活性氧相比，H_2O_2 的半衰期明显更长（$1\,000 \mu s$ 或更长），且不含未配对电子（Henzler et al.，2000）。植物中的 H_2O_2 是一把双刃剑，具有毒害和保护细胞双重功效的生理特点。在低浓度时，H_2O_2 发挥有益作用，可通过调节 Ca^{2+} 流动、蛋白的可逆磷酸化、促分裂原活化的蛋白激酶（MAPK）级联反应和转录因子等途径来传导信号，参与细胞内氧化还原感应及调节过程，并在植物细胞壁和花粉管形成、脱落酸介导的气孔运动、生长素调节的根系向重力性和抵御逆境胁迫等几个基本的生理过程中发挥重要作用。而在高浓度时，H_2O_2 通过脂质氧化降解、DNA 和蛋白质的氧化修饰而导致细胞严重损伤（Mittler et al.，2001）。有研究表明，部分 H_2O_2 可以通过水通道蛋白快速穿过细胞膜，并在远离其产生位点的位置引起氧化损伤。因为 H_2O_2 在细胞体内存在时间相对较长，且极易穿透细胞膜发挥作用，因此常被作为研究活性氧信号的主要指标（Wang et al.，2013）。H_2O_2 的反应性中等，可转化为更活泼的活性氧，如转化为单个未配对电子的羟基自由基导致细胞损伤。

4. 羟基自由基

羟基自由基（OH·）是反应活性最强的活性氧。由 H_2O_2 在过氧化氢酶的催化下发生还原反应，且 O—O 键发生断裂而生成的。除此之外，羟基自由基还可通过芬顿反应（H_2O_2 和铁离子 Fe^{2+} 所发生的反应）、Haber - Weiss 反应（H_2O_2 和超氧阴离子之间的反应）或光解作用（H_2O_2 和水）而产生（Bhattacharjee，2012）。超氧阴离子产生后能迅速与具有苯环结构的分子进行加成反应，或与氨基酸进行氧化分解反应，进而对邻近分子（如蛋白质或脂质等）造成氧化损伤。尽管羟基自由基的半衰期极短，但在缺乏有效超氧阴离子解毒作用的植物组织内，仍会造成较严重的细胞损伤。

（二）活性氧产生位点

研究表明，植物细胞的细胞壁、细胞膜、叶绿体、线粒体、过氧化物酶体和内质网等都可以产生活性氧，其中叶绿体、线粒体、过氧化物酶体是活性氧产生的主要细胞器（Noctor et al.，2016）。

1. 叶绿体

植物的叶绿体是活性氧产生的重要部位。细胞内叶绿体活性氧的产生主要与类囊体、叶绿体基质和黄素脱氢酶有关。叶绿体类囊体中的光系统 I（PS I）和光系统 II（PS II）反应中心是活性氧的重要来源（Asada，2006）。在 PS I 中，叶绿素分子吸收能量后由基态上升到一个不稳定的、高能的激发态，从激发态向较低能量状态转变的过程中会发生电子的渗漏，电子转移到氧分子产生超氧阴离子，这一过程被称为 Melher 反应（Dietz et al.，2016）。此外，在逆境条件下，PS II 中激发的三线态叶绿素分子与氧分子发生相互作用会产生单线态氧。在限制二氧化碳固定的胁迫条件（干旱、极端温度等）下，植物电子传递链中活性氧的形成会增加。此外，紫外线（UV）辐射或强光胁迫引起的光抑制作用也会导致叶绿体内单线态氧和超氧阴离子的产生。叶绿体中产生的活性氧是通过一系列清除活性氧的酶促反应和抗氧化剂降解的（Mittler et al.，2004）。

2. 线粒体

线粒体呼吸作用过程中的电子传递链（尤其是氧化磷酸化过程）是活性氧产生的关键位点（Sweetlove et al.，2002）。电子传递链中线粒体生成活性氧的已知位点是复合物 I（NADPH 脱氢酶）和复合物 III（细胞色素 b/c1 复合物）。线粒体呼吸链末端氧化酶（NADPH 脱氢酶，又称呼吸爆发氧化酶同源物）把底物 NADPH 的电子传递到氧分子形成超氧阴离子，在一系列酶的催化下，进一步形成 H_2O_2 等氧自由基或水。线粒体中 1%～5% 的氧分子会转化成 H_2O_2，H_2O_2 随后可能在芬顿反应中转化为高活性的羟基自由基。活性氧可以在线粒体内膜中的交替氧化酶（AOX）、II 型 NADH（NADPH）脱氢酶和解偶联蛋白的作用下被分解，以减轻氧化损伤（Huang et al.，2016）。因此，活性氧在线粒体中处于一个比较低的水平。在线粒体中，活性氧作为信号分子具有重要的调节功能，可调节植物的胁迫适应性及细胞的程序性死亡。

3. 过氧化物酶体

过氧化物酶体是一种由膜包起来的胞质细胞器，也是活性氧产生的主要位点（Corpas et al.，2017）。在过氧化物酶体中发生的 β-氧化伴随着 H_2O_2 的产生。另外，过氧化物酶体中的乙醇酸氧化酶能够把叶绿体光呼吸中产生的乙醇酸氧化生成乙醛酸和 H_2O_2。过氧化物酶体中涉及活性氧产生的其他代谢过程包括黄素氧化酶、黄嘌呤氧化酶催化的酶促反应或超氧阴离子自由基的歧化反应（Corpas et al.，2008）。果蔬响应代谢或环境变化后会导致过氧化物酶体中活性氧的产生，基于活性氧的氧化还原信号可以随后传递到胞质溶胶中，从而参与细胞间的整合通信系统。研究发现，光呼吸所产生的 H_2O_2 主要由过氧化氢酶调节（Kerchev et al.，2016）。

（三）植物抗氧化系统

植物自身抗氧化系统是负责及时清除活性氧，减轻活性氧对脂类、蛋白质等生物大分子氧化损伤的最主要机制。在逆境下，植物体内活性氧增加，对植物体有一定的保护作用，但活性氧积累过多，会影响植物膜蛋白结构与功能以及膜脂组成，进一步损害植物膜的完整性。而植物自身高效的抗氧化系统，包括酶促抗氧化系统和非酶促抗氧化系统，可以维持植物体内活性氧的动态平衡（Foyer et al.，2017）。

1. 酶促抗氧化系统

（1）超氧化物歧化酶

超氧化物歧化酶（SOD）是一种金属酶，对组织中的超氧阴离子具有特异的清除作用。SOD 广泛存在于线粒体、叶绿体、过氧化物酶体等细胞器以及细胞质基质中。根据金属的差异，SOD 可分为 Cu/Zn-SOD、Mn-SOD 和 Fe-SOD 3 种类型（Miura et al.，2012）。其中 Cu/Zn-SOD 由 2 个金属离子亚基组成，在植物幼叶中含量较多，主要存在于叶绿体中。Mn-SOD 和 Fe-SOD 均由 1 个金属离子亚基组成，具有较大的结构相似性，在植物老叶中含量较多，主要存在于线粒体、叶绿体中。高等植物中 SOD 以 Cu/Zn-SOD 为主。SOD 能催化超氧阴离子形成 H_2O_2 和 O_2，降低活性氧对植物组织的氧化损伤（Apel et al.，2004）。此外，SOD 可以防止三价铁离子被还原成二价铁离子，间接阻止通过芬顿反应生成羟基自由基的过程。

（2）过氧化氢酶

过氧化氢酶（CAT）是唯一不需要能量的活性氧清除酶，它能歧化光呼吸产生的 H_2O_2，并形成 H_2O 和 O_2。植物 CAT 较少位于叶绿体和线粒体中，常在不同的亚细胞区室（如过氧化物酶体）中发挥作用以去除 H_2O_2。植物中的 CAT 可以分为 3 类：第 1 类在光合作用组织中存在，清除光合作用产生的 H_2O_2；第 2 类清除乙醛酸循环中脂肪降解产生的 H_2O_2；第 3 类存在于微管组织中，参与植物木质素的合成（Mhamdi et al.，2012）。植物 CAT 通过调节植物体内 H_2O_2 水平，防止过氧化的发生，减少氧自由基对细胞的损害，防止活性氧刺激导致的细胞死亡（Feki et al.，2015）。

（3）抗坏血酸过氧化物酶

抗坏血酸过氧化物酶（APX）通过抗坏血酸-谷胱甘肽循环（AsA -GSH）再生系统，在单脱氢抗坏血酸还原酶（MDAR）、脱氢抗坏血酸还原酶（DHAR）、谷胱甘肽还原酶（GR）等的作用下，利用抗坏血酸（AsA）、还原型辅酶Ⅱ（NADPH）、谷胱甘肽（GSH）等抗氧化物，来清除组织内过量的活性氧（Czégény et al.，2016）。在 AsA - GSH 系统中，APX 以抗坏血酸为底物，催化 H_2O_2 生成 H_2O；DHAR 以 GSH 为还原剂，将上一步氧化生成的脱氢抗坏血酸（DHA）重新还原成 AsA；GR 则以 NADPH 为电子供体催化氧化型谷胱甘肽（GSSG）生成 GSH，共同维持抗氧化系统的活性氧清除能力。

2. 非酶促抗氧化系统

（1）类胡萝卜素

类胡萝卜素是一类天然色素的总称，主要存在于果蔬之中（Fraser et al.，2004）。目前，已经发现超过 700 种类胡萝卜素化合物，常见的类胡萝卜素有番茄红素、α-胡萝卜素、β-胡萝卜素、叶黄素和玉米黄素。许多植物的叶子、果实、花朵出现红色、橘色和黄色色调的原因就在于类胡萝卜素的存在（Muzzopappa et al.，2020）。类胡萝卜素作为高效、天然的活性氧淬灭剂，可以保护细胞和有机体免受氧化造成的损伤（Chapman et al.，2019）。研究发现，类胡萝卜素积累在光系统Ⅰ和光系统Ⅱ的光收集中心，清除由光合作用产生的活性氧副产物（尤其是单线态氧）（Pospíšil，2012）。

（2）抗坏血酸

抗坏血酸（Ascorbic acid，AsA）是一种在植物中大量存在的、水溶性的抗氧化物质。主要位于叶绿体中。所有的植物都能够合成抗坏血酸，其可以作为还原剂，直接与活性氧反应后清除活性氧（Smirnoff et al.，2000）。另外，抗坏血酸也可以作为抗坏血酸过氧化物酶的底物，参与 AsA - GSH 循环，进而在活性氧清除中扮演着重要角色。然而，L-抗坏血酸的铁还原性可以使三价铁离子向二价铁离子转化，从而增加芬顿反应的羟基自由基产率。

（3）类黄酮

类黄酮是植物中一类具有多酚结构的次生代谢物，广泛存在于果蔬及某些饮料之中。类黄酮物质主要包括黄酮醇、黄酮类、异黄酮和花青素等。类黄酮在细胞内可作为抗氧化剂来清除活性氧（Fini et al.，2011），但类黄酮在抗氧化活性上存在较大差异（Csepregi et al.，2018）。例如，黄酮对 H_2O_2 的抗氧化能力较低，但黄酮-3-醇对 H_2O_2 呈现出较高的清除能力。当果蔬遭受非生物胁迫时，类黄酮的合成与积累过程会被诱导，以清除机体内过量积累的活性氧（Grunewald et al.，2012）。

三、能量代谢

（一）能量物质与能荷水平

腺苷酸是三磷酸腺苷（ATP）、二磷酸腺苷（ADP）和单磷酸腺苷（AMP）的总称，是生物体代谢和生命活动的能量源泉。ATP 为生物体各种生命代谢活动（包括脂质合成等）提供能量。植物细胞能够将一部分胞内ATP 释放至细胞外，而胞外 ATP 可以通过受体蛋白介导，来调控细胞内许多重要信号分子如活性氧和乙烯等的合成和作用，进而调节植物的细胞生长发育、抗逆反应、细胞的程序化死亡等生理活动（Demidchik et al.，2009）。

能荷（EC）即能量负荷，指在总的腺苷酸系统中所负荷的高能磷酸基的数量。能荷在一定程度上可以全面反映细胞整体的能量状态。能荷的计算公式为：$EC=（[ATP] +1/2 [ADP]）/（[ATP] + [ADP] + [AMP]）$。3 种腺苷酸在细胞内的占比可以反映细胞内能荷水平。能源物质供给和能荷水平会影响呼吸代谢关键酶活性，进而调节果蔬组织细胞中三磷酸循环、三羧酸循环、糖酵解及糖异生等生理代谢途径。

（二）能量代谢的物质转化过程

能量代谢是植物组织生理生化反应中一种重要的代谢途径，它可以用来指示果蔬组织细胞的能量状态。能量代谢与三羧酸循环和磷酸戊糖途径密切相关，三羧酸循环或磷酸戊糖途径中脱下的氢进入线粒体内膜上的电子传递链，氢离子和电子经过线粒体电子传递链，最后传递给氧生成水，释放能量，通过ADP 磷酸化，生成高能化合物 ATP。电子传递链由一系列可逆的接受和释放电子的化学物质所组成，在内膜上互相关联、有序排列（Vyatkina et al.，2004）。电子传递主要有细胞色素系统途径和交替途径 2 种。细胞色素途径指电子分别经过琥珀酸脱氢酶、泛醌、细胞色素 bc1 复合体、细胞色素 c 和细胞色素 c 氧化酶，最后传递给氧。交替途径是不包含细胞色素 bc1 复合物和细胞色素 c 氧化酶的交替氧化酶途径（Garmash et al.，2017）。

ATP 是能量的直接利用形式，主要用于生物合成、营养物质运输和通道调节等过程。细胞内的能量代谢过程为一切生命活动提供能量，主要发生在线粒体上，也是呼吸代谢和物质代谢的主要场所（Lesnefsky et al.，2006）。能量由呼吸作用产生，能量的生成速率取决于呼吸强度和各种呼吸途径的实际运行量。H^+ - ATPase、Ca^{2+} - ATPase、Mg^{2+} - ATPase、琥珀酸脱氢酶和细胞色素 c 氧化酶是线粒体呼吸代谢的关键酶，其活性能够反映线粒体的能量合成状态（Zwicker et al.，1998）。这些酶通过保证足够的内源 ATP 的供应来减少细胞内压力，延缓果蔬衰老和维持贮藏期间果蔬品质。

(三) 能量代谢相关酶

1. ATP 酶

ATP 酶是参与氧化磷酸化反应、光合磷酸化反应和生物体能量代谢的关键酶。ATP 酶可分为 3 类，包括 $H^+ - ATPase$、$Ca^{2+} - ATPase$ 和 $Mg^{2+} - ATPase$。$H^+ - ATPase$ 是细胞膜质子泵，通过向外泵出 H^+ 产生跨膜质子推动力（电化学势）从而合成 ATP，为一系列次级转运蛋白和通道蛋白对各种营养物质及离子的跨膜转运提供动力和能量。除了去除细胞中 H^+ 外，$H^+ - ATPase$ 还可以通过调节细胞中溶质 pH 来预防细胞中溶质酸化（Wang et al.，2015）。$Ca^{2+} - ATPase$、$Mg^{2+} - ATPase$ 是 Ca^{2+} 和 Mg^{2+} 的转运蛋白，通过 ATP 的水解激发将细胞内 Ca^{2+} 和 Mg^{2+} 运至胞外或内膜线粒体和液泡等细胞器。这 2 种酶能调节细胞内 Ca^{2+} 和 Mg^{2+} 的平衡，对于维持线粒体功能和细胞稳态具有重要作用。当果蔬受到环境胁迫时，高浓度的 Ca^{2+} 和 Mg^{2+} 在细胞质内积累，影响 ATP 的供应，从而造成能量亏损，加速果蔬的褐变或成熟衰老进程（Lin et al.，2017）。

2. 琥珀酸脱氢酶

琥珀酸脱氢酶（SDH）在三羧酸循环呼吸通路和线粒体电子传递链中发挥着根本性作用，为植物的生命活动提供能量（Acevedo et al.，2013）。SDH 主要催化琥珀酸为延胡索酸，同时将泛醌还原为泛醇，产生 H^+，最后生成 ATP。SDH 是线粒体内膜的结合酶，是连接氧化磷酸化和电子传递的枢纽之一。SDH 的缺失也可能导致利用氧化磷酸化生产 ATP 的能力受限制。SDH 是线粒体的一种标志酶，其活性一般可作为评价三羧酸循环运行程度的指标。

3. 细胞色素 c 氧化酶

细胞色素 c 氧化酶（CCO）又称细胞色素氧化酶，是线粒体呼吸链上氧化磷酸化的关键酶，也是呼吸链上的末端氧化酶，能反映生物体有氧呼吸的代谢水平（Jin et al.，2013）。由于 CCO 是呼吸电子传递链的第 4 个中心酶复合物，因此又被称为复合物 IV。CCO 的主要功能是将细胞色素 c 的电子传递到氧，为氧化磷酸化提供能量。CCO 的活性大小可直接影响线粒体功能。CCO 活性一旦下降，会导致氧化磷酸化速率降低，ATP 合成受阻，膜电位丧失，促使线粒体呼吸链产生大量的活性氧，活化凋亡信号通路，细胞出现死亡。部分激素可以通过调节 CCO 的生物合成和活性来调节植物的生长发育过程（Wang et al.，2021）。

四、三种代谢与褐变的相关性

(一) 膜脂代谢：区域化分布的破坏

生物膜是一个动态平衡系统，当遭受生物或非生物胁迫（例如低温胁迫、损伤胁迫等）时，植物细胞膜就会发生相应的变化。膜脂中不饱和脂肪酸的含量与膜的流动性关系十分紧密。当果蔬遭受短期或轻度胁迫时，细胞内的脂质去饱和酶会催化饱和脂肪酸转化为不饱和脂肪酸，从而提高细胞膜的流动性来适应胁迫环境，以维持果蔬自身内稳态，保护代谢活动正常进行。当果蔬遭受长期或重度胁迫时，自身防御系统已经无法维持组织内稳态，膜脂代谢被大幅诱导增强。其中，膜脂代谢关键酶（磷脂酶 D、脂氧合酶）活性会被诱导增强，膜脂代谢过程会被增强，进而破坏细胞膜的磷脂双分子层结构和影响细胞功能（Lin et al.，2016）。膜透性的增大会导致膜内可溶性物质和电解质向膜外渗漏，细胞内外的离子平衡被破坏，同时膜上结合酶活性降低，酶促反应失调，呼吸作用下降，能量供给减少，果蔬内有毒物质不断产生并积累。细胞膜区隔化的丧失会使 PPO 等氧化酶与酚类底物接触并发生氧化反应，最终引起组织褐变。

有研究发现，冷藏的南果梨发生果皮褐变后，其不饱和脂肪酸相对含量降低，而饱和脂肪酸相对含量增加，膜脂过氧化产物积累和膜通透性增加，且细胞超微结构被破坏（Sheng et al.，2016）。表明由膜脂代谢引起的膜脂成分和结构的变化与低温胁迫下果皮的褐变现象密切相关。Zhang 等（2018）研究发现，与未褐变的龙眼和荔枝果实相比，褐变的龙眼和荔枝果实中磷脂酶 D 和脂氧合酶活性更高。外源没食子酸丙酯处理后的龙眼果实的褐变现象被抑制，且处理过的果实的磷脂酶 D 和脂氧合酶活性明显降低。表明没食子酸丙酯能够通过抑制膜脂代谢关键酶活性防止膜脂过氧化的发生，最终达到延缓龙眼果实褐变的效果（Lin et al.，2018）。

（二）活性氧代谢：氧化损伤

活性氧是有氧代谢的一种副产品，对果蔬组织内的蛋白质和脂质有一定的破坏作用。正常情况下，机体可以通过酶促抗氧化系统（如 SOD、CAT、APX 等）和非酶促抗氧化系统（如类胡萝卜素、抗坏血酸、类黄酮等），使果蔬内活性氧的产生和清除处于动态平衡状态（Pennycooke et al.，2005）。当活性氧的产生量远高于机体清除活性氧的能力时，具有高毒性的活性氧（超氧阴离子、羟基自由基、过氧化氢和单线态氧）便会过量积累，可以直接破坏重要的细胞成分，如 DNA、RNA 和蛋白质（Li et al.，2019）。

活性氧对果蔬组织细胞膜的损害作用可分为直接损伤和间接损伤。活性氧对细胞膜的直接损害分为 3 个过程，包括起始、发展和终止（Gill et al.，2010）。起始是指羟基自由基与不饱和脂肪酸的亚甲基发生反应形成碳自由基，加速膜脂过氧化。发展是指碳自由基没有配对电子，能够与基态氧反应，形成过氧化自由基；过氧化自由基再与其他脂肪酸发生反应生成羟过氧化物和碳自由基，该碳自由基又参与下一轮的反应。终止则为碳自由基与自身交联形成脂肪酸二聚体，过氧化自由基自身交联形成过氧桥联二聚体。活性氧对细胞膜的间接损伤作用是指活性氧会诱导细胞膜脂质过氧化，造成膜脂中饱和脂肪酸的积累并影响细胞结构和功能（Valenzuela et al.，2017）。活性氧对细胞膜的直接或间接破坏作用，打破了 PPO 与酚类的区域化分布，PPO 催化酚类化合物发生氧化反应，最终导致褐变现象的发生。除了造成酶和底物的接触之外，活性氧还可以诱导膜脂的氧化过程，产生信号分子刺激 PAL 基因的表达，诱导有色酚类物质的合成。另外，活性氧还会提高果蔬的呼吸强度，降低维生素 C、总糖等营养物质的含量，加速果肉软化及自溶，从而降低硬度，促进果皮褐变进程（Wang et al.，2006）。

（三）能量代谢：能量亏缺

能量代谢对机体的生命活动至关重要。在植物正常生命活动中，细胞通常能合成足够的能量来维持组织的正常代谢。但当果蔬处于胁迫条件或衰老时，呼吸链遭到破坏，ATP 合成能力下降，能量代谢受损，影响细胞呼吸代谢和物质转化过程中的能量供给等，导致细胞代谢和功能的紊乱，最终诱导褐变现象的发生。研究发现，能量是细胞膜脂进行生物合成所必需的物质，是维持细胞膜结构和功能的必要元素（Liu et al.，2011）。ATP 的产生受一系列特定蛋白质调控。其中，ATP 酶、NADH 脱氢酶和液泡质子-无机焦磷酸酶是参与氧化磷酸化途径的关键酶，与能量代谢和果蔬细胞膜完整性的维持有关（Wang et al.，2017）。

膜完整性和细胞内外渗透压维持、膜上功能蛋白和脂质合成、跨膜离子的转运均需要能量（Saquet et al.，2003）。ATP 合成能力降低是引起组织能量亏损的重要原因。ATP 含量减少会导致细胞膜脂合成速率的降低，同时使果蔬组织对细胞膜脂过氧化的修复能力减弱，从而导致细胞膜透过性的增加。膜透性的增加会影响氧化磷酸化过程，进而使线粒体中 ATP 的再生受到抑制，又会进一步损伤膜细胞，使其进入退化状态。除此之外，膜透过性的增大，会使 PPO 与酚类接触，最终发生褐变现象。研究表明，外源 ATP 含量的降低与低温诱导的南果梨果皮褐变情况有关，而梨果实的果心褐变是由能量利用效率降低和细胞区域化分布的打破所导致的。

研究发现，经 ATP 浸泡处理的荔枝，其果皮褐变的发生与细胞膜透过性的升高被显著延迟。表明果皮组织含有较高的能量值时，可以有效维持细胞膜的完整性（Yi et al.，2010）。经过气调贮藏的贵妃梨果肉褐变的抑制与高的 ATP 含量和腺苷酸能荷水平有关（Saquet et al.，2003）。经过充氧处理的荔枝果皮，其褐变程度的降低和电解质泄漏的减少与高的 ATP 和 ADP 含量有关（Duan et al.，2004）。

第二章　非酶褐变

第一节　美拉德反应

美拉德反应（Maillard Reaction），又称羰氨反应，最早是由法国化学家 Louis-Camille Maillard 于 1912 年合成蛋白质时无意发现，加热葡萄糖和甘氨酸会形成褐色物质（Hodge，1953；Martins et al.，2001）。因其生成的最终产物呈现黑褐色，故又称为非酶褐变。

美拉德反应广泛存在于食品行业，在食品加工和贮藏过程中，食品原料中的羰基化合物（还原糖、酮类、酚类、醛类）和氨基化合物（肽、氨基酸、蛋白质、胺）经加成、分子重排、聚合可生成一系列挥发性风味物质及含氮褐色大分子物质（Hodge，1953；Martins et al.，2001）。1953 年，美国化学家 John E. Hodge 首次阐述了美拉德反应机理，这就是后来被普遍认可和接受的美拉德反应 3 个阶段：初级反应阶段、中间反应阶段和最终反应阶段。

一、美拉德反应机理

（一）初级反应阶段

美拉德反应的起始反应阶段是还原糖开链式的羰基碳原子首先受到氨基氮原子的亲核攻击生成 N-葡糖胺，N-葡糖胺迅速失去一分子水转化为席夫碱（Shiff base），再经环化生成 N-葡基胺（Kislinger et al.，2003）。其中，如果参与反应的还原糖是醛糖时，则葡基胺经阿马道里（Amadori）重排反应生成 1-氨基-2-酮糖（Purlis，2010），此化合物已在发生褐变的冷冻干燥杏干中检出。如果参与反应的还原糖是酮糖，则葡基胺发生汉斯（Heyns）重排（逆阿马道里重排）生成 2-氨基醛糖（Morales，2005；Purlis，2010）。

（二）中间反应阶段

与初级反应阶段相比，美拉德反应的中间反应阶段更为复杂，初级反应物进一步分解，生成呋喃、还原酮、吡嗪、噻唑及可溶性褐色物质。根据反应进程的不同可分为 3 条反应途径。

1. Osulose 反应途径

阿马道里重排产物（ARP）在酸性（pH＜5.0）条件下会发生 1,2 -烯醇化反应生成 1,2 -烯醇胺，再经脱水、脱氨转化为 3 -脱氧糖酮。3 -脱氧糖酮不稳定，易脱水生成糠醛类化合物和发生逆醛化反应生成醛、酮等小分子物质。

2. 还原酮反应途径

阿马道里重排产物在碱性或中性（pH≥7.0）条件下发生 2,3 -烯醇化反应，再经分子重排，失去氨基生成 1 -脱氧糖酮。1 -脱氧糖酮不稳定，易脱水生成呋喃及吡喃型化合物，主要产物有 4 -羟基- 2,5 -二甲基- 3（2H）-呋喃酮（HDF）、4 -羟基- 5 -甲基- 3（2H）-呋喃酮（HMF）、糠醛、麦芽酚。1 -脱氧糖酮会发生裂解，和 3 -脱氧糖酮一样发生逆醛化反应，生成丁二酮、丙酮醛、乙二醛等小分子化合物，这些裂解产物极其活泼，会迅速形成更稳定的化合物。

3. Strecker 降解过程

在 α -二羰基化合物的作用下，氨基酸发生转氨基反应，失去氨基和一分子的碳转化为醛类物质，氨基连接到 α -二羰基化合物上，生成 α -氨基酮。当参与反应的氨基酸为半胱氨酸时，则会生成乙醛、氨气和硫化氢。这些在 Strecker 降解过程中生成的醛类物质可作为反应中间体参与下一步反应。Strecker 降解过程中生成的 α -氨基酮、醛类物质、氨气、硫化氢等分子碎片具有不定性，会和氨基酸再次反应形成更稳定的化合物，主要产物为吡啶、吡咯烷、硫代烷、环类化合物、噻唑、吡嗪等化合物。

（三）最终反应阶段

美拉德反应的初级反应阶段和中间反应阶段的产物呈无色或淡黄色，色泽主要是在反应的最后生成。与初级反应阶段和中间反应阶段相比，最终反应阶段更为复杂。前 2 个反应阶段生成的脱氧糖酮、4 -羟基- 5 -甲基- 3（2H）-呋喃酮、葡萄酮醛、碳水化合物裂解碎片等活性中间体会与氨基酸和还原糖发生缩合、聚合、杂环化反应，生成大分子含氮褐色物质——类黑精。类黑精是一类褐色物质的总称，是混合物，反应物和反应条件的改变均会导致类黑精组成发生变化（Ciimmerer et al.，1995）。根据类黑精分子质量的不同，Hofmann把类黑精分为 2 部分，一部分是低分子质量的类黑精（分子质量＜1 000 ku），另一部分是高分子质量的类黑精（分子质量＞100 000 ku）。他认为低分子质量的生色团可通过与氨基酸或蛋白质发生交联作用而生成高分子的颜色物质（Hofmann，1998）。对类黑精进行酸水解后发现有糖的生成，这表明一部分糖并未经过美拉德反应的前 2 个阶段，而是直接参与类黑精的形成。

二、美拉德反应动力学

目前对美拉德反应动力学模型的研究主要集中在褐色物质、挥发性物质的形成以及糖类降解反应速率与温度的关系等方面。该模型主要以美拉德反应机理为基础，通过大量实验获取相关数据，然后运用数学建模方法，推导出模型方程。

（一）简单动力学模型

1. Higgins‐Bunn 早期反应基本动力学模型

对阿马道里重排产物的合成和动力学进行研究发现，美拉德反应的动力学非常复杂，即使在第 1 步生成阿马道里重排产物，但由于席夫碱很难定量测定，所以很难建立阿马道里重排产物动力学模型。先前的大部分研究主要基于糖和氨基酸的消耗，而且在动力学模型建立过程中忽略了席夫碱的逆反应；之后的研究表明，蛋白质/糖体系中席夫碱的逆反应是不能忽略的。研究认为席夫碱的形成是反应的定速步骤（Higgins el al.，1981），在充分考虑席夫碱的逆反应后，提出美拉德早期反应的基本动力学模型，见公式 2‐1，即席夫碱的形成是二级反应，阿马道里重排产物的形成是一级反应。

$$A+S \underset{k_2}{\overset{k_1}{\rightleftharpoons}} [AS] \longrightarrow AR \qquad\qquad 公式\,2-1$$

式中，A 为氨基酸；S 为还原糖；AS 席夫碱；AR 为阿马道里重排产物。

2. Davie 的 3 步模型及其衍生模型

Davie 等（1997）提出了 3 步模型。假设褐变受硫化物 S（Ⅳ）调控，而且无论反应中有无硫化物 S（Ⅳ），前面 2 个定速步骤的速率不变。Ⅰ是一种未定的中间产物，可能是一种活性中间体。当硫化物 S（Ⅳ）存在时（图 2‐1），活性中间体Ⅰ迅速形成 3,4‐二脱氧‐4‐磺基己酮糖，而非类黑素，这样就可计算出 k_1 和 k_2（k 为反应速率）。经推算得积分方程，见公式 2‐2。忽略 $e^{-k_2 t}$ 中 t 的指数大于 3 的项，得到褐变指数与时间关系式，见公式 2‐3。

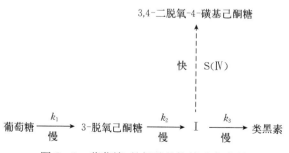

图 2‐1　葡萄糖-甘氨酸美拉德反应途径

$$A_{450} \approx k_3 \int k_1 t - \frac{k_1}{k_2}(1 - e^{-k_2 t})dt \qquad 公式2-2$$

$$A_{450} \approx \frac{k_1 k_2 k_3}{6} t^3 \qquad 公式2-3$$

对上述模型进行非线性回归实验获得 S（Ⅳ）浓度随时间变化的速率表达式，见公式2-4。经实验证实，反应速率不取决于 c [S（Ⅳ）] 的浓度，类黑素生成量（M）随时间变化关系式如公式2-5，褐变指数（A_{470}）与类黑素生成量（M）成正比，见公式2-6。通过放射性同位素标记 ^{14}C 葡萄糖，发现不同分子质量的类黑素具有相近的有效吸光系数（E）。

$$c[S（Ⅳ）]_t = c[S（Ⅳ）]_0 - k_1 t + \frac{k_1}{k_2}(1 - e^{-k_2 t}) \qquad 公式2-4$$

$$M_t = k_1 t - \frac{k_1}{k_2} - \frac{k_1}{k_3} + \frac{k_1 k_3}{k_2(k_3 - k_2)}e^{-k_2 t} - \frac{k_1 k_2}{k_3(k_3 - k_2)}e^{-k_3 t}$$
$$公式2-5$$

$$(A_{470})_t = E\left[k_1 t - \frac{k_1}{k_2} - \frac{k_1}{k_3} + \frac{k_1 k_3}{k_2(k_3 - k_2)}e^{-k_2 t} - \frac{k_1 k_2}{k_3(k_3 - k_2)}e^{-k_3 t} \right] \qquad 公式2-6$$

早期的美拉德反应动力学研究中，往往仅用一种还原糖与氨基酸直接混合。在食品中，真实情况往往是含有多种还原糖与氨基酸，因此，混合糖类-氨基酸模型动力学研究也非常重要。

Mundt 等（2003）将葡萄糖、果糖和甘氨酸混合，综合 Davie 的 3 步模型和 Swales 等的果糖-甘氨酸模型，建立混合糖-氨基酸反应模型（图2-2）。假设这 2 个反应拥有相同的中间体 I，通过实验数据分析推算发现，其褐变指数随时间的变化规律见公式2-7。混合体系的类黑素摩尔消光系数为（1 073±4）mol/（L·cm），这与葡萄糖-甘氨酸体系 [（955±45）mol/（L·cm）] 相近，但却

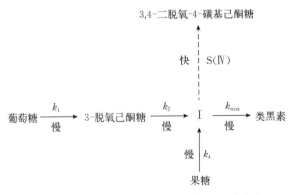

图2-2　葡萄糖-果糖-甘氨酸美拉德反应途径

是果糖-甘氨酸体系 $\left[\,(478\pm18)\ \mathrm{mol}/(\mathrm{L}\cdot\mathrm{cm})\,\right]$ 的 2 倍。

$$(A_{470})_t = E\left[\,(k_1+k_4)\ t-\frac{k_1}{k_2}-\frac{k_1+k_4}{k_{\mathrm{mix}}}+\frac{k_1 k_{\mathrm{mix}}}{k_2\ (k_{\mathrm{mix}}-k_2)}\,\mathrm{e}^{-k_2 t}-\right.$$

$$\left.\frac{k_1 k_2+k_2 k_4-k_{\mathrm{mix}}k_4}{k_{\mathrm{mix}}\ (k_{\mathrm{mix}}-k_2)}\,\mathrm{e}^{-k_{\mathrm{mix}}t}\,\right] \qquad 公式\ 2-7$$

（二）多响应动力学模型

虽然由简单的动力学模型（如零级、一级或二级反应）可以对褐色物质的形成、还原糖的降解进行建模，但是由于美拉德反应机制的复杂性，使其很难用简单反应模型来确定反应过程中各化合物的变化。采用多响应建模，可同时兼顾反应物、中间产物和终产物的变化，因此，研究人员开始尝试用此途径来研究。

Martins 等（2001）应用多响应模型研究葡萄糖-甘氨酸体系美拉德反应机理，反应途径如图 2-3 所示。反应过程中产生的有机酸会导致体系的 pH 下降，在一定程度上抑制了反应速率。实验结果显示，反应速率与温度呈 Arrhenius 关系。Brands 等（2003）利用多响应建模方法研究单糖与酪蛋白反应过程中的反应途径，他们认为在反应体系中主要有 3 个反应路径：一是酮糖与醛糖的异构化，二是糖发生降解，三是糖降解产物与蛋白质上赖氨酸的 ε-氨基反应。反应模型见图 2-4。

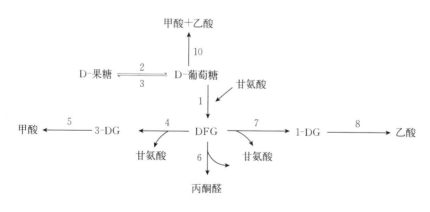

图 2-3　核心中间产物 DFG 的葡萄糖-甘氨酸体系美拉德反应

注：DFG 为葡萄糖和甘氨酸的阿马道里重排物；1-DC 为 1-脱氧葡萄糖醛酮；3-DC 为 3-脱氧葡萄糖醛酮。

以上研究表明，美拉德反应是一系列复杂反应的交叉反应，动力学模型对更好地解释美拉德反应机理及其过程有着重要的意义，对于有效控制美拉德反

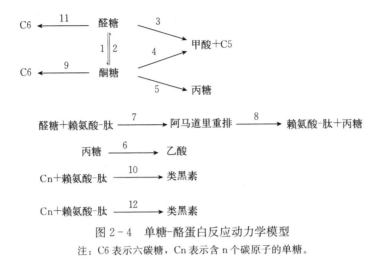

图 2-4 单糖-酪蛋白反应动力学模型

注：C6 表示六碳糖，Cn 表示含 n 个碳原子的单糖。

应至关重要。动力学建模将向多响应建模方向发展。目前还没有统一的动力学模型能够完全解释美拉德反应的全过程。

三、美拉德反应的影响因素

美拉德反应能形成一系列不同的呈色物质、呈味物质和呈香物质。通过加热、沸腾、烹饪或贮藏等操作，美拉德产物将各种各样的食品原料转变为色泽诱人、香气浓郁、风味各异的产品（Slaughter，1999；Yaylayan，2003）。虽然美拉德反应可以改善食品质量，但它也与营养价值的丧失有关。一方面，从营养学的观点讲，当一种氨基酸或一部分蛋白质参与美拉德反应时，显然会造成氨基酸的损失，尤其是必需氨基酸的损失，其中以含有游离 ε-氨基酸的赖氨酸最为敏感，因而最容易损失。美拉德反应形成的类黑精产物可能导致亚硝胺或者其他致突变物质的产生，这些产物的毒性还有待进一步研究。另一方面，形成呈色物质和呈香物质的途径非常复杂，要获得诱人的色泽和风味，必须严格选择反应物、环境及加热条件，以控制食品中美拉德反应的程度。反应超出一定限度会给食品的风味和色泽带来不利影响，还可能生成有害物质，降低商品价值。

（一）温度与加热条件

影响美拉德反应的一个重要因素是温度。温差 10 ℃时，其褐变速度差可达 3～5 倍。加热时间对于美拉德反应也很重要。咖啡豆中各种成分的含量随烘焙时间的变化而变化，色泽也因此改变，即感官品质受加热时间影响。因此，缩短加热时间可以控制美拉德反应。

（二）反应组分

虽然大部分果蔬都含有氨基和羰基化合物，但由于它们的种类不同，美拉德反应的速度是不同的。研究发现，氨基酸和糖的种类影响着反应速率。一般来说，五碳糖的反应速度较快，约为六碳糖的 10 倍。五碳糖中，核糖反应速度最快，然后是阿拉伯糖和木糖；六碳糖中，半乳糖反应速度最快，然后是甘露糖、果糖和葡萄糖。还原性双糖类（乳糖、麦芽糖）的分子比较大，故反应速度比单糖缓慢。非还原性的蔗糖不发生美拉德反应，但在烹饪过程中因能水解为单糖而参与美拉德反应。总的来说，糖的种类对反应速率的影响大小如下：戊糖（木糖或阿拉伯糖）＞己糖（葡萄糖或果糖）＞双糖（麦芽糖或乳糖）＞多糖＞玉米糖浆固体＞麦芽糊精＞淀粉。

一般胺类化合物较氨基酸更易发生褐变，氨基酸中的碱性氨基酸反应速度更快，ε 位或末端（如赖氨酸、精氨酸、色氨酸等）比 α 位的褐变反应速度快。

对于美拉德反应，碳水化合物的种类对反应速率的影响大于对风味特征的影响。反应速率很大程度上取决于反应物的减少速率和颜色的生成速率。

（三）水分活度

水分活度会影响许多美拉德途径的反应速率，进而影响整个美拉德反应产物形成的速率。这是因为某些化合物反应的副产物是水，反应被水抑制；而某些化学反应则需要水的参与，即水能够促进反应进行。

在一个经典的模拟美拉德反应生成烷基吡嗪的系统中，发现水分活度对烷基吡嗪的形成速率有影响。当水分活度在 0.75 时，吡嗪的生成量达到最大，水分活度高于 0.75 或低于 0.75 时，吡嗪的生成量均减少。这一结果表明，吡嗪形成的速率由美拉德反应的初始阶段水分活度控制。

（四）pH

反应体系的 pH 也影响特定的美拉德途径的反应速率，进而改变挥发性产物的平衡。当 pH＞3 时，褐变速度随着 pH 的增高而加快。因为美拉德反应初期是由氨基化合物中的氨基和羰基化合物发生缩合反应，这个缩合反应是可逆的，在稀酸条件下，羰氨缩合的产物极易水解，所以碱性条件下有利于羰氨反应。当 pH＜3 时，由于氨基处于质子化状态，使得葡糖基胺不能形成，故美拉德反应不显著，所以高酸度的食品（如泡菜）不易发生褐变。因此，降低 pH 是控制美拉德反应较好的方法。

研究表明，碱处理的可可具有更高浓度的 α-二羰基化合物，N-ε-羧甲基赖氨酸（CML）浓度在碱处理的可可中增加了 1 倍，表明碱性环境加速了美拉德反应（Tas et al.，2016）。

（五）亚硫酸盐或钙盐

羰基可以与亚硫酸盐发生加成反应，此加成物不能再与氨基发生美拉德反应，抑制了还原糖、醛、酮类化合物参与反应，从而达到抑制褐变的作用。因此，可以用二氧化硫或亚硫酸钠来抑制美拉德反应。

氯化钙等钙盐可与氨基酸结合成为不溶性的化合物，阻止氨基酸参与美拉德反应。由此可见，钙盐有协同二氧化硫控制褐变的作用。在马铃薯等多种食品加工中使用二氧化硫的同时，再结合使用氯化钙，可明显地抑制褐变反应的发生。

（六）酚类化合物

近年来，酚类化合物对美拉德反应的抑制机理成了研究热点。低浓度的酚酸对羟基自由基具有显著的清除能力，可以通过抗氧化机制抑制氧化途径，从而抑制 2,3 -二氢- 3,5 -二羟基- 6 -甲基- 4 （H）吡喃- 4 -酮（DDMP）的形成（Bin et al.，2012）。低浓度酚酸的抗氧化活性取决于与苯环结合的羟基数量和羟基在苯环中的结合位点以及取代基的类型。酚酸通过调节葡萄糖含量或氨诱导的降解、阿马道里重排产物氧化和 1 -脱氧葡萄糖酮（1 - DG）降解来抑制 DDMP 的形成（Li et al.，2019）。羧甲基赖氨酸抑制剂，如低聚原花青素（Wu et al.，2013）和儿茶素（Wang et al.，2011）在模型系统中，通过捕获甲基乙二醛（MGO）和乙二醛（GO）并抑制阿马道里重排产物的氧化来抑制美拉德反应。

（七）金属离子

金属离子对美拉德反应的影响在很大程度上依赖于金属离子的类型，而且在反应的不同阶段，其影响程度不同。在有不同离子存在的情况下，美拉德反应中类黑精的凝聚受抑制（Gomyo et al.，1976）。对于极性氨基酸，有研究表明，铁离子对半胱氨酸的美拉德反应模型体系只有很小的影响（Fallico et al.，1999）。对于非极性氨基酸，在美拉德反应模型体系中分别加入 Fe^{2+}、Cu^{2+}、Al^{3+}、Zn^{2+}、Mg^{2+} 和 Ca^{2+} 等金属离子，结果表明，金属离子尤其是在二价铁离子和二价铜离子存在下，褐变速度加快（Kwak et al.，2004）。

第二节　抗坏血酸降解

抗坏血酸也被称为 L -抗坏血酸或维生素 C，是一种含有 6 个碳原子的酸性多羟基化合物，在植物性食品中广泛存在。由于其含有的 2,3 -烯醇式结构使它具有酸性和还原性，因此很容易被分解（Yin et al.，1991）。L -抗坏血酸的非酶褐变反应主要发生在其自降解过程中。L -抗坏血酸的降解可分为非氧化反应和氧化反应 2 种，前者更容易生成糠醛（Kurata et al.，1967）。L -

抗坏血酸的非酶褐变过程非常复杂，包含大量的氧化、还原、异构和分子间重排等反应。一般认为，抗坏血酸的非酶褐变包括初级反应阶段、中间反应阶段和最终反应阶段。

一、抗坏血酸降解机理

(一) 初级反应阶段

在有氧条件下，L-抗坏血酸发生的氧化反应涉及 2 个单电子转移历程或 1 个双电子转移反应。L-抗坏血酸首先降解形成单阴离子（HA^-）。在催化氧化过程中，单阴离子可与金属离子和氧气形成金属-氧-配位体三元复合物 $[MHAO_2^{(n-1)+}]$。该复合物含有 1 个双自由基共振结构，能迅速分解为半脱氢抗坏血酸自由基和原来的金属离子。半脱氢抗坏血酸自由基能迅速与氧气反应生成脱氢抗坏血酸（DHAA）。在非催化氧化过程中，单阴离子在限速步骤中直接与分子氧发生化学反应生成脱氢抗坏血酸。由于桥连内酯易水解，故脱氢抗坏血酸极不稳定，易水解形成 2,3 - 二酮古洛糖酸（DKG），水解过程不可逆。

在厌氧或氧气浓度很低的条件下，抗坏血酸经过酮基互变异构体（H_2A-Keto）进行反应。该互变异构体与其负离子（HA^- - Keto）达到平衡时，HA^--Keto 经去内酯化作用形成 2,3 - 二酮古洛糖酸。尽管在有氧条件下厌氧途径仍能使抗坏血酸降解，但常温下的非催化氧化转化速率比厌氧转化速率大 2～3 个数量级。因此，在有氧条件下，2 个反应都起作用，但以氧化途径为主。在无氧条件下，金属催化剂不会对反应产生影响，但一些 Cu^{2+} 和 Fe^{3+} 的螯合物仍会产生催化作用。

(二) 中间反应阶段

中间反应阶段是 2,3 - 二酮古洛糖酸的进一步降解，这些降解会参与非酶褐变，在不同条件下降解生成邻酮糖类、糠醛、糠酸等。在酸性条件下（pH<4.0），抗坏血酸的降解产物主要是糠醛（Kennett，1971）。糠醛可以发生聚合反应，在果汁中与氨基酸结合促进果汁褐变。2,3 - 二酮古洛糖酸的脱羧形成木酮糖，而 2,3 - 二酮古洛糖酸发生 C4 的 β-消去反应再脱羧形成 3 - 脱氧戊酮糖（DP）。无论是哪一种情况，在这个阶段从反应开始就显示出其他糖类非酶褐变反应的特性。邻酮糖类化合物的高反应活性使其裂解生成酮类小分子（Yu et al.，2013）。木糖酮继续降解生成还原酮和乙基乙二醛，而 3 - 脱氧戊酮糖降解则生成糠醛和 2 - 呋喃甲酸，这些生成物均可以与氨基结合引起果蔬产品褐变。

(三) 最终反应阶段

最终反应阶段主要是高级阶段的小分子物质自身或相互聚合缩合形成褐色

素，从而生成大分子褐色物质，其使 L-抗坏血酸降解溶液表现出显著的颜色特征。

二、抗坏血酸降解动力学

关于 L-抗坏血酸降解的动力学研究，学者们一般认为 L-抗坏血酸在溶液中首先电离出质子，然后再降解生成各种无色活性中间体，最后各种高活性物质相互缩合生成褐色大分子物质。

在灌装果汁食品中，抗坏血酸降解是通过连续的一级反应进行的，初始转化速率依赖于氧，直到有效氧消耗完进行厌氧降解。在脱水橙汁中，抗坏血酸降解与温度和水分含量有关。Burdurlu 等（2006）研究发现，不同温度下柑橘汁在贮藏过程中的 L-抗坏血酸降解符合一级动力学方程。Serpen 等（2007）在 L-抗坏血酸可逆降解过程中发现，脱氢抗坏血酸转化为抗坏血酸的过程与零级动力学特征相符。郭庆启等研究了蓝靛（木蓝）果汁中维生素 C 降解情况，结果显示底物消耗速率符合一级动力学方程（郭庆启等，2012）。但不同影响因素下，L-抗坏血酸自降解过程中底物消耗及中间产物的动力学研究还不够系统和完善。

三、抗坏血酸降解影响因素

温度对有氧条件下的抗坏血酸降解影响很大，温度可以加快氧化速度，同时也取决于环境的 pH 与抗坏血酸的浓度。在中性或碱性溶液中，脱氢抗坏血酸生成速度较快，也不易产生可逆反应。在 pH<5.0 的酸性溶液中，抗坏血酸氧化生成脱氢抗坏血酸的速度较缓慢，并且反应可逆。但在 pH 为 2.0~3.5 的溶液中，褐变反应速度与 pH 成反比，所以 pH 2.15 的柠檬汁和 pH 2.9 的葡萄汁比 pH 3.4 的柑橘汁更易发生褐变。溶液 pH 为 4.0 时，抗坏血酸氧化褐变速率最快，溶液 pH 为 2.0 时，抗坏血酸氧化缓慢（李申等，2015）。

金属离子也能促进抗坏血酸氧化褐变的速度，在柑橘汁中，铜、铁影响较大，铅次之。因此，用铜、铁容器盛放的果汁容易引起褐变和沉淀。

果汁中的部分氨基酸能直接与抗坏血酸发生较快的化学反应引起褐变，氨基酸的 R 基团与抗坏血酸分子发生反应，R 基团中含氨基或苯环的氨基酸与抗坏血酸反应最迅速，其余的反应速率较慢，非极性 R 基团与抗坏血酸的反应极慢，半胱氨酸通过抑制抗坏血酸的降解，进而延缓褐变。

四、抗坏血酸降解产物

已有 50 多种抗坏血酸降解的低分子产物被分离鉴定。这些化合物的种类与浓度以及所涉及的反应机制受温度、pH、水分活度、氧气浓度以及金属催化剂等因素的影响。目前，3 种常见的分离产物已被鉴定：聚合中间体、5～6 个碳链长度的不饱和羧酸、5 个或低于 5 个碳的裂解产物。

　　在有氧和无氧的条件下，抗坏血酸的降解模式在性质上有所差别，但 pH 对二者皆有影响。在中性和酸性条件下，抗坏血酸降解的主要产物包括 L-木糖酮、草酸、L-苏氨酸、酒石酸、2-糠醛和糠醛以及一系列羰基和其他不饱和化合物。与糖降解相同，抗坏血酸在碱性条件下裂解程度加剧。

第二篇　控制篇

第三章　酶促褐变的控制

第一节　酶促褐变的控制概述

酶促褐变可以通过从反应介质中去除氧气、酚类底物以及抑制酶活性等方法得到抑制，也可以通过对反应产物的控制来抑制酶促褐变。

一、通过调控酚类物质抑制酶促褐变

（一）抑制褐变底物酚类的合成

目前，在果蔬护色领域中仅有少量技术（如气调包装、低温贮藏等技术）通过降低褐变底物酚类合成的含量来抑制果蔬褐变。据报道，鲜切莴苣中咖啡酸衍生物（尤其是绿原酸）的含量在气调包装期间呈下降趋势（Luna et al.，2016）。研究发现，4℃下的气调包装可以通过降低多酚的含量来保持鲜切紫色胡萝卜的外观品质。值得一提的是，部分果蔬的褐变是由有色酚类物质的积累所导致的（Pace et al.，2015）。部分技术可以通过抑制有色酚类物质的合成来抑制果蔬褐变的发生。通过超高压二氧化碳技术处理鲜切荸荠可以显著抑制组织中苯丙氨酸解氨酶活性，进而抑制类黄酮等有色酚类物质的积累，最终有效减小鲜切荸荠的黄化程度（Kong et al.，2021）。

（二）阻止酚类物质的氧化

市场上已有多种用于果蔬贮藏和加工过程中的抗褐变剂，如抗氧化剂、吸附剂、螯合剂等。其中，抗氧化剂的应用最广泛。在果蔬采后产业中应用广泛的褐变抑制剂有L-半胱氨酸、抗坏血酸等。L-半胱氨酸（L-2-氨基-3-巯基丙酸）含有活泼的巯基，具有一定的还原性，可将酚类物质氧化所形成的醌类物质再还原成酚类化合物，从而有效抑制酶促褐变的发生以及大分子色素物质的生成。L-半胱氨酸还可通过竞争酶促褐变结合位点来减缓褐变过程，将其应用于荔枝果实采后保鲜可以有效减缓果皮褐变（Ali et al.，2016）。抗坏血酸是果蔬中多酚氧化酶的有效抑制剂，抗坏血酸的抗氧化活性对酚类化合物也有一定的保护作用。经抗坏血酸处理的绿豆芽的外观价值更高，且酚类物质

具有更高的含量和潜在生物可及性（Sikora et al.，2018）。

除了将酚类物质氧化所形成的醌类物质再还原成酚类化合物外，还可以对酚类物质进行修饰来阻止酚类物质的氧化。比如，邻甲基转移酶可以将邻苯二酚不可逆地转化为甲基化的酚类，这样甲基化的酚类物质不会成为多酚氧化酶特异结合的底物，从而无法在多酚氧化酶的催化作用下转化为醌类物质参与酶促褐变。

（三）促进非褐变底物酚类的合成

采用低温贮藏、气调包装、紫外辐照和微波处理等物理技术可以促进非褐变底物酚类的合成，从而提高果蔬的抗氧化能力，有效抑制褐变底物酚类向醌类再向高分子聚合物转化的过程，最终抑制果蔬的采后褐变并延长其货架期。除此之外，具有抗氧化性的酚类的积累，在一定程度上还能够起到清除自由基的作用，抑制膜脂过氧化，进而延缓了果蔬的采后劣变。

调节温度可以提升非褐变底物酚类的含量。例如，低温（如 0 ℃或 2 ℃）可以使桃中酚类化合物的种类和含量在贮藏后期保持较高的水平，从而抑制桃果肉的褐变。但低温贮藏不适合用于延长热带水果的货架期。较高的贮藏温度可以促进火龙果总可溶性酚的积累，进而提高了鲜切火龙果的抗氧化能力，并有效抑制其在货架期内发生褐变（Li et al.，2017）。一些新的物理技术也可以通过促进抗氧化酚类的合成来抑制果蔬褐变。有研究发现，超声波处理显著增强了凤梨的苯丙氨酸解氨酶活性，增加了鲜切凤梨的总酚含量，从而提高了其抗氧化能力（Yeoh et al.，2017）。还有学者通过研究发现，微波加热 3~5 min 以增加杧果、苹果、橙子和香蕉的果皮中游离和结合酚类化合物的含量，保持较高的抗氧化活性，从而显著降低了褐变程度。另外，一些化学试剂或者天然提取物的应用也可以提高果蔬中酚类物质的积累。Li 等（2018）报道称，茉莉酸甲酯可以作为一种诱导因子，启动植物对伤害应激的防御反应，从而增强酚类化合物的积累，提高鲜切火龙果的抗氧化活性。与茉莉酸甲酯类似，硫化氢也能显著增强鲜切藕片苯丙氨酸解氨酶活性，从而增加总酚含量。

二、通过抑制酶活性抑制酶促褐变

（一）通过扰动酶结构抑制

酶是一种蛋白质，热处理会破坏蛋白质的结构。热处理对酶的二级结构（α-螺旋、β-折叠、β-转角和无规则卷曲）产生影响，进而使酶活性降低，最终抑制酶促褐变。蘑菇多酚氧化酶经过热处理后二级结构发生改变，温度升高至 80 ℃时，其 α-螺旋含量降低，表明多酚氧化酶的天然结构被破坏（Zhou et al.，2017）。除热处理外，超声也会扰动酶的结构。超声处理产生的振动能量导致气泡的形成和坍塌，气泡内爆过程中暂时产生极端物理现象点，导致空化。这些条件会引起酶结构的变化，例如 α-螺旋减少、β-折叠增加以及无规则卷曲增加等，导致酶活性的丧失（Zhu et al.，2019）。高静压处理（HHP）没有改变酶的一级结构，但在高压处理后破坏了二级结构和三级结构。圆二色谱和荧光光谱揭示了高静压处理后多酚氧化酶的二级结构和三级结构的变化。高静压处理后二级结构的变化可能是由于 α-螺旋含量的减少导致了酶催化活性中心的破坏（Andrés et al.，2016）。高静压处理过程中二价铜离子的损失可能会破坏酶的微环境结构，导致多酚氧化酶失活。荧光光谱显示了高静压处理的多酚氧化酶三级结构的变化。高静压处理后，氨基酸暴露于疏水环境中，荧光基团内埋。因此，内埋的荧光基团会阻碍底物结合位点，从而导致多酚氧化酶失活（Yi et al.，2012）。

（二）通过破坏酶活性中心抑制

酶属于一种特殊类型的蛋白质，具有强大的特异性和催化能力，能识别特定的底物并发挥催化作用，其生物活性来自三维结构形成的活性位点。酶的活性位点包括 2 个重要的区域：一个是识别底物的区域，另一个是与底物结合后发生催化反应的区域，这 2 个区域被称为活性位点。干扰酶与底物的结合或者蛋白质的活性位点发生变化都可以使其活性受损或功能变异。可以利用一些化合物扰动活性位点中的铜离子，以减少铜与酶的活性位点结合，或利用一些与多酚氧化酶活性位点相互作用的化合物与酶的底物竞争。

酸化剂通过降低 pH，减少酶的活性位点对铜的配位抑制酶的活性。pH≤4 可以减少果汁、果片和果酱的褐变。柠檬酸（柠檬汁）、苹果酸、富马酸、山梨酸或无机酸（盐酸和磷酸）是调控 pH 的常用物质。此外，柠檬酸盐的络合活性可以从活性部位去除铜，使多酚氧化酶失活。焦磷酸钠和乙二胺四乙酸（EDTA）能够络合铜，是酶促褐变的有效抑制剂。

卤化物，包括氯化物，对多酚氧化酶有抑制作用。卤化物与铜形成复合物，在酶活性位点的组氨酸残基质子化后可促进其释放。因此，氯化钠和氯化钙被用来延缓用于加工的水果和蔬菜的酶促褐变。氯化钙还可以通过钙与果胶分子的相互作用来保持植物组织的硬度。卤化物的抑制作用与阴离子的电负性有关，氟化物是抑制作用最强的卤化物。

某些酚类物质及其衍生物可以通过与褐变相关底物竞争酶的活性位点来抑制酶促褐变。4-己基间苯二酚或苯甲酸和肉桂酸衍生物可用于抑制酶促褐变。香豆素和 4-己基间苯二酚的二氨基衍生物有效地抑制了海产品的褐变。4-己基间苯二酚可以防止切开的水果和果汁的褐变。它还能抑制蘑菇、马铃薯或鳄梨的多酚氧化酶活性。由于多酚氧化酶与这种化合物特异结合力强，较低浓度的化合物也能被多酚氧化酶特异识别，这意味着它可以在低浓度下使用，从而减少了对处理产品的味道、颜色和质地的影响。

（三）基因工程技术阻止酶的翻译

由于多酚氧化酶在某些生物体中作用有限，因此，人们通过传统技术或基因工程来选择不易褐变的物种。基因工程依赖于多酚氧化酶活性位点（组氨酸）的定向突变，或植物细胞中多酚氧化酶编码基因的反向插入。在转录过程中，来自反向插入基因的信使核糖核酸与编码多酚氧化酶的内源性基因的信使核糖核酸杂交，从而阻止其翻译。

三、通过控制氧气抑制酶促褐变

低氧环境也是延缓酶促褐变的有效方法。通过将产品浸泡在糖浆或盐水中，或通过涂层来实现对氧气的隔离，也可以通过惰性或改性气氛包装来实现。当氧气供应是反应的限制因素时，它对褐变的影响主要由米氏常数衡量，米氏常数代表反应速率达到其最大值一半的溶解氧浓度。此外，大气中氧气的耗尽伴随着生理变化，如呼吸作用减慢，乙烯的产生受到抑制，植物组织的成熟和衰老推迟，细胞结构的完整性和酶-底物的区域分布保持良好，因此可以抑制酶促褐变。与负责褐变的酶相比，呼吸酶对氧气有更大的亲和力。因此，可通过降低氧气分压来抑制酶促褐变，而不发生厌氧分解作用。这些条件与冷藏相结合，用于抑制即用型新鲜预制水果和蔬菜的酶促褐变，但一旦产品与氧气接触，褐变很快又开始了。

四、通过对反应产物的调控抑制酶促褐变

亚硫酸盐、抗坏血酸及其衍生物、半胱氨酸和还原型谷胱甘肽等通过与反应产物相互作用来防止食品的酶促褐变。它们基本上起到邻醌的还原剂的作用，邻醌还原为相应的邻苯二酚，或产生无色的亲核加成产物。这些化合物的作用通常是暂时的，因为它们在参与的氧化还原反应中被不可逆地消耗。这类还原剂的用量取决于易被酶氧化的酚类化合物的含量以及抑制褐变所需的时间（保质期）。但是，这类化合物的非特异性会因其参与副反应而对食品的味道或颜色产生负面影响。

在这些化合物中，最有效的是亚硫酸盐，可以还原邻醌或形成亲核加成化合物，聚合后生成无色产物。当在褐变开始后添加亚硫酸盐，可以观察到食品的部分脱色。然而，随着酚类化合物缩合程度的增加，亚硫酸盐的作用效果会减弱。亚硫酸盐还通过与多酚氧化酶结合并改变其结构来抑制多酚氧化酶的活性，其被用来抑制虾、蘑菇和苹果中棕色聚合物的形成。尽管亚硫酸盐具有多功能特性（抗氧化剂、抗菌剂和抗褐变），但其对人类健康有潜在负面影响。

防止食品酶促褐变的常见亚硫酸盐替代品是抗坏血酸及其衍生物，以及较

低价格的异抗坏血酸。它们将新形成的邻醌还原为相应的邻酚。已经褐变的苹果汁中添加抗坏血酸，可以将已经被氧化的酚类化合物还原，从而降低果汁的褐变程度。只要抗坏血酸、氧气和活性酶仍在介质中，反应就会继续。当所有的抗坏血酸被氧化成脱氢抗坏血酸时，醌类物质开始积累并发生褐变。此外，抗坏血酸可以与多酚氧化酶活性位点的铜结合，从而抑制其活性。这类抑制剂会被食品中自然存在的微量金属（如铁或铜）迅速灭活。由于抗坏血酸及其衍生物稳定性较低，同时在食品基质中的渗透性较差，它们在抑制酶促褐变方面不如亚硫酸盐有效。因此，它们经常与其他防腐剂（如柠檬酸或山梨酸）结合使用。在这些反应中产生的脱氢抗坏血酸可能参与非酶褐变。

此外，含有巯基的化合物（半胱氨酸、还原型谷胱甘肽）也是一类可通过调控反应产物来抑制酶促褐变的化合物（Singh et al.，2018）。半胱氨酸通过还原邻醌并形成无色半胱氨酸-醌加成产物来发挥其还原活性。还原型谷胱甘肽作为多酚氧化酶的竞争性抑制剂，可与过量邻醌发生交叉氧化，其氧化产物的颜色从粉红色到红色（pH<5）转变至棕色和黑色（pH>5），此时半胱氨酸的效率降低。

第二节 酶促褐变控制技术

一、物理控制技术

（一）热处理技术

热处理技术是最常用的加工及贮藏手段，常用于加工果汁、冰沙、果泥、花蜜、干制和罐装果蔬。1922 年，Fawcett 发现热处理能够减缓果蔬的腐烂变质，延缓果蔬褐变。传统热处理和新型热加工（如微波和欧姆处理）已被证明可有效控制多酚氧化酶活性（Saxena et al.，2017；Zhou et al.，2016）。其中，热烫是最常见的热处理方式。热烫是指将已切分的或未切分的新鲜原料在温度较高的热水、沸水或常压蒸汽中进行加热。热烫时间随原料的种类、成熟度及体形大小而异，是一种温和的热处理方式（李香玉等，2011）。高温还可以排出细胞间隙的空气，减少氧气对果蔬中酚类物质的氧化并且促使有害微生物细胞破裂，延缓产品的腐败变质。另外，高温会导致蛋白质变性，钝化果蔬中的部分酶，酶的失活使相关生化反应停滞，因此高温可以防止食品色泽的劣变。根据食品的类型，通常采用热水和蒸汽这 2 种加热介质进行处理。一般来说，热水热烫适用于对热不敏感的原料。热敏性的原料通常采用蒸汽热烫。就果蔬产品而言，要求热烫处理系统能达到最大的热传递系数而不对产品造成损害。

一般认为，多酚氧化酶是参与果蔬酶促褐变的主要氧化酶。多酚氧化酶不同于其他酶，其比较耐热。以儿茶酚和吡咯酚为底物，在 70 ℃下持续 10 min 的苹果多酚氧化酶仍被激活，但持续加热 20～60 min 的多酚氧化酶活性显著降低（Murtaza et al.，2018）。因此，长时间高温热处理可以降低多酚氧化酶的活性。操作要点是既要争取在最短时间内钝化酶，以减小高温对食品的营养和感官带来的影响，又要确保热处理能将酶活性降低到一定程度，否则可能因为热处理损坏了细胞结构，反而有助于酶与底物接触而促进褐变。多酚氧化酶热灭活主要受温度和时间条件的影响，70～80 ℃热水烫漂 2～3 min、沸水处理 1 min、微波处理 1 min 能使部分果蔬的多酚氧化酶丧失 90％以上的活性。

在 50 ℃下温和热处理 60 s 能够抑制鲜切卷心莴苣的过氧化物酶活性（Zhou et al.，2017）。短时间沸水可延迟过氧化物酶活性的增加，显著降低了荸荠中过氧化物酶活性（Peng et al.，2004）。甜瓜过氧化物酶最佳活性温度为 50～55 ℃。过氧化物酶在温度低于 40 ℃时稳定，在 50 ℃可稳定 10 min，80 ℃条件下 5 min 内会损失总活性的 90％。热处理能显著抑制热激过程中过氧化物酶活性的上升（蒋依辉等，2005）。45 ℃和 55 ℃热水浸渍 5 min 能缓解贮藏期间的冷害，防止腐烂，保持感官品质和诱导抗氧化酶。

许多研究表明，生菜受到损伤后可诱导苯丙氨酸解氨酶活性的增加，促进酚类物质的合成而导致褐变。热应激处理时，褐变的抑制与受伤或切割所诱导的苯丙氨酸解氨酶活性的减少相关。蔬菜（如生菜）经过 50 ℃或 60 ℃的热应激后可以通过抑制苯丙氨酸解氨酶活性来防止褐变。热休克通过减少伤口诱导的 mRNA 的翻译或通过增加诱导的苯丙氨酸解氨酶蛋白的周转来降低伤口诱导的苯丙氨酸解氨酶活性的升高（Campos et al.，2005）。在果蔬运送至冷库前进行 50～90 ℃的热处理，有效抑制了蔬菜和水果中酚类物质的积累，也减少或延缓了由于切割或受伤诱导的苯丙氨酸解氨酶活性的升高。热应激后合成酚类化合物的苯丙氨酸解氨酶活性受限，所以没有呈现出明显的褐变现象。贮藏前的热应激处理不仅增加了产品的保质期，还改变了它们的感官和味觉特性。这些研究表明，热应激可以使苯丙氨酸解氨酶活性降低，从而阻断苯丙氨酸解氨酶介导的酚类物质合成，降低后续氧化褐变发生的可能性。

多年来，在食品工业中普遍使用热处理来降低酶的活性。但是，这种传统的热处理会使食品的颜色、味道和质地发生不必要的变化，也会造成维生素等热敏营养成分的损失。例如，热处理显著降低类胡萝卜素、酚类化合物和维生素的含量（Rawson et al.，2011）。

（二）低温处理技术

低温处理是一种延长新鲜果蔬商业寿命的常用做法，可有效提升果蔬的食用价值和营养品质。低温处理是在使果蔬避免遭受冷冻伤害的条件下，通过降低并保持贮藏环境温度，控制环境湿度，降低果实贮藏过程中的呼吸速率，以减少水分丧失和营养消耗。另外，低温处理可直接抑制酶的活性，较大程度保持果实的新鲜度、风味和品质。同时低温可抑制微生物的生长并钝化酶的活性，延缓果蔬衰老和腐败速度，延长保鲜期，提高果蔬贮藏的经济效益。然而，冷胁迫会直接影响植物细胞膜的流动性和相关酶的活性，导致代谢和物质运输障碍（Padilla et al.，2012），最终导致植物发生冷害，引发褐变。对低温敏感的果蔬在冷藏过程中容易出现冷害症状，因此这类果蔬不能用低温处理。

（三）非热加工技术

非热加工技术是指在食品行业中，通过非传统加热的方法来进行杀菌与钝酶的技术，包括超高压、高压脉冲电场、高压二氧化碳、电离辐射、脉冲磁场等技术。与传统的热加工技术相比，食品非热加工技术具有处理温度低，能更好保持食品固有营养成分、色泽和新鲜度等特点。同时，非热加工技术的加工能耗与污染排放少。

1. 高静水压技术

（1）高静水压技术对褐变的影响

高静水压技术（High-Hydrostatic Pressure，HHP），即将包装好的食品物料放入液体介质（通常是食用油、甘油、油与水的乳液）中，在$100 \sim 1\,000$ MPa超高压下处理一段时间。高压处理过程中，压力迅速而均匀地传遍食品所有部分。HHP是目前研究最多、商业化程度最高的非热加工技术。

HHP是控制微生物和酶活性的非热加工技术，对果蔬的营养和感官品质影响很小（Terefe et al.，2014）。目前，超高压的研究和应用主要集中于果汁产品。HHP处理的果汁颜色无明显的变化，但在加工和贮藏过程中，不当的处理方式会引起颜色劣变。果汁颜色的变化一般是由于酶的不完全钝化或激活引起的。例如，由过氧化物酶、多酚氧化酶和苯丙氨酸解氨酶等引起的酶促褐变，以及在光照和热处理作用下引起的非酶褐变。

HHP灭活多酚氧化酶的有效性不仅与酶的来源及其所在体系有关，还与压力、时间等加工条件有关。一般来说，HHP处理不会影响酶结构中的共价键。蛋白质的组成单元氨基酸是通过共价键连接的，因此蛋白质一级结构（氨基酸序列）不会受到HHP的影响。然而，连接蛋白质二级结构（α-螺旋和β-折叠）的氢键会在超高压作用下解体，使得蛋白质二级结构被改变。HHP处理会使维持三级结构和四级结构稳定的静电和疏水相互作用。蛋白质通常在$100 \sim 1\,200$ MPa的压力下变性，在200 MPa以下，由范德华力、疏水相互作用等弱键形成的蛋白质的三级结构和四级结构发生可逆的构象变化。200 MPa以上的压力会改变三级结构，压力大于 300 MPa 会导致蛋白质不可逆转的变性。一般来说，400 MPa 的压力会导致蛋白质变性（Denoya et al.，2021）。

超高压压力的选择取决于果蔬产品的类型和组成以及多酚氧化酶的压力稳定性，适当的压力才能在控制酶促褐变的同时保持产品原有品质。Fernandez 等（2018）在测试压力（350～650 MPa）和时间（1～9 min）的不同组合时指出，在最佳 HHP 处理条件（627.5 MPa，6.4 min）下，混合果蔬冰沙中的多酚氧化酶活性仅为未处理组的 10%。部分果蔬中的多酚氧化酶也可能被超高压处理激活。例如，Woolf 等（2013）研究了在 200～600 MPa 压力下对鳄梨切片进行处理的效果，结果表明，HHP 处理样品中的多酚氧化酶活性普遍高于未处理的样品，多酚氧化酶活性增幅最大的为 400 MPa 处理的样品，其比未处理组高 30%。此外，在 300～500 MPa 下，HHP 处理杏花蜜 5～20 min 后，其多酚氧化酶被显著激活（Huang et al.，2013）。

处理时间在抑制多酚氧化酶活性程度方面也起着重要作用。Garcia 等（2004）研究了 400～800 MPa、18～22 ℃ 下不同处理时间（5～15 min）对红树莓和草莓果实多酚氧化酶活性的影响，结果表明，多酚氧化酶活性随处理时间的延长呈非线性下降趋势。研究发现，在 25～50 ℃ 条件下，经过 450 MPa、0～60 min HHP 处理的苹果汁中多酚氧化酶活性随处理时间的延长呈非线性下降趋势。而在 600 MPa、34 ℃ 条件下处理苹果和梨泥 5～30 min，苹果和梨泥中的多酚氧化酶活性增强（Bayindirli et al.，2006）。在相对较低的温度（30～50 ℃）、中等高压（200～500 MPa）范围内，多酚氧化酶活性增加可能是由于压力诱导的酶二级结构和三级结构的修饰以及潜伏态多酚氧化酶的活化，而多酚氧化酶的活化可能是由于增加了用于和底物相互作用的活性位点的可及性以及 C 端屏蔽域的切割（Terefe et al.，2015）。

温压协同会缩短处理时间并优化食品安全和质量（Buckow et al.，2009；Van et al.，2012）。Buckow 等（2009）研究了在 0.1～700 MPa 和 20～80 ℃ 苹果多酚氧化酶的灭活率。结果表明，300 MPa 以上的压力和温度具有协同作用；在较低压下，温度和压力之间是拮抗作用。联合高压热处理对蓝莓多酚氧化酶活性的影响呈现出活化-失活动力学。高压-高温处理的有效性主要取决于酶的来源（Terefe et al.，2015）。草莓泥中多酚氧化酶的高压和热失活动力学结果表明，在 690 MPa 和 90 ℃ 的条件下，酶的残留活性约为 77%（Terefe et al.，2010）。

因此，有效灭活多酚氧化酶的压力水平应高于 700 MPa。当压力从 800 MPa 增加到 1 600 MPa，会使双孢蘑菇中多酚氧化酶的灭活程度更高（Yi et al.，2012）。在施加 1 400 MPa 和 1 600 MPa 压力 1 min 后，模拟体系中多酚氧化酶活性分别下降了 90.4% 和 99.2%。在这项研究中，圆二色谱和荧光光谱分析表明，蘑菇多酚氧化酶的失活与二级结构和三级结构的变化有关。1 600 MPa条件下，HHP处理1 min对蘑菇多酚氧化酶分子微观结构的影响与在80 ℃下热处理1 min后的影响相似。此外，催化环境和酶聚集的破坏有助于灭活蘑菇多酚氧化酶（Yi et al.，2015）。

（2）高静水压技术的优势与局限性

大量研究表明，HHP更适合不易褐变或多酚氧化酶活性不高的果蔬汁的灭菌和酶的钝化。适宜的HHP处理可以抑制这类果蔬汁中酶促褐变相关酶的活性，同时杀灭果蔬汁中的病原微生物以及酵母等腐败微生物，从而提高果蔬汁产品的质量。同时，HHP采用低温处理，不会造成果蔬汁营养成分和风味的过度破坏，有效地保持了其品质。但由于处理过程压力很高，食品中压敏性成分会受到不同程度的破坏。在使用这种方法处理鲜切产品时，食物基质中空气的压缩和膨胀会影响多孔产品的完整性。包装材料及其氧渗透性也会影响压力处理后包装内产品的褐变。

2. 辐射技术

辐射技术是指利用电离辐射使有害的腐败菌和病原微生物失活来增强微生物安全性的过程。食品原料使用的辐照处理有3种：X射线、使用电子加速器加速的电子或电子束、γ射线（^{60}Co和^{137}Cs）。电离辐射通过水分解产生的自由基来灭活微生物，从而抑制酶活性以及破坏微生物的遗传物质（Barbhuiya et al.，2021）。

（1）辐射对褐变的影响

辐射导致蛋白质分子内肽链的折叠，以及离子键、疏水键、氢键断裂，从而使蛋白质结构改变。辐射处理后，球状蛋白质中发生分子聚集或肽链展开而引起交联作用，而纤维状蛋白质大多会发生降解。同时，辐射可以导致食品组分中分子的化学键断裂，从而产生自由基。自由基是具有高度活性的不稳定的分子，会立即形成新的化学键。辐照引起的蛋白质聚集和解聚，使反应性基团暴露在自由基（羟基自由基、氢原子和水合电子）中，导致蛋白质变性。

酶所在的食品体系会影响辐照对酶的效果。例如，纯酶的稀溶液对辐照很敏感。酶存在的外界环境条件对辐照效应也有一定影响，当温度升高，水溶液中酶的辐照敏感性随之增加。酶还会因有巯基的存在而增加其对辐照的敏感性，介质的pH及含氧量对某些酶影响也较大。总的来说，酶所处的环境条件越复杂，酶的辐照敏感性越低。

γ射线处理通常可以抑制苯丙氨酸解氨酶的活性，但也有例外情况。在γ射线照射（2 kGy）下，冬瓜在10 ℃贮藏12 d的过程中，醌的形成减少，苯丙氨酸解氨酶活性降低，从而延缓了褐变（Tripathi et al.，2016）。γ射线处理能抑制竹笋的苯丙氨酸解氨酶活性，延缓褐变的发生，其中最有效的剂量是

3 kGy。在 10 ℃下贮藏 8 d，γ 射线（2 kGy）处理抑制了野甘蓝苯丙氨酸解氨酶活性和褐变程度。γ 射线导致苯丙氨酸解氨酶基因表达下调了 1.4 倍。非辐照样品中苯丙氨酸解氨酶基因的表达在贮藏 24 h 和 48 h 后分别上调了 1.2 倍和 7.7 倍，而多酚氧化酶、过氧化物酶和总酚含量在辐照和非辐照的样品中无显著差别（Tripathi et al.，2016）。辐照处理的果蔬的褐变抑制是由于辐照抑制了苯丙氨酸解氨酶活性，进而抑制了酚类物质的合成。然而，摩洛哥柑橘果实经过 0.3 kGy 剂量的 γ 射线照射后，在 3 ℃下贮藏 49 d 发现，辐照增强了总酚类化合物的合成，其与贮藏过程中苯丙氨酸解氨酶活性的增加有关（Oufed-jikh et al.，2000）。

（2）辐射技术的优势与局限性

与热处理相比，辐照处理过程中产品内部的温度变化较小，可以在常温或低温下进行。经过适当的辐照可以保持原有的色、香、味和质地。并且，与化学方法相比，辐照处理的食品不会有残留物。但是，由于酶通常存在于复杂的食品体系中，当食品中含有大量蛋白质或胶体时，需要大剂量的辐照才能将其钝化。另外，对于富含蛋白质的原料，辐照也可能引起变色和变味。虽然辐照被批准用于食品中，但消费者仍然担心辐照食品的安全性。目前，世界各国允许辐照的食品种类仍然差别较大，多数国家要求辐照食品在标签上要加以标注。

3. 紫外技术

人工紫外线（UV）是指波长为 100 ～ 400 nm 的非电离辐射，通常分为 3 类：UV - A（315 ～ 400 nm）、UV - B（280 ～ 315 nm）和 UV - C（100 ～ 280 nm）。UV - C 辐照在 254 nm 处杀菌作用最强。在 3 种辐照中，UV - C 辐照多用于鲜切产品控制微生物的生长。紫外线灭活通常是使用低压汞灯辐照来实现的，低压汞灯发出 254 nm 的光，中压紫外线灯发出 200～300 nm 的光，称为杀菌光。

（1）紫外技术对褐变的影响

据报道，紫外线对酶的灭活是通过 2 条主要途径进行的，这 2 条途径均会导致酶结构的改变。一是直接光氧化，产生于蛋白质本身或结合的发色团对辐射的吸收；二是间接蛋白质氧化，由结合的蛋白质或其他发色团的能量转移产生的单线态氧介导的氧化（Falguera et al.，2013）。

抑制作用主要与氨基酸残基对光的吸收引起的直接光氧化有关，这导致蛋白质变性和高分子质量聚集体的形成（Lante et al.，2013）。Manzocco 等（2009）研究 28 ℃、7.5 W/m² 紫外线照射的多酚氧化酶水溶液，高压液相色谱法（HPLC）-凝胶渗透分析结果表明，光通过蛋白质变性/聚集促进多酚氧化酶失活，形成更大的无活性结构。然而，紫外线-可见光处理的抗褐变作用可能与类黑素的降解有关，黑色素是由酶促反应衍生的深色化合物（Kwak et al.，2004）。通过研究紫外线-可见光照射对苹果、桃和柠檬的果汁的影响发现，其亮度的增加归因于棕色颜料的光化学破坏，从而证实了 Kwak 等提出的假设（Ibarz et al.，2005）。

紫外照射抑制多酚氧化酶的效果主要取决于灯管波长、照射时间和温度等工艺参数。有学者研究 UV-C 辐照（发射波长为 253.7 nm 的 15 W 灯管）和可见光（发射波长为 430～560 nm 的荧光灯管）在模型系统和苹果衍生物中的抗褐变效果，发现在 28 ℃下，水溶液中的多酚氧化酶活性随着 UV-C 辐照度的增加而呈非线性下降趋势，在 3.9 W/m^2 和 13.8 W/m^2 下辐照 60 min 后多酚氧化酶活性分别下降了 40% 和 100%（Manzocco et al.，2009）。相反，可见光的处理时间相对较长，在高辐照度（12.7 W/m^2）下是有效的，而在较低的辐照（11.7 W/m^2 和 9.4 W/m^2）下，最初多酚氧化酶激活，之后随着处理时间的延长而失活（Manzocco et al.，2013）。在澄清的苹果汁中，UV-C 辐照对多酚氧化酶的抑制率低于模型系统。4 ℃的 UV-C（254 nm）辐照剂量从 1 W/m^2 增加到 21.9 W/m^2，澄清苹果汁中的酶活性从 85% 逐渐降低到 25%（Müller et al.，2014）。随着 UV-C（254 nm）辐照剂量从 1 W/m^2 增加到 22 W/m^2，混浊苹果汁中的多酚氧化酶活性约从 99% 下降到 96%。因为可能对食物产生不利影响，包括改变感官、营养和抗氧化剂特性以及呋喃的形成，所以 UV-C 辐照剂量受到限制（Müller et al.，2013）。而紫外可见光（UV-Vis）可以有效和安全地控制水果和蔬菜产品的酶促褐变，同时最大限度地减少感官和营养损失。用 460 W 的多波长发射灯在 250～740 nm 内提供紫外可见光，辐射剂量为 4.49×10^{-2} W/cm^2 时，在 25 ℃下照射 120 min，可以有效地灭活桃汁中的多酚氧化酶，而不会对其 pH、维生素 C 含量、糖含量和亮度产生负面影响（Aguilar et al.，2018）。有学者通过电泳和比色分析研究了发光二极管（LED）UV-A 在 390 nm、2.43×10^{-3} W/m^2 和 25 ℃ 下照射 60 min 的抗褐变效果。结果表明，鲜切苹果和梨片的颜色变化随着 LED 照明器的二极管数量和电压辐照度的增加而增加（Lante et al.，2016）。

提高处理温度可以提高抗褐变的性能。在不同的温度（25 ℃ 和 45 ℃）下，评估 UV-Vis 处理对不同品种桃汁中多酚氧化酶活性的影响，结果显示，在 45 ℃下处理 60 min 后，所有品种的酶几乎完全失活，而在 25 ℃处理 120 min 后，只有"Planet Top"品种的酶失活（Aguilar et al.，2018）。蔬菜中多酚氧化酶在 UV-C 和热处理（25～65 ℃，1～10 min）组合后的失活动力学结果表明，在 pH 分别为 7.0 和 4.0 的缓冲溶液中经过 5 ℃处理 7.5～10 min 和 45 ℃处理 5～7.5 min 后，多酚氧化酶完全失活，而在橙汁中需要

65 ℃处理10 min多酚氧化酶才能完全失活（Sampedro et al.，2014）。这表明与缓冲溶液相比，橙汁中多酚氧化酶的活性抑制率较低；与澄清苹果汁相比，混浊苹果汁的多酚氧化酶活性抑制率也较低，这可能是由于色素、糖类、有机酸等溶质的存在影响了紫外线的吸收和传输，从而降低了非热处理的性能。由于溶解和悬浮固体的散射和吸收，饮料和液体食品中的紫外线透射率比水低。

紫外线照射对多酚氧化酶活性的抑制不仅取决于加工条件，也取决于酶源。UV－A LED 处理对鲜切苹果的抗褐变效果高于鲜切梨，并且与水果栽培品种有关（Lante et al.，2016）。苹果、梨和桃的果汁中的比色参数以及多酚氧化酶失活程度与水果品种有关（Aguilar et al.，2018）。将鲜切莲藕暴露在距离 30 cm 的 UV－C 灯（75 W）下处理 1 min、5 min、10 min、20 min 和 40 min，然后在4 ℃下贮藏 8 d，结果表明，UV－C 处理 5 min 和 10 min 的褐变程度、可溶性醌含量和多酚氧化酶、过氧化物酶和苯丙氨酸解氨酶活性均显著降低（Wang et al.，2019）。

紫外线通过抑制果蔬中多酚氧化酶、过氧化物酶和苯丙氨酸解氨酶的活性，进一步抑制酚类物质的合成和转化，从而抑制酶促褐变。

（2）紫外技术的优势与局限性

紫外线处理鲜切产品具有无残留、不受法律限制、使用方便、效果好的优势，但其投入和维护费用高。紫外线的穿透能力弱，适合于表面处理，对预先过滤或澄清的液体食品更有效。

4. 冷等离子体技术

等离子体被定义为"物质的第四种状态"，也就是处于激发状态的离子、原子或分子的准中性气体。它是通过将热、电压或电磁场形式的能量应用于气体，随后发生电离、激发和解离等反应，从而产生各种活性物质，例如电子、自由基、离子、紫外线辐射等。冷等离子体是等离子体的一种近似模型，是指假定等离子体的温度为零，用来讨论热效应可以忽略的物理过程。常压下的非热等离子体的来源包括介质屏障、电晕、微波和射频放电（Chizoba et al.，2017）。冷等离子体参与了固体食品（生菜、杏仁、鸡蛋等）以及液体（苹果汁和牛奶等）食品表面的微生物净化（Björn et al.，2015）。同时，这种新兴技术也能有效灭活食品中的酶，酶与等离子气体活性物质发生相互作用而裂解特定的键或进行侧链的化学修饰，从而导致二级结构的破坏（Misra et al.，2016）。

（1）冷等离子体技术对褐变的影响

冷等离子体可以灭活微生物和酶，用于延长产品的保质期，特别是鲜切果蔬。在模型系统、鲜切苹果和马铃薯中已经研究了利用冷等离子体灭活多酚氧化酶的问题。冷等离子体对多酚氧化酶活性的抑制作用主要取决于处理参数，如气体成分、流量、电压、频率、时间和温度。该技术也被证明能够激活植物防御反应并且诱导合成次级代谢产物。冷等离子体处理引起的电离产生紫外线辐射，会增加活性氧的含量，活性氧可以作为非生物诱导剂，调节植物的应激反应。前人研究表明，活性氧可以引起蛋白质结构的显著变化，最终导致肽的裂解。活性氧（如羟基自由基）可以加剧对氧化敏感的芳香氨基酸、多酚氧化酶中的芳香族氨基酸（酪氨酸、色氨酸和苯丙氨酸）的光氧化而引起蛋白质结构的构象变化。另外，冷等离子体处理由于氧化反应改变了蛋白质的分子质量和溶解度。例如，冷等离子体处理对谷蛋白的面筋网络和水结合潜力产生影响。豌豆蛋白的溶解度随着处理时间的增加而增加，这是由于冷等离子体处理过程中形成了羟基自由基，它可以裂解肽和二硫键。圆二色谱和色氨酸荧光的测定将多酚氧化酶的失活机制归因于冷等离子体诱导的二级结构的改变（α-螺旋减少，β-折叠增加）。此外，冷等离子体的活性物质导致 C—C、C—H 发生断键反应，从而形成羧基和羰基，引起酶活性的丧失（Grzegorzewski et al.，2010）。

多酚氧化酶残留活性随暴露时间的延长呈线性下降趋势。在 1.5 m/s、12.7 kHz 和 22 ℃ 条件下，处理苹果片 10～30 min 后，其多酚氧化酶活性降低了 12%～58%（Tappi et al.，2014）。通过分析基于氩气的冷等离子体喷射以及氩气和 0.01%～0.1% 氧气的混合物在 5 L/min 流量和 1.1 MHz 频率下的效果，观察到在一个模型食品系统中，多酚氧化酶活性在处理 60 s 和 180 s 后分别下降到 70% 和 90%（Bjoern et al.，2013）。不同来源的酶处理效果不同。在 20 L/min、2.45 GHz 和 22 ℃ 条件下处理样品 2.5～10 min 后，苹果和马铃薯块中的多酚氧化酶活性分别降低了 50%～70% 和 35%～90%（Bubler et al.，2017）。冷等离子体的有效性也受到植物栽培品种和食物特性（如相对湿度和 pH）的影响。

（2）冷等离子体技术的优势与局限性

冷等离子体也是一种新型的非热加工技术，可以应用于果蔬加工。等离子体在室温或接近室温的情况下产生，而且不添加外源化学药品，对食品质量的影响小。但该技术与自由基的产生相关，多种自由基与食物等多组分系统的相互作用构成了一个复杂的体系。尽管该技术尚缺乏经济分析，但在该过程中使用大气（非昂贵的惰性气体）时的技术成本尚可接受。

5. 超声波技术

振动频率为 $1.6 \times 10^4 \sim 1.6 \times 10^9$ Hz 的声波称为超声波，是人耳听不到的一种声波。声波是机械振荡能量的一种传播形式，可在气体、液体和固体中传播。依靠平衡位置介质粒子的往复振动传递声波及其携带的能量。

（1）超声波技术对褐变的影响

大量研究表明，超声作用对酶的活性有影响。空化效应产生的气泡破裂会产生高压强、微气流和强剪切力，这种剪切作用促使蛋白质的二级结构和三级结构改变以及生物膜破坏，导致酶活性降低。此外，在超声波处理过程中，空化气泡破裂瞬间会产生局部的高温（5 000 K）和高压（50 MPa），致使水分子裂解形成氢氧根离子和氢离子，它们与酶蛋白中的部分氨基酸残基作用，从而影响酶的稳定性和催化活力。食品加工过程涉及的酶多种多样，它们的空间构象、分子大小均存在差异，因此它们在超声场下的失活机制也会有所不同（Jiang et al.，2016）。

超声波频率、强度、处理时间、介质特性和环境条件（温度和压力）等均会影响超声波钝化酶活性的效果。超声波频率是影响空化效应强弱的重要因素，它决定了介质中空化气泡的大小。一般而言，低频率超声波下产生的空化气泡尺寸较大，破裂时释放的能量较多；相反，超声波频率越高，空化效应则越弱，甚至无法发生，但产生的自由基数量较多。另外，高强度超声波易在超声波探头周围形成密集的空化云，从而阻碍能量的传播。因此，当超声波功率高达一定程度时继续增加功率可能会降低超声波对酶的钝化效果。超声波钝化食品内源酶的效果还与酶分子所处介质特性有关。一般而言，酶在缓冲溶液中比在食品中容易钝化，食品中其他组分的存在对酶具有保护作用。温度对超声波钝化食品内源酶的影响可以分为两方面：一是温度上升提高了水分蒸汽压，降低了介质的黏度，加快超声波空化气泡的形成；二是温度上升会导致空化气泡破裂瞬间产生的冲击力下降。压力是影响超声波钝化食品内源酶的另一重要因素。一般而言，增大压力可提高超声波空化气泡破裂瞬间释放的能量，促使自由基产生，因为它降低了水分蒸汽压；但随着压力上升，超声波空化效应不会一直增加，当压力达到一定程度时，如果继续增加压力反而会提高形成空化气泡的阈值，不利于空化效应的发生。

超声处理对多酚氧化酶活性的抑制作用主要取决于频率、功率、时间和温度等处理参数。多酚氧化酶残留活性随着超声强度和处理时间的增加而显著降低，并遵循一级灭活动力学（Cao et al.，2018；Sulaiman et al.，2015）。然而，低功率超声系统可以促进酶的活化。凤梨汁和甜瓜汁中的多酚氧化酶残留活性随着超声强度的增加（150～300 W/cm²）而增加，而在更高的超声强度下处理时间超过 5 min，多酚氧化酶活性则下降（Costa et al.，2013；Fonteles et al.，2012）。

超声处理多酚氧化酶失活主要是因为微气泡形成和内爆引起的空化的物理和化学效应（Islam et al.，2014；Terefe et al.，2015）。由于空化释放出大量能量，在 20 kHz 的恒定超声频率下加工的杨梅汁的温度随着超声强度（90～

452 W/cm^2）和时间（2~10 min）的增加而线性增加，并进一步促进了多酚氧化酶的失活。在梨、苹果和草莓泥的研究中也有类似结果（Cervantes et al.，2017；Sulaiman et al.，2015）。在降低多酚氧化酶活性、保留生物活性化合物和品质属性以及提高抗氧化能力方面，热超声处理比巴氏杀菌更有效。然而，多酚氧化酶的抗性不仅受加工条件的影响，还受酶来源的影响。Sulaiman 等（2015）研究结果表明，梨的多酚氧化酶比苹果和草莓的多酚氧化酶的抗性更强。

超声波与温度对多酚氧化酶、过氧化物酶的钝化程度不同，多酚氧化酶更耐热，而过氧化物酶更耐超声波。单独的加热（≤50 ℃）或 0 ℃低温超声波（403.19 W/cm^2、601.25 W/cm^2、799.31 W/cm^2）处理酶液，随着处理时间的延长酶活性逐渐下降，但酶残留活性均在 75% 以上；而超声波与热处理结合能使过氧化物酶和多酚氧化酶显著失活（Hengle et al.，2020）。

超声波也可以有效增加果蔬产品的植物化学物质含量。在研究超声波对鲜切凤梨酚类代谢和抗氧化能力的影响时发现，经超声处理的产品的苯丙氨酸解氨酶活性比对照高 2 倍，但多酚氧化酶和过氧化物酶的活性降低。酚类物质虽然有所积累，但较低的多酚氧化酶、过氧化物酶活性降低了酚类物质的氧化，最终使产品具有更高的总酚含量和抗氧化能力（Denoya et al.，2021）。

（2）超声波技术的优势与局限性

超声波可用于许多食品工业中，其相对便宜、简单、节能，因而是一种新兴的食品探测和改性技术。超声处理是传统热处理方法的替代加工技术。但是，超声波在处理的过程中会激活部分酶的活性，使食品体系中的反应更为复杂；处理过程中还会产热，对食品中的热敏性成分造成破坏；此外，其还存在能耗大、噪声污染等局限性。

6. 脉冲光技术

脉冲光技术是一种新的冷加工方法，通过使用连续的宽带光谱进行短而强的脉冲，抑制气体、食品和包装表面以及透明饮料中的微生物。这种技术主要由 1 个动力单元和 1 个惰性气体灯单元组成。动力单元是用来提供高电压高电流脉冲的部件，为惰性气体灯提供所需的能量；惰性气体灯能发出由紫外线区域至近红外线区域波长的光线，其光谱与到达地球的太阳光谱相近，但强度却比太阳光强数千倍至数万倍。同时因脉冲光的波长较长，不会发生小分子电离，其灭菌效果明显比传统的非脉冲或连续波长的 UV 照射好。

（1）脉冲光技术对褐变的影响

脉冲光（PL）可以影响果蔬中的酶活性。研究表明，蔬菜样品中的多酚氧化酶在脉冲光处理后表现出较低的活性。PL 降低多酚氧化酶活性的有效性主要取决于处理强度。研究表明，模型溶液中的多酚氧化酶活性随着 PL 强度的增加而降低。基于 HPLC-凝胶渗透分析，PL 促进蛋白质结构的改变，包括裂解和折叠/聚集现象（Bi et al.，2013）。此外，通过荧光和分光光度计技术研究蘑菇多酚氧化酶的 PL 灭活表明，PL 对酶活性的抑制遵循 Weibull 模型，并与蛋白质的去折叠高度相关（Pellicer et al.，2018）。

一些研究发现，脉冲光可以刺激植物防御，从而促进次生代谢物（即酚类化合物）的合成。脉冲光处理后的果蔬中酚类含量的增加可能是因为脉冲光诱导的非生物胁迫促使苯丙氨酸解氨酶活性增加。此外，也有研究发现，脉冲光减少了多酚氧化酶活性。因此，尽管脉冲光激活了苯丙氨酸解氨酶，导致更多的酚类物质积累，但其抑制了多酚氧化酶的活性，进而抑制了酚类物质转化为醌类物质，最终抑制了酶促褐变的发生。

总体而言，脉冲光加工往往是与食品的表层相互作用。因此，处理结果还取决于样品中化合物的位置。例如，脉冲光处理存在于番茄（类黄酮）和无花果（花青素）表面上的酚类化合物的效果较好，但其内部存在的营养物质和生物活性成分仍然可以保持完整（Vargas et al.，2021）。

（2）脉冲光技术的优势与局限性

脉冲光技术作为一种非热的、低成本、快速、环保且高效运行的灭酶处理方式，减少了用水量并使用了氙气闪光灯（无汞特性），处理后产品的表面不会有化学或生化化合物残留。它还可以与其他方法（即高温、超声波、热超声或涂层）结合使用，适用于工业加工线的集成，实现高吞吐量生产。此外，该技术可以连续或批量处理新鲜果蔬以保持其感官品质。然而，食物表面的粗糙度（不规则性）会影响脉冲光的处理效率。同时，已开发的设备在大规模应用方面仍然存在缺点。

7. 脉冲电场技术

作为一种用于食品加工的非热技术，脉冲电场技术能够在较低的温度下灭活微生物和酶。高压脉冲电场是利用强电场脉冲的介电阻断原理对食品微生物产生抑制作用。食品的电阻可能会发生一些反应，如欧姆加热、电解、细胞膜破裂和电弧放电引起的冲击波（Theodoros et al.，2015）。这种超高压脉冲电路构型以电容完全放电产生的指数衰减电压波形为基础，电极间距为 0.5 cm 或 1 cm，处理量为 12.5 mL 或 25 mL，脉冲频率一般为 0.1～10 Hz。

（1）脉冲电场技术对褐变的影响

目前，高压脉冲电场（PEF）钝化酶的机理仍不清楚，但是研究者们猜测是由高强电场引起的电荷分离使得蛋白质伸展、变性、共价键崩溃和氧化反应减少。此外，电场通过电荷、偶极或诱发的偶极化学反应来影响蛋白质的构象。带电的结构对不同的电场很敏感，易引起振荡和结构改变，并且由于酶活性位点重组困难而导致酶活力损失。酶比微生物的营养细胞更难失活，通常需要更长的处理时间和更高的电场强度。在脉冲电场处理期间，局部热效应可能导致与膜结合的酶的热变性。由于酶的结构和大小不同，PEF 的有效性也不同。在 PEF 处理后，酶结构中的氢键很容易在特定强度下断裂，α 螺旋结构向其他结构形式的转换减少。脉冲电场处理导致酶结构中的 α-螺旋或 β-折叠结构的丧失从而导致酶的失活。然而，脉冲电场对不同食品的影响还有待进一步研究。

多酚氧化酶残留活性随着电场强度和处理时间的增加而降低，并遵循一阶动力学模型。此外，增加脉冲频率可以有效加强多酚氧化酶活性的抑制效果。研究表明，在 25 kV/cm² 和 35~40 ℃ 条件下，分别在 200 Hz 和 1 000 Hz 下处理葡萄汁 5 μs 后，多酚氧化酶活性降低了 12% 和 84%（Marsellés et al.，2007）。基于圆二色谱分析，发现 PEF 处理的多酚氧化酶的失活与其二级结构变化有关，包括 α-螺旋的减少。

升高温度有助于进一步提高果蔬的抗褐变性能。研究在 3 种温度（23 ℃、35 ℃ 和 50 ℃）、不同电场强度（20 kV/cm² 和 40 kV/cm²）和时间（25 μs、50 μs 和 100 μs）条件下，PEF 处理的澄清苹果汁中多酚氧化酶的失活情况发现，在 50 ℃ 时，20 kV/cm² 下多酚氧化酶活性降低 25%~45%，40 kV/cm² 下多酚氧化酶活性降低 45%~70%。此外，50 ℃、40 kV/cm² 处理的灭活效果明显强于在 72 ℃ 下常规温和巴氏杀菌 26 s 后达到的效果（Riener et al.，2008）。温度和 PEF 对多酚氧化酶活性具有协同抑制作用。具体而言，在实验室条件下将 PEF 处理（25~35 kV/cm²）与 60 ℃ 预热相结合，实现了苹果汁的多酚氧化酶完全灭活。当果汁在 40 ℃ 下预热并在 30 kV/cm² 下进行 PEF 处理时，在中试规模（中试指产品正式投产前的试验；中试规模指在澄清苹果汁正式投产前的车间进行澄清苹果汁的试验规模）上多酚氧化酶的最大抑制率达到 48%（Schilling et al.，2008）。利用动力学模型，包括温度和电场强度的耦合效应以及直接热失活效应，可以描述 PEF 处理对多酚氧化酶的抑制作用。PEF 处理由 2~16 个 3 μs 的脉冲组成，在磷酸盐缓冲液中，13~32 kV/cm² 的频率在 55~59 ℃ 温度下能有效降低多酚氧化酶残留活性（Meneses et al.，2013）。

此外，酶的来源显著影响多酚氧化酶对 PEF 处理的抗性。25~28 ℃ 时，在 25 kV/cm² 和 66 μs 的相同处理条件下，覆盆子和蓝莓果泥中的多酚氧化酶残留活性分别为 98% 和 80%（Medina et al.，2016）。此外，PEF 技术的抗褐变效果还归因于食品的特性，如电导率、离子强度和 pH。

（2）脉冲电场技术的优势与局限性

因为处理温度较低，脉冲电场对食品中生理活性成分只有很小的影响。虽然脉冲电场处理的电场强度可以达到 40 kV/cm²，总能量为 40~100 kJ/L，但产品温度仍然可以保持在 40 ℃以下。经过脉冲电场处理的食品也保留了其新鲜的味道、质地和功能特性（Barbhuiya et al.，2021）。尽管脉冲电场是一种很有发展前景的非热技术，但一些缺点也阻碍了该技术的发展，例如，处理具有高电导率的食品基质的复杂性以及在工厂设施中安装脉冲电场设备所需的高初始成本。优化工艺参数可能是实现最低功耗的一条有效途径。

8. 高压二氧化碳技术

近年来，二氧化碳（CO_2）作为一种无毒、不可燃和环境可接受的气体越来越受到关注。高压二氧化碳（High pressure carbon dioxide，HPCD）是一种新型非热加工技术。HPCD通过高压和二氧化碳的双重作用，在处理过程中可以形成高酸高压环境。此过程中的二氧化碳是相对惰性的且无毒不可燃，具有扩散性和高溶解性。因此，利用 HPCD 加工果蔬制品可以有效地灭活微生物或酶，并极大地减少产品色泽、味道和营养的损失。

CO_2 临界温度和临界压强（临界温度为 31.1 ℃，临界压强为 7.38 MPa）较低。基于这一物理性质，HPCD 技术在可控的温度和压强下对酶产生影响。超临界 CO_2 处于流态，其密度和溶解性能和液态相似，而其传质和扩散能力则和气态相当。超临界 CO_2 因其介于气态和液态之间的物理化学特性而具有广泛的应用价值。

（1）高压二氧化碳技术对褐变的影响

HPCD 处理过程中压强、温度、时间、介质初 pH、CO_2 状态、食品组分以及介质都会影响酶的钝化效果（Hu et al.，2013）。

压强是影响酶活性的重要因素之一，一般情况下，酶活性随着压强的升高而降低。经过 HPCD 处理（8 MPa、35 ℃、30 min）的碱性蛋白酶和脂肪酶保留有 20% 的活性；而在相同温度和时间条件下以 15 MPa 处理，2 种酶都被完全钝化。当 HPCD 处理苹果汁的压强从 8 MPa 增加到 30 MPa（55 ℃、60 min），苹果汁中的多酚氧化酶活性从 57.3% 降至 38.5%。

HPCD 技术钝化酶的过程中，温度对酶活性影响更为显著，且随着温度升高，酶钝化时间缩短，但不影响酶对压力变化的敏感性。此外，高温可以加快 CO_2 分子的运动，增加了 CO_2 分子与酶分子间的碰撞概率。当 HPCD 处理（25 MPa、30 min）的温度从 30 ℃升至 50 ℃时，糖化酶和酸性蛋白酶的活性显著降低，经处理后残存活性下降到 0%～10%。苹果浊汁中的果胶甲酯酶（PME）经 HPCD（30 MPa、60 min）处理后，随着温度从 25 ℃升至 55 ℃，其活性最高损失可达 60%。

通常而言，处理时间的延长增加了酶活性的损失。当处理时间从 15 min 延至 45 min 后，HPCD（30 MPa、45 ℃）处理的苹果 PME 残存活性由 50% 降至 30%。

酶有最适的 pH 范围。通常情况下，酶对酸性环境比对碱性环境更为敏感。而 HPCD 技术处理过程中会促进碳酸的形成并解离出氢离子，造成体系中 pH 的下降而导致酶活性的丧失。有报道称，HPCD 创造的低酸性条件破坏了蛋白质的二级结构和三级结构，导致蛋白质的空间结构崩溃而发生变性，从而能够钝化与褐变相关的酶。另外，有研究认为，由于蔬菜 pH 比水果高，因此草莓中的多酚氧化酶、过氧化物酶比胡萝卜和芹菜汁中的相同酶要更容易钝化。

（2）高压二氧化碳技术的优势和局限性

HPCD 不仅能避免高温对食品的不良影响，而且可利用二氧化碳作为介质，在温和的操作环境中充分接触物料，具有节能、环保、成本低、操作压力低、易于卸压等特点。卸压过程中释放的 CO_2 对环境会造成一定的污染，可以采用回收装置回收。然而，HPCD 处理过程中使细胞壁、细胞膜受损以及细胞形态的改变的机理尚未研究清楚。

（四）酶的钝化动力学

酶经热/非热处理后残存活性随时间变化的函数，随食品和酶种类的不同而变化。等温等压状态下，随着温度或压力的不同，酶残存活性随时间变化的函数通常为一段式动力学、二段式动力学、部分转化式动力学的模型以及 Weibull 模型。

1. 一段式动力学模型

一段式模型通常用于描述酶的钝化，是酶活性随时间线性降低的函数，见公式 3-1。

$$\ln\left(\frac{A}{A_0}\right) = -k \times t \qquad \text{公式 3-1}$$

其中 A_0 代表初始酶活的平均值，A 代表处理后残存酶活的平均值，k 代表给定温度（T）或压力（P）下每分钟的钝化速率常数，t 代表持续时间（min）。

指数递减时间（D 值）定义为在给定条件下，钝化初始酶活性的 90% 所需的处理时间，见公式 3-2。

$$D = \ln 10 / k \qquad \text{公式 3-2}$$

2. 二段式动力学模型

当二相性钝化模型出现，可引入二段式模型，试验数据也采用二段式模型分析。该模型考虑到同工酶的存在，可以归为稳定部分和不稳定部分。这 2 种酶的钝化都遵循一段式动力学且互相独立。钝化初期，钝化速率高，随后减速降低，整个活性降低过程如公式 3-3 所示。

$$A = A_L \exp(-k_L \times t) + A_S \exp(-k_S \times t) \qquad \text{公式 3-3}$$

其中 A_L 和 A_S 分别表示相对于完全钝酶的稳定和不稳定的酶活性；k_L 和 k_S 分别表示每分钟的钝化速率常数。

达到 90% 钝化的 D 值所需增加的压力和温度分别由 Z_P（MPa）和 Z_T（℃）表示，并遵循公式 3-4 和公式 3-5。

$$\log\left(\frac{D_1}{D_2}\right)=\frac{p_1-p_2}{Z_P} \qquad 公式\ 3-4$$

$$\log\left(\frac{D_1}{D_2}\right)=\frac{T_1-T_2}{Z_T} \qquad 公式\ 3-5$$

压力和温度的 k 值分别由活化容量（V_a，cm^3/mol）和活化能（E_a，kJ/mol）表示，如 Eyring 等式（公式 3-6）和 Arrhenius 等式（公式 3-7）所示。

$$\ln\left(\frac{k_1}{k_2}\right)=\frac{V_a}{R_P\times T}\ (p_2-p_1) \qquad 公式\ 3-6$$

$$\ln\left(\frac{k_1}{k_2}\right)=\frac{E_a}{R_T}\left(\frac{1}{T_2}-\frac{1}{T_1}\right) \qquad 公式\ 3-7$$

其中 p_2 和 p_1、T_2 和 T_1 为指数递减时间 D_1 和 D_2 或常数 k_1 和 k_2 分别对应的压力和温度。R（R 为 8.314 J/mol/K）表示通用气体常数，T 表示绝对温度（K）。Z_P 和 Z_T 由 $\log D$ 线性回归的负倒数斜率分别除以 p 和 T 获得。Z 值代表 D 值的压力或温度敏感性。V_a 和 E_a 分别由线性回归的 $\ln k$ 除以 p 或（$1/T$）获得。

3. 部分转化式动力学模型

在热处理和高压处理下，只有不稳定部分的活性被钝化，而随着时间推移，稳定部分的活性依然不变，因此称之为部分转化式动力学模型。部分转化式模型可用于分析等温-等压钝化数据，当温度或压强条件较为剧烈时可导致快速钝化，后减速下降。

公式 3-1 适用于大多数等温等压条件，因此，钝化速率常数 k，可以由酶活性随时间的线性回归分析得出，部分转化式模型是一级动力学模型的特例。部分转化 f 考虑了延长的温度和压强处理下活性为非零值（A_∞）的情况，如公式 3-8 所示。

$$f=(A_0-A_t)/(A_0-A_\infty) \qquad 公式\ 3-8$$

对于大多数不可逆的一级动力学模型而言，A_∞ 趋近于零，公式 3-8 可以简化为公式 3-9。

$$f=(A_0-A_t)/A_0 \qquad 公式\ 3-9$$

（$1-f$）的对数值与时间的函数图为一条直线，其负斜率值表示速率常数 k，见公式 3-10。

$$\ln\ (A_t/A_0)=\ln\ (1-f)=-k\times t \qquad 公式\ 3-10$$

因此，当 A_∞ 接近零时，公式 3-10 接近于公式 3-11。为了计算延长的温度/压力处理下非零值的活性，我们采用部分转化式，如公式 3-11 所示。

$$\ln\ (1-f)\ =\ln\ (A_t-A_\infty)/\ (A_0-A_\infty)=-k\times t \qquad 公式\ 3-11$$

将公式 3-11 整理可得公式 3-12。在恒定的压力或温度条件下，用 A_t 对时间作图，采用非线性回归分析可得到钝化速率常数 k，以及残留活性 A_∞。

$$A = A_\infty + (A_0 - A_\infty) \exp(-k \times t) \qquad \text{公式 3-12}$$

必须指出的是，部分转化式模型通常用于一种组分被钝化而另一组分保持非零值的常数。

4. Weibull 模型

Weibull 模型是一个灭活时间分布的统计模型。具体表示如下。

$$\log(A/A_0) = -(t/\alpha)^\beta / \ln(10) \qquad \text{公式 3-13}$$

其中 α 是比例参数（特征时间），β 是形状参数。β 等于 1 时，Weibull 模型与一阶动力学模型类似。与使用其他模型计算的指数递减时间（D 值）相似，对于 Weibull 模型，可以使用公式 3-14 计算将酶活性降低 90% 所需的时间。

$$t_D = \alpha \left[\ln(10^{-1}) \right]^{\frac{1}{\beta}} \qquad \text{公式 3-14}$$

t_D 是指从零时刻开始的处理时间。

$$\log \alpha = a_1 - b_1 T \qquad \text{公式 3-15}$$
$$Z'_T = 1/b_1 \qquad \text{公式 3-16}$$
$$\log \alpha = a_2 - b_2 p \qquad \text{公式 3-17}$$
$$Z'_P = 1/b_2 \qquad \text{公式 3-18}$$

比例参数 α 与温度的关系可以使用公式 3-15 表示，该式表明 α 的对数与温度呈线性关系，a、b 分别表示截距和斜率。按照 Van Boekel（2002）的建议定义 Z'_T 值如公式 3-16 所示。在 A. E. Illera 等（2018）的研究工作中，还发现了对数 α 与压力的线性相关性，如公式 3-17 所示。Z'_P 的定义如公式 3-18。需要注意的是，公式 3-16 和公式 3-18 要求形状参数（β）和压力、温度没有相关性。

二、化学控制技术

（一）化学抗褐变剂

酶促褐变是影响果蔬货架期的主要因素。目前，已经发现了许多可以抑制酶促褐变的抗褐变剂，根据作用原理可以分为还原剂/抗氧化剂、螯合剂、酸化剂、络合剂。

1. 还原剂/抗氧化剂

多酚氧化酶在参与酶促褐变的反应过程中，首先将单酚邻羟基化，产生邻苯二酚，之后邻苯二酚氧化，生成邻醌。邻醌是非常活泼的快速缩合分子，它们可以通过非酶促反应与氨基或硫基蛋白质和糖基团结合，产生棕色、红色和黑色的高分子质量和未知结构的聚合物。还原剂可以将邻醌还原为多酚或与邻醌反应形成无色的硫醇-醌复合物，抑制酶促褐变。抗氧化剂与氧气反应抑制褐变，它们还能够与中间产物发生反应，从而打破链式反应并抑制黑色素形成。抗氧化剂的抗褐变效果取决于环境因素，包括温度、pH、光照和大气成分。间苯二酚、抗坏血酸、盐酸半胱氨酸和谷胱甘肽是被广泛研究的抗氧化剂，用于防止水果的褐变。

（1）抗坏血酸和异抗坏血酸

抗坏血酸及其异构体，异抗坏血酸，是食品工业中广泛使用的抗褐变剂，属于抑制酶促褐变的还原剂。抗坏血酸作为应用广泛的多酚氧化酶抑制剂之一，对苹果块、杧果泥、荔枝、苹果汁、甘薯片、莴苣片和甘蔗汁中的褐变均有强烈的抑制效果。

虽然抗坏血酸和异抗坏血酸的作用模式相同，但抗坏血酸在褐变抑制方面比异抗坏血酸更胜一筹，且这 2 种还原剂的推荐使用剂量相同。大多数的抗坏血酸浓度在低于 1 mmol/L 就能抑制粗酶液中 90% 的多酚氧化酶活性，表明抗坏血酸在缓冲体系中对多酚氧化酶的抑制是非常有效的。抗坏血酸添加到果蔬汁中的浓度为 5.7～500 mmol/L，有效浓度为 57 mmol/L 的抗坏血酸对多酚氧化酶的抑制率可达到 80%。在水相体系和食品中，所用抗坏血酸浓度更高，2 种还原剂的功效差别在于异抗坏血酸更易被氧化。在完全相同的处理条件下，抗坏血酸比异抗坏血酸对美国醇露苹果和蛇果显示出的酶抑制的迟滞期更长。抗坏血酸和异抗坏血酸作为褐变抑制剂的效应取决于特定的食品体系。因此，如果没有前期的实验评估，那么化合物之间不能随意替代。相比于半胱氨酸和 4-己基间苯二酚，抗坏血酸对杧果酱中多酚氧化酶的抑制率更高。浓度为 1.8 mmol/L 的抗坏血酸能抑制苹果汁的褐变，可观察到抑制效应能维持 4 h。

抗坏血酸和异抗坏血酸对果蔬的细胞基质的渗透作用不足，这也是限制其应用的主要方面。有学者采用压力和真空渗透的方法，研究了抗坏血酸和异抗坏血酸对苹果和马铃薯切面的有效抑制作用。采用 34 kPa 的压力可以有效提高抗坏血酸和异抗坏血酸的渗透效果，且水分渗出较少。相比于在大气压下用抑制剂处理 5 min，压力渗透技术可以使红蛇果和醇露苹果切片的贮藏期提升3～7 d。压力渗透技术比常压方法使用的抗坏血酸或异抗坏血酸浓度低，但其切片样品在贮藏期间会有水分渗出，可能需要通过离心或者部分脱水的方法来解决这一问题。但也有研究表明，在鲜切果蔬中使用高于 100 mmol/L 的抗坏血酸即可对多酚氧化酶达到 80% 的抑制率，有效延缓了鲜切果蔬的褐变（Yan et al.，2017）。抗坏血酸对多酚氧化酶活性的抑制效果取决于浓度、浸渍时间以及食物基质这 3 个方面。研究发现，浓度为 0.2%～2% 的抗坏血酸对食品中的多酚氧化酶活性有抑制作用。抗坏血酸抑制多酚氧化酶活性的有效浸渍浓度约为 57 mmol/L。然而，在甘薯切片中使用相对高浓度的抗坏血酸（500 mmol/L）浸渍也有较好效果。浸渍时间增加可能会让更多的抗坏血酸转移到食物系统中，使其抑制效果更佳。食物的大小和成分也会影响食物基质对抗坏血酸的吸收。与在0.5%抗坏血酸溶液中浸渍相比，相同浓度的抗坏血酸使用真空渗透会导致完整李的内部抗坏血酸水平更高、多酚氧化酶活性和褐变率更低。在苹果和马铃薯中也发现了同样的现象。这些结果表明真空渗透会促进外源有机酸向食物组织内部转移。

对于体系而言，抗坏血酸作为外源自由基清除剂，通过清除果蔬超氧自由基和过氧化氢减少膜脂过氧化作用对细胞造成的伤害，延缓细胞膜破坏的进程，保持酚-酶区域化分布，进而抑制酶促褐变的发生。

对于产物而言，抗坏血酸作为还原剂能还原多酚氧化酶氧化的反应产物，即还原醌类物质为酚类物质，从而抑制褐变。同时，抗坏血酸还可与酚类物质竞争氧来减缓反应进程，其在酶的催化作用下，可作为抗坏血酸氧化酶的底物，把溶解在果汁中的氧消耗掉，从而抑制褐变。食品体系的外源抗坏血酸常常在贮藏过程中被逐渐消耗，因此需要更高浓度的抗坏血酸。一旦抗坏血酸被完全消耗掉，邻醌不再被还原并且可能发生褐变。抗坏血酸的添加量十分重要，若添加量过少，不仅不能抑制褐变，反而会引起美拉德反应造成非酶褐变；若添加量过多，会导致成品在贮藏期间因氧化后所形成的酮化合物与氨化合物发生非酶褐变，从而加剧产品褐变。

对于酶而言，抗坏血酸可作为螯合剂作用于酶，改变酶的结构而使酶失活。当抗坏血酸与多酚氧化酶作用时，多酚氧化酶的二级结构改变，α-螺旋含量降低，β-折叠和无规则卷曲的含量增加。荧光光谱分析结果表明，多酚氧化酶荧光不断降低，内源荧光遭到猝灭，三级结构发生改变（Si et al.，2012）。抗坏血酸进入多酚氧化酶活性区域，引起多酚氧化酶活性位点氧化还原状态的改变，对其产生的还原作用可直接引起酶构象的改变。

（2）含巯基的还原剂

一些含巯基的氨基酸（L-半胱氨酸、L-胱氨酸等）是有效的抗褐变剂。研究发现，L-半胱氨酸和其他硫醇对不同来源的多酚氧化酶活性有抑制作用，例如蓝莓、李、山药等。半胱氨酸与邻醌中间体反应，形成稳定的无色产物。有研究发现，半胱氨酸在抑制苹果褐变的过程中不会引起风味的劣变。浸渍处理时，0.25%～1%的L-半胱氨酸可有效抑制荔枝和生菜的多酚氧化酶活性；直接添加时，在相同浓度下，L-半胱氨酸（10 mmol/L）比亚硫酸氢钠更有效抑制洋姜的褐变。L-半胱氨酸在浓度为0.5～2 mmol/L下，能阻止浓缩梨汁的褐变。相对低浓度（0.01%～0.03%）的L-半胱氨酸对杧果泥中的多酚氧化酶活性和褐变表现出强烈的抑制作用。在大多数研究中，浓度低于1 mmol/L的L-半胱氨酸对多酚氧化酶活性有90%的抑制作用。然而，半胱氨酸可能会对受试食品的味道产生负面影响，这限制了半胱氨酸在食品工业中的应用。

与抗坏血酸不同的是，L-半胱氨酸处理的多酚氧化酶的滞后是由于半胱氨酸-醌复合物的形成而不是醌还原，L-半胱氨酸通过与邻醌反应形成硫醇偶联产物来抑制褐变。有研究发现，半胱氨酸与 4-甲基邻苯二酚和绿原酸形成 1 个单一的加成物，而与表儿茶素和儿茶素形成 2 个产物。后 2 种加成物与半胱氨酸母体 B 环的连接位置不同，2′位和 5′位以相同的速度与半胱氨酸发生反应。

L-半胱氨酸对多酚氧化酶有直接抑制作用。一些研究发现，L-半胱氨酸与多酚氧化酶的直接相互作用可以抑制其催化活性。通过测定 L-半胱氨酸处理多酚氧化酶后的内源荧光发现，L-半胱氨酸对内源性荧光有一定的亲水作用，并随着其浓度的增加多酚氧化酶表面疏水性不断增强，多酚氧化酶构象发生变化。L-半胱氨酸的还原作用使多酚氧化酶发生部分去折叠，能直接诱导疏水表面的暴露，导致多酚氧化酶三级结构变化。还原类抑制剂（包括抗坏血酸）与多酚氧化酶特异性结合后，能直接引起多酚氧化酶区域活性位点上构象的变化，即表现为疏水表面的逐渐暴露，活性位点疏水性增强。高浓度（>1.0%）的 L-半胱氨酸与邻醌形成无色产物，而它在低浓度时充当竞争性抑制剂，前者是 L-半胱氨酸抑制多酚氧化酶活性的主要方式。因此，L-半胱氨酸通过双重机制抑制多酚氧化酶活性。

2. 螯合剂

螯合物质也被广泛用于抑制多酚氧化酶活性，因为它们可以与多酚氧化酶中存在的 Cu（Ⅱ）形成复合物或与其底物反应，从而抑制酶促褐变（Singh et al.，2018）。

EDTA 及其钠盐是重要的螯合剂，目前已发现其对菊芋、生菜、鲜切梨等中的多酚氧化酶活性均有抑制效果。EDTA-2Na 无毒、无副作用，广泛应用于食品工业及果蔬保鲜中，通常与其他化合物（包括抗坏血酸和柠檬酸）结合使用（Otwell et al.，1992）。EDTA-2Na 分子上一个羧基与多酚氧化酶络合后，该分子上的另一个羧基与多酚氧化酶螯合，络合态能量更低（分子内络合能量值为 699 kJ/mol，而分子间螯合能量值为 824 kJ/mol）。由于 EDTA-2Na 易解离和接受氢离子，氢离子浓度对 EDTA-2Na 的螯合影响很大，通过调节氢离子的浓度可以实现 EDTA-2Na 的可逆螯合反应，抑制机理如图 3-1 所示。

磷酸盐（酸式焦磷酸钠、多磷酸盐、偏磷酸盐等）作为鲜切果蔬的抗褐变剂，除了能改变 pH（多酚氧化酶最适宜的 pH 为 6～7），还能与多酚氧化酶的铜辅基进行螯合作用，从而抑制多酚氧化酶活性。磷酸盐化合物在冷水中有很低的溶解度，需要提前在水中溶解，或者使用较低的浓度。磷酸盐试剂通常与其他抗褐变剂共同使用，其浓度为 0.5%～2%（浸泡液的终浓度）。如使用 0.25% 焦磷酸钠和亚硫酸盐的混合液可以防止新鲜去皮果蔬发生酶促褐变。红色水果（如草莓等）在烫漂之前加入 2% 碱性磷酸盐可以防止产品果酱或果冻变黑。番茄酱、番茄汁经同样处理亦可保存鲜艳的色泽。

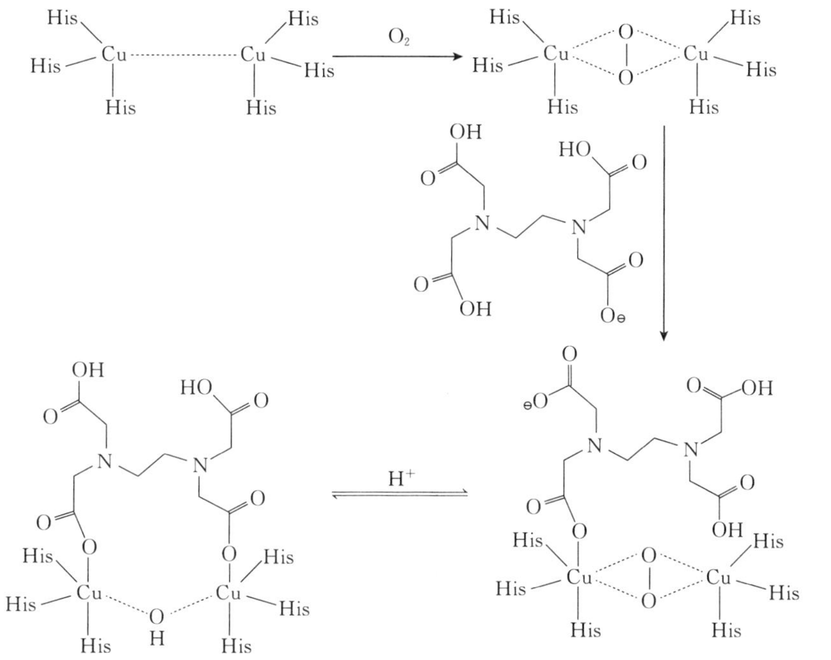

图 3-1 EDTA-2Na 对多酚氧化酶抑制机理（郝云彬等，2019）

3. 酸化剂

酸化剂可有效抑制食品加工中的酶促褐变。食品中天然存在的酸（如抗坏血酸、柠檬酸、苹果酸、磷酸）可使食品的 pH 降低到 3.0 或更低。柠檬汁被广泛添加于食品中以防止酶促褐变。多酚氧化酶在 pH 4.0～8.0 的范围内表现出催化活性。中等偏低的 pH（4.0～6.0）会导致大多数多酚氧化酶的解折叠（指蛋白质的折叠构象解开）受限，这会影响酶-底物相互作用，从而降低多酚氧化酶的催化效率。在高酸环境下（pH<4.0），催化基团的质子化作用、酶活性部位的构象改变、蛋白质的不可逆变性和底物稳定性的降低都会抑制酶的活性（Maria et al.，2016）。此外，过酸时，柠檬酸对铜原子的螯合作用加强，从而消除了酶与活性中心铜的结合作用。尽管酒石酸、异抗坏血酸、乙酸和丙二酸也是具有抗褐变活性的酸化剂，但它们很少单独用于防止果蔬的酶促褐变。酸化剂通常与其他抗褐变剂一起处理，例如抗氧化剂、螯合剂（Hithamani et al.，2018；Singh et al.，2018）。

与其他羧酸相比，柠檬酸的抗褐变活性较低，但它已被广泛用作食品工业中的抗褐变剂。柠檬酸应用于各种食品中，包括葡萄酒、苹果酒、糖浆、果冻、乳制品、冷冻水果和糖果，以提高酸度、天然水果风味、抗菌防腐剂的有效性和抗氧化能力，并最大限度地减少结晶蔗糖和酶促褐变。柠檬酸溶液的低 pH 可以防止生菜组织中酚类物质流失，而且采用柠檬酸（0.5%～2%）处理新鲜果蔬可以帮助抑制酶促褐变。有研究发现，在加工蘑菇时，柠檬酸 pH 为 3.5 可以有效抑制酶促褐变和非酶褐变；当 pH 降低时，可观察到色泽明显改善。

曲酸是由多种曲霉属和青霉属产生的真菌代谢物，是含有 Fe（Ⅲ）和 Cu（Ⅱ）的强螯合剂。因此，曲酸与多酚氧化酶中的 Cu（Ⅱ）结合使多酚氧化酶失活。前期研究表明，曲酸对苹果切片酶促褐变有抑制作用，其抑制作用强于咖啡酸、阿魏酸、绿原酸、香豆酸、肉桂酸和没食子酸。然而，它在食品工业中并不常用，可能是因为其大规模生产过程困难且成本高。

草酸在自然界中主要以其钾盐或钙盐的形式存在。菠菜和甜菜根中分别含有 3.56～7.80 mg/g 和 0.97～1.21 mg/g 的草酸。由于其在自然界中广泛存在且抗褐变能力较强，草酸及其衍生物已被用作鲜切苹果的抗褐变剂。

这些化合物通过消除或抑制反应中的活性反应要素［酶、底物、铜或反应中间体（邻苯醌）］来消除或减缓褐变反应。不同来源的多酚氧化酶与抑制剂的反应作用很相似，但是，各抑制剂对不同多酚氧化酶的抑制效果有显著不同，故每个来源的多酚氧化酶需要特定的控制方法。

4. 络合剂

抑制褐变的络合剂包括环状糊精或六个碳或更多 D-葡萄糖组成的环状非还原寡糖。

环糊精（CD）是一种天然存在的环状寡聚糖，可能有 6 个、7 个或 8 个葡萄糖残基（即分别为 α-环糊精，β-环糊精和 γ-环糊精）以 α-（1-4）-糖苷键相连接。环糊精结构呈圆柱形，具有一个疏水的内表面和一个亲水的外表面。环糊精具有疏水的内核结构，多酚类的底物也具有疏水的苯环结构，酶的活性中心通常也是疏水结构。因此，根据相似相容原理，高浓度的 β-环糊精可以和许多有机的客体分子形成大量的包含物复合体，比如，与底物儿茶酚结合，或与酶的芳香族残基结合，将二者分别包埋于疏水内核中，从而影响酶与底物的相互作用，抑制褐变的发生（Zhang et al.，2021）。

因此，环糊精对酶促褐变的抑制作用可根据客体分子的不同分为 2 类，一类是对底物进行包埋，一类是对酶分子进行包埋。多巴为一类高度亲水的二酚类化合物，与环糊精结合力弱甚至完全无结合力。4-叔丁基-邻苯二酚是一种疏水的邻苯二酚类化合物，因此，随着环糊精浓度的提高，酶催化效应明显降低。有研究发现，香蕉、苹果和莴苣的多酚氧化酶只催化自由底物，而不会催化复合物；这与蘑菇不同，蘑菇的多酚氧化酶能催化环糊精-底物复合物。β-环糊精对多酚的包埋作用也有立体选择性，比如，对（＋）-儿茶素的亲和力高于对（－）-表儿茶素。这主要是因为（＋）-儿茶素的 3 位羟基与 β-环糊精的 2 位和 3 位的外围羟基形成了氢键；而（－）-表儿茶素的羟基的位置则阻碍了氢键的形成。在 β-环糊精与底物的络合作用中，提高 β-环糊精的含量，会导致氧摄入量的降低；而在同一 β-环糊精浓度中，提高底物浓度，则会导致褐变抑制能力的下降。在不同的酚类底物中，最大的抑制作用发生于 β-环糊精与（＋）-儿茶素的络合，其抑制率至少为 80％。对于其他酚类物质，即使提高 β-环糊精的浓度，褐变抑制率也低于 β-环糊精作用于（＋）-儿茶素的抑制率。有研究发现，抑制率从低到高依次为 4-甲基儿茶酚＜二氢咖啡酸＜绿原酸＜（－）-表儿茶素＜（＋）-儿茶素。

底物或者抑制剂类型对 β-环糊精的褐变抑制效果有影响。由于 β-环糊精能与酚类底物形成复合物，因此观察到的抑制模式可以以不活跃的复合体的形成来解释。当酶与底物结合力更高时，则表现出抑制率降低的现象。因此，在不同酚类底物和不同来源条件下，β-环糊精对酶促褐变的抑制效果有显著差别。当底物与 β-环糊精的亲和常数最大时，其抑制作用最强；当引入抑制剂时，由于环糊精的络合作用，在催化反应中，环糊精与多酚氧化酶抑制剂结合，发生褐变反应。因此，在果蔬中若有天然抑制剂出现，且易被环糊精络合时，多酚氧化酶的催化反应会更快的发生。综上，环糊精具有双重效应，根据原料的不同，会促进或抑制酶促褐变的发生。

不同的环糊精类型也对抑制效果有影响。β-环状糊精（环糊精浓度为 5.9～13.6 mmol/L）在澳洲青苹果汁中溶解，可以在 1 h 内抑制酶促褐变。α-环状糊精和 γ-环状糊精的效用没有 β-环状糊精强。β-环状糊精的抑制效果可以被抗坏血酸（1.14 mmol/L）或其他抗坏血酸衍生物提升。糖醇-β-环状糊精、二糖醇-β-环状糊精和 β-环状糊精的有效浓度为 1％～4％，在添加了抗坏血酸磷酸盐、抗坏血酸或柠檬酸后，其抑制效果增加。采用柱状的不溶性环糊精，可以极大地推迟褐变的发生。比如，未处理的苹果汁在 1 h 内会发生显著褐变，而用柱状的不溶性环糊精处理的样品的褐变则被推迟到 82 h 以后。

因此，为了达到足够的多酚氧化酶抑制效果，食品工业必须考虑到产品中的主要酚类化合物成分以及匹配的环糊精类型。虽然环糊精在一定程度上能减缓褐变的发生，但也存在一些缺点。由于环糊精的包含物缺乏特异性，可能会造成风味和色泽的损失。与风味和色泽有关的化合物的吸附损失可以通过改性环糊精解决，但改性衍生物可能会增加生产成本。

5. 酶抑制剂和抑制机理

(1) 酶抑制剂

① 黄酮类化合物

黄酮类化合物是最丰富和研究最多的多酚类物质之一。目前已经发现了9 000多种不同的黄酮类化合物。黄酮类化合物主要包括黄酮、黄酮醇、黄烷酮、黄烷醇或儿茶素、花青素和查耳酮。它们在 A 环和 B 环的共轭以及取代物的排列上有所不同，如羟基、甲氧基、糖苷等。苯环中较多的羟基在对酪氨酸酶活性的抑制作用方面发挥了关键作用。通过研究 25 种带有羟基取代基的黄酮类化合物（主要是黄酮和黄酮醇）对褐变的抑制作用发现，$7,8,3',4'$-四羟基黄酮效果最佳，其半抑制浓度（IC_{50}：达到多酚氧化酶活性抑制率的 50%所需要的抑制剂浓度，又称为半抑制率）为 0.07 $\mu mol/L$。表明这些化合物对酪氨酸酶的抑制活性不仅取决于黄酮类化合物中羟基的数量，还取决于黄酮类化合物中羟基的位置（Kim et al.，2006）。儿茶酚基团与酪氨酸酶催化中心的铜离子结合，从而抑制了酪氨酸酶的活性。但尽管黄酮类化合物拥有儿茶酚基团，但由于过多的羟基存在空间阻碍，它们对酪氨酸酶的抑制活性可能会降低。

② 酚酸

酚酸是植物和真菌的次级代谢产物。从结构上看，这些化合物至少有 1个苯环，其中至少有 1 个氢被 1 个羟基取代。酚酸可以分为羟基苯甲酸和羟基肉桂酸 2 类。水杨酸（2-羟基苯甲酸）和龙胆酸（2,5-二羟基苯甲酸）是常见的羟基苯甲酸。最常见的羟基肉桂酸是对羟基肉桂酸、咖啡酸和阿魏酸。

用羟基或甲氧基取代苯环中的 1 个以上的氢，会降低抑制剂的有效性。Zhang 等（2006）评估了 10 种水杨酸家族化合物对蘑菇酪氨酸酶的双酚酶活性的抑制作用。其中，水杨酸的抑制强度要强于戊二酸。当水杨酸的第 3 位或第 5 位被羟基或甲氧基取代时，水杨酸对双酚酶活性的抑制作用会降低；而水杨酸的第 4 位被甲基或甲氧基取代，水杨酸的抑制作用会增加。在这些化合物中，4-甲基水杨酸是蘑菇酪氨酸酶的双酚酶活性的最有力抑制剂。

羟基肉桂酸对酪氨酸酶也有抑制作用。米糠提取物中的阿魏酸和对羟基肉桂酸在抑制马铃薯和苹果的酶促褐变中具有一定作用。从三叶草中提取的咖啡酸衍生物（对羟基苯基咖啡酸）显示出显著的酪氨酸酶抑制活性。有趣的是，肉桂酸及其衍生物的抑制作用是不同的，3-羟基肉桂酸和 4-羟基肉桂酸不是酪氨酸酶的抑制剂，而是替代底物。然而，肉桂酸、2-羟基肉桂酸、2-甲氧基肉桂酸、3-甲氧基肉桂酸和 4-甲氧基肉桂酸可被视为酪氨酸酶的抑制剂（Garcia et al.，2018）。因此，羟基或甲氧基取代基的位置对抑制作用至关重要。

③ 氢醌及其衍生物

氢醌是一种芳香族有机化合物，是一种苯酚。氢醌是单酚（L-酪氨酸）的竞争性抑制剂，而对双酚（L-多巴）没有显示出抑制作用（Deri et al.，2016）。氢醌的衍生物（包括 α-熊果苷、β-熊果苷和脱氧熊果苷）可以作为多酚氧化酶的抑制剂。然而，α-熊果苷抑制了蘑菇酪氨酸酶的单酚酶活性，但它激活了双酚酶活性（Qin et al.，2014）。脱氧熊果苷是一种氢醌的合成衍生物，使用剂量与抑制酪氨酸酶的活性程度有关（Chawla et al.，2008）。

④ 芪类化合物

白藜芦醇是一种植物多酚，其结构的特点是以 1,2-二苯基乙烯为母核。白藜芦醇是酪氨酸酶的抑制剂。氧白藜芦醇是一种在桑树中发现的天然化合物，以 L-多巴为底物时，其抑制效果约为白藜芦醇的 150 倍（Zheng et al.，2012）。在 Song 等（2012）的研究中，合成了 10 个非对称的偶氮化合物，包括偶氮白藜芦醇和偶氮氧化白藜芦醇，并评估了它们对蘑菇酪氨酸酶的抑制活性。结果表明，在 4-羟基苯基基团上引入额外的取代基后，对蘑菇酪氨酸酶的抑制作用下降；偶氮白藜芦醇显示出最高的抑制活性，与白藜芦醇相当。

⑤ 香豆素类

香豆素（1,2-苯并吡喃酮）是一种存在于多种植物中的酚类物质。有学者合成了 22 种香豆素衍生物，并评估了它们对蘑菇酪氨酸酶的双酚酶活性的抑制作用。其中，2-[1-（香豆素-3-亚乙基）]肼基硫代酰胺是最有效的抑制剂，IC_{50} 为 3.44 $\mu mol/L$，并且这种化合物对酪氨酸酶的抑制作用是可逆的（Liu et al.，2012）。有趣的是，在羟基香豆素中，3-羟基香豆素是蘑菇酪氨酸酶的有效抑制剂，而 4-羟基香豆素既不是抑制剂也不是底物（Asthana et al.，2015）。

⑥ 取代基间苯二酚

取代基间苯二酚是酚类底物的类似物。有学者研究了天然抑制剂和合成抑制剂 4-取代基间苯二酚抑制蘑菇多酚氧化酶活性的 IC_{50}。其研究发现，间苯二酚是一个弱抑制剂，其 4 位取代物降低了 IC_{50}，最低的 IC_{50} 是在 4 位的疏水取代基，如 4-己基间苯二酚、4-十二烷基间苯二酚和 4-三己基间苯二酚，其 IC_{50} 分别为 0.5、0.3 和 0.2。

间苯二酚衍生物的取代基在 5 位、2 位和 1,3 位时，也可作为多酚氧化酶的抑制剂。间苯二酚的 5-取代基间苯二酚和 4-取代基间苯二酚的抑制作用相似，疏水取代基的链长越长，则 IC_{50} 越低。5-取代基间苯二酚在体外试验中表现出良好的多酚氧化酶抑制作用。这些化合物在自然界中同样存在，然而这些化合物并不适合在食品中应用，主要因其具有毒性和刺激性。

在 4-取代基间苯二酚中，4-己基间苯二酚的 IC_{50} 较低，应用在食品体系中也有较高的抑制率，且这一化合物在非食品体系中应用表现出了稳定且安全的抑制作用。因此，4-己基间苯二酚有可能作为食品添加剂。

4-己基间苯二酚最初是在抑制虾的黑斑病（黑点）中进行了透彻的研究。黑斑是由虾中内源多酚氧化酶引起的，会降低虾产品的商品价值。通过实验室和实地测试发现，分别在相同质量下，4-己基间苯二酚对保持虾品质的作用高于亚硫酸氢盐，且 4-己基间苯二酚的成本相对较低。

4-己基间苯二酚是一种水溶性的稳定化合物，无毒、无致癌、无致突变性，被认为是可应用于抑制虾的黑斑病的物质。该化合物与酶形成无反应性的复合体，从而抑制褐变。使用 4-己基间苯二酚作为抑制虾的黑斑病的加工助剂，其在虾肉中的残留量非常低（$<1\ mg/L$），对受试虾的风味、质地和色泽没有不良影响。其他研究表明，4-己基间苯二酚对于抑制新鲜的和热风干燥的苹果、马铃薯片和鳄梨的褐变非常有效，同时，对于液态食品体系（如苹果汁和白葡萄汁等）也有抑制作用。4-己基间苯二酚对于抑制苹果汁的褐变十分有效，但间苯二酚既不能作为苹果多酚氧化酶的底物，也不能作为其抑制剂，同时还有可能激活苹果多酚氧化酶催化的绿原酸氧化。

⑦ 脂肪醇

乙醇可以抑制果蔬酶促褐变，并显著抑制多酚氧化酶活性。乙醇（300 mL/L）处理可使鲜切甘蔗的褐变程度降低，它还显著降低了多酚氧化酶、苯丙氨酸解氨酶和过氧化物酶的活性，并降低了总酚和奎宁的含量（Homaida et al.，2017）。鲜切山药用乙醇（$50\ \mu L/L$、$100\ \mu L/L$ 和 $200\ \mu L/L$）熏蒸 2 h，贮藏 12 d，用乙醇熏蒸处理的山药比未经处理的山药显示出较低的褐变（Fan et al.，2018）。

有研究表明，褐变抑制剂 3-巯基-2-丁醇在 5 ℃、浓度为 $25\ \mu L/L$ 的条件下，可防止鲜切马铃薯 5 d 的褐变。3-巯基-2-丁醇的抑制作用与亚硫酸氢钠相近。通过酶动力学分析进一步鉴定 3-巯基-2-丁醇为直接抑制多酚氧化酶活性的竞争性抑制剂（Ru et al.，2020）。在天然脂肪醇对葡萄多酚氧化酶的抑制研究中，抑制效应随着脂肪醇 C 原子数目（从 1～5 的碳原子数）的增多而增大。不同醇类的抑制效果如下：伯醇＞仲醇＞叔醇。通过抑制效果和醇的疏水效应之间的关系发现，伯醇与抑制效果的对应关系是非线性的，表明有其他因素在起作用。

⑧ 卤化物

无机卤化物被认为是多酚氧化酶的有效抑制剂，但是其他的阴离子（如硫酸盐或硝酸盐）则无效，这可能是由于后者的离子半径较大。卤化物对多酚氧化酶的抑制作用与 pH 相关，随着 pH 的升高而降低，其最大抑制率的 pH 为 3.5～5.0。卤化物的 pH 效应可能是由于带负电荷的抑制剂和多酚氧化酶上带正电荷的咪唑基团有相互作用。卤化物的抑制能力从大到小依次为 F＞Cl＞Br＞I，这恰好是离子半径递减的顺序，因此空间位阻效应可以解释这之间的差别。有学者发现，卤化物作为多酚氧化酶抑制剂，其有效性顺序决定于酶的来源。该学者假设观察到的抑制效果是铜离子活性中心相对于卤化物的可接近性，以及铜-卤化物复合体的稳定性，这二者的组合决定了抑制效果。采用 Lineweaver-Burk 分析，在 pH 为 4.5 的情况下，氯化钠对苹果多酚氧化酶的抑制为非竞争性抑制，其他卤化物在相同 pH 下为竞争性抑制剂。氟化钠是最有效的抑制剂，其表观 Ki（抑制常数）为 0.07 mmol/L，而溴化物和碘化物的 Ki 则分别为 106 mmol/L 和 117 mmol/L。

在卤化盐中，氯化钠和氯化钙是食品工业在褐变抑制方面应用最广泛的化合物。钙盐还具有保持果实组织质地紧密的作用。有研究表明，氯化锌比氯化钙具有更高的褐变抑制效果。

⑨ 氨基酸、多肽和蛋白质

一些研究发现，肽或蛋白质也可以抑制褐变。有学者研究了蜂蜜对苹果片、葡萄汁和模型体系的褐变抑制。白葡萄和切片水果浸入 20% 的蜂蜜溶液中，能保持其天然的风味、质地和色泽。糖溶液能抑制褐变，主要在于其能降低氧溶解的浓度，以及氧在果蔬组织中扩散的速度。有学者研究了采用 8% 的蔗糖溶液（10% 蜂蜜中含有的蔗糖浓度）和 10% 的蜂蜜处理苹果片的褐变速率发生的情况。结果表明，采用蜂蜜处理苹果片可以获得最低程度的褐变。这表明除了糖以外，蜂蜜包含抑制多酚氧化酶的其他成分。采用柱层析纯化蜂蜜，可以获得一个具有高抑制活性的组分，而这一组是一种小肽，其分子质量大约为 600 u。另一学者认为，蜂蜜蛋白可以和植物单宁形成复合物，从而阻止氧化变色。

蛋白质、多肽或氨基酸可以通过对多酚氧化酶起直接抑制作用以及和多酚氧化酶催化产物醌发生反应，或者通过螯合多酚氧化酶活性中心的铜，从而影响多酚氧化酶催化的褐变反应。Girelli 等研究了各种甘氨酰二肽（GlyAsp、GlyGly、GlyHis、GlyLeu、GlyLys、GlyPhe、GlyPro、GlyTyr）对香菇多酚氧化酶活性的影响。结果表明，GlyAsp、GlyGly、GlyTyr、GlyPhe 和 GlyLys 对多酚氧化酶活性的抑制率在 20%～40%，而 GlyPro 和 GlyLeu 对多酚氧化酶活性没有影响。以 D-多巴、L-多巴或 4-甲基邻苯二酚作为底物，Kahn 研究了蛋白、蛋白水解物和氨基酸对蘑菇、鳄梨和香蕉多酚氧化酶活性的影响。酪蛋白水解产物和牛血清白蛋白不能抑制蘑菇或鳄梨的多酚氧化酶活性。L-氨基酸、赖氨酸、甘氨酸、组氨酸和苯基丙氨酸（有效性依次递增）会微弱地抑制蘑菇多酚氧化酶的活性，最大抑制率为 60%。三甘氨酸、二甘氨酸和甘氨酸（有效性依次递增）可以减少蘑菇多酚氧化酶的色素物质形成。

组氨酸（230 mmol/L）对鳄梨的褐变具有轻微的抑制作用，而赖氨酸（230 mmol/L）对香蕉和鳄梨都无效。对于所有受试氨基酸而言，L-半胱氨酸是最有效的。Shen 等发现一种具有抑制酪氨酸酶活性的新型五肽（ECGYF，命名为 EF-5）对酪氨酸酶的抑制作用（IC$_{50}$：0.46 mmol/L）强于熊果苷（IC$_{50}$：5.73 mmol/L）和谷胱甘肽（IC$_{50}$：1.18 mmol/L）。

⑩ 其他抑制剂

Lin 等（2010）研究了对烷基苯甲酸（对丙基苯甲酸、对丁基苯甲酸、对戊基苯甲酸、对己基苯甲酸、对庚基苯甲酸、对辛基苯甲酸）对马铃薯多酚氧化酶活性的影响。结果表明，对烷基苯甲酸可以强烈抑制马铃薯多酚氧化酶的活性（IC$_{50}$分别为 0.213 mmol/L、0.180 mmol/L、0.152 mmol/L、0.106 mmol/L、0.075 mmol/L、0.047 mmol/L）。此外，抑制作用随着碳氢链长度的增加而增强，表明对烷基苯甲酸对多酚氧化酶的抑制作用受到取代基团的立体效应的影响。

水溶胶是蒸汽蒸馏芳香植物材料产生的副产品。Xiao 等（2020）研究了香茅水溶胶和玫瑰水溶胶对鲜切芋头褐变的影响，研究发现 2 种水溶胶明显降低了鲜切芋头表面的明度（L^*）、红/绿值（a^*）和蓝/黄值（b^*），并抑制了多酚氧化酶活性。有研究报告称萜类化合物对多酚氧化酶活性有潜在抑制作用。化学成分分析表明，2 种水溶胶中含有丰富的萜类化合物。这表明包含在 2 种水溶胶中的萜类化合物可能导致多酚氧化酶活性降低。

（2）抑制机理

① 抑制类型

抑制剂的结合是可逆的或不可逆的。不可逆抑制剂通常与酶发生反应，并通过共价键的形成改变其化学性质。相反，可逆的抑制剂通过非共价相互作用与酶结合，如氢键、疏水相互作用和离子键。有 4 种可逆性抑制类型，包括竞争性抑制、非竞争性抑制、反竞争性抑制、混合（竞争/非竞争）抑制。

竞争性抑制剂可以与游离的酶结合，阻止底物与酶的活性位点结合。橙皮素和桑色素以竞争方式可逆地抑制酪氨酸酶（Wang et al.，2014）。最近发现，单一抑制剂（槲皮素）和混合抑制剂（槲皮素、肉桂酸和阿魏酸的混合物）是酪氨酸酶的竞争性抑制剂，混合抑制剂（Ki＝0.239 mmol/L）拥有比槲皮素（Ki＝0.361 mmol/L）更高的抑制能力（Yu et al.，2019）。

相反，反竞争性抑制剂只能与酶底物复合物结合，而混合（竞争/非竞争）抑制剂可以与自由酶或酶底物复合物结合。非竞争性抑制相对罕见，但混合型抑制是在 PPO 活性的动力学研究中经常观察到的模式。肉桂酸、芹菜素对 PPO 有混合型抑制作用（Zhou et al.，2016）。非竞争性抑制剂与自由酶和酶底物复合物结合，具有相同的平衡常数。花青素-3-槐糖苷是非竞争性抑制的一个例子。此外，邻苯三酚可作为酪氨酸酶的底物，但在 L-DOPA 存在的情况下，它是酪氨酸酶的非竞争性抑制剂（Xiong et al.，2019）。

有趣的是，L-半胱氨酸对 *Solanum lycocarpum* PPO 的抑制类型是竞争性抑制，而在梨的 PPO 中是非竞争性抑制。当用 L-DOPA 作底物时，肉桂酸对蘑菇（双孢蘑菇）多酚氧化酶是混合型抑制，但它表现为非竞争性抑制。抑制类型取决于所用的抑制剂和底物（Farouk et al.，2020）。此外，PPO 结构的差异也可能是造成不同类型抑制的原因。

②　相互作用力

为了了解多酚氧化酶和抑制剂之间的相互作用，常用的实验手段包括抑制动力学分析、酶的构象分析、热力学分析等，这些手段可以提供直接的信息，而目前计算机方法（如分子对接和分子动力学模拟）与实验技术相结合，可以获得更微妙的抑制机制信息。

一般来说，小分子和生物大分子之间的主要相互作用力有氢键、疏水相互作用、范德华力和静电作用（Wang et al.，2014）。相互作用反应的热力学参数（ΔH、ΔS、ΔG）是评估相互作用力的主要标准。计算机方法可以获得细微的信息，例如，抑制剂的结合能、抑制作用和参与的氨基酸残基、氢键距离（Zhang et al.，2020）。结合热力学实验和分子对接，可以更准确地描述抑制剂和多酚氧化酶之间的相互作用机制。

分子对接已被广泛用于解释抑制剂在酶上的可行机制。矢车菊素-3-O-槐糖苷可以抑制多酚氧化酶，其驱动力是疏水作用而不是氢键和范德华力（Hemachandran et al.，2017）。槲皮素也主要通过疏水作用与酪氨酸酶可逆地结合，从而具有抑制作用。此外，氢键和范德华力在桑色素和酪氨酸酶的结合中起主要作用。桑色素对酪氨酸酶（PDB：2Y9X）的分子对接结果表明，其最低结合能为 -17.66 kJ/mol，桑色素插入到酪氨酸酶的活性位点，并与氨基酸残基（His85、His94、His244、His259、Asn260、His263、Phe264、Met280、Gly281、Val283、His296）相互作用。此外，观察到桑色素的 3 位和 5 位羟基与 2 个活性位点残基 His85 和 His244 之间分别形成 2 个氢键（Wang et al.，2014）。

抑制剂分子的苯环常和多酚氧化酶的活性中心芳香族氨基酸残基形成 π-π 堆积，从而阻止底物与多酚氧化酶的结合。用 Discovery Studio3.5 软件构建了中国栗多酚氧化酶结构，水杨酸与多酚氧化酶的结合部位在多酚氧化酶活性位点，水杨酸与 Met256、Gly257、Phe259 之间形成氢键，水杨酸的苯环与 Phe259 的苯环形成 π-π 堆积，这种相互作用阻止底物与多酚氧化酶结合（Zhou et al.，2015）。测量焦果醇和酪氨酸酶（PDB：2Y9W）对接结构的结合能，对接能为 -21.34 kJ/mol。分子动力学模拟结果显示，邻苯三酚可以阻断酪氨酸酶的活性部位，分子动力学模拟的最终结构显示，关键残基的 His29

和 His263 与邻苯三酚形成氢键并保持紧密结合（Xiong et al.，2019）。Zhou 等也发现，肉桂酸插入了酪氨酸酶的活性部位，最低结合能为 -26.78 kJ/mol，His263、Phe292、His85、His259、Gly281、Ser282、His6、His296 和 Phe264 是肉桂酸与酪氨酸酶作用的重要残基。据观察，肉桂酸的苯环和 His 63 之间形成了 π-π 堆积（Zhou et al.，2016）。肉桂酸和阿魏酸（肉桂酸衍生物）与酪氨酸酶的非特异性部位结合，肉桂酸的最低结合能为 -6.3 kJ/mol，阿魏酸为 -29.30 kJ/mol。橙皮素和酪氨酸酶（PDB：2Y9X）的对接模拟显示，最低的结合能为 -23.73 kJ/mol，此外，酪氨酸酶的 Met280、His61、His85 和 His259 残基可能是与橙皮素发生氢键相互作用的部位（Si et al.，2012）。芹菜素和多酚氧化酶（PDB：2Y9X）之间的结合亲和力最低，为 -33.48 kJ/mol。芹菜素进入了多酚氧化酶的活性部位，多酚氧化酶的 Phe90、Val248、Glu256 和 His296 残基是芹菜素和多酚氧化酶之间相互作用的可能部位。配体芹菜素的氢原子（H13）和 Met280 的氧原子形成了 1 个氢键（0.19 nm），芹菜素的苯环可能与 His263 的五元杂环形成 π-π 作用，距离为 0.39 nm。此外，配体附近的残基 Phe90、His244、Glu256、Phe264、Ala286 和 Phe292 的作用力为范德华力。矢车菊素-3-O-槐糖苷与酪氨酸酶（PDB：2Y9W）的结合方式显示了与活性部位的氨基酸残基的非金属相互作用，矢车菊素-3-O-槐糖苷的结合能为 -34.00 kJ/mol，矢车菊素-3-O-槐糖苷与多酚氧化酶的 Glu322、Thr324、Asn81、Cys83、Thr84、His85、Gly86、Val247、Val248、His244、Pro284、Val283、Ser282、Gly281、Pro277、Arg268 和 Phe264 相互作用；此外，其与多酚氧化酶的 Val248 和 Arg268 残基形成 2 个极性接触。槲皮素通过螯合酪氨酸酶中的铜来抑制双酚酶的活性，槲皮素中儿茶酚分子的 3,4-二羟基是抑制酪氨酸酶的重要分子。此外，槲皮素与各种氨基酸残基，包括 Gly281、Ser282、Met280、His263、Phe292、Val283、His61、Ala286、His85、His59、Phe264、Asn260、Met57 和 Val248 通过非氢键相互作用，槲皮素的一个苯环与 Phe264 的苯环形成 π-π 堆叠。Yu 等还发现，槲皮素位于活性位点，被残基 Val248、Met57、Phe264、Met280、Val283 和 Ala286 包围，形成强烈的疏水相互作用。详细分析表明，槲皮素的苯基与残基 Phe264 形成 CH-π 相互作用，槲皮素与残基 Asn260（0.24 nm）和 Met280（0.18 nm）之间存在 2 个氢键相互作用（Yu et al.，2019）。

利用晶体学对来自水果和蔬菜的各种多酚氧化酶进行了重要的结构表征，包括葡萄、核桃叶、苹果、番茄、蘑菇等。蘑菇的酪氨酸酶是常用于研究抑制剂和多酚氧化酶之间相互作用的多酚氧化酶晶体结构，而其他多酚氧化酶晶体结构对抑制剂和多酚氧化酶之间相互作用的研究很少。为了研究其他多酚氧化酶（晶体结构尚未解析）和抑制剂之间的相互作用，在分子对接研究之前需要对多酚氧化酶的结构进行建模。值得注意的是，分子对接可以用来验证实验结果，并为进一步的研究提供指导，它并不能完全取代实际的实验。不同的研究人员使用分子对接来研究相同的抑制剂和多酚氧化酶之间的相互作用，可能会得到不同的结果，因为研究人员很难选择合适的程序、算法或参数。此外，酶数据库中的多酚氧化酶结构是有限的。尽管分子对接仍有许多局限性，但它在酶研究中具有重要意义。

③ 抑制剂对酶结构的影响

在抑制剂与多酚氧化酶相互作用的过程中，除了多酚氧化酶的活性发生变化外，其构象也发生了很大变化。多酚氧化酶结构（三级结构、二级结构）的变化可以通过实验方法和分子动力学模拟方法确定。

荧光光谱被用来研究蛋白质和抑制剂之间的相互作用。多酚氧化酶的荧光发射光谱在 340 nm 左右，存在荧光团酪氨酸、色氨酸和苯丙氨酸。荧光光谱峰的移动可以表明蛋白质结构的变化，蓝移表明蛋白质的内部结构变得更加紧密，而红移则表明其空间结构更加开放，更多的侧链暴露在溶液中（Royer，2006）。研究发现，柠檬酸处理后多酚氧化酶的荧光强度被淬灭，最大荧光发射波长发生红移，说明柠檬酸处理可以诱导多酚氧化酶的三级结构的展开和破坏，这与绿原酸对多酚氧化酶的影响相同（Cheng et al.，2020）。Han 等（2020）研究了 4 种化合物（抗坏血酸、L-半胱氨酸、谷胱甘肽和柠檬酸）对膜结合多酚氧化酶（mPPO）的抑制作用。4 种选定的化合物淬灭了 mPPO 的荧光光谱，抗坏血酸和 L-半胱氨酸的峰值波长发生了蓝移，而谷胱甘肽和柠檬酸的峰值波长发生了红移。此外，一些抑制剂（芹菜素、桑色素、槲皮素、矢车菊素-3-O-槐糖苷）和多酚氧化酶的相互作用导致荧光淬灭，而没有任何明显的峰值移动，表明这些抑制剂可能与多酚氧化酶相互作用并淬灭其固有的荧光。

圆二色光谱被用来确定酶的二级结构。在多酚氧化酶和芹菜素的反应中，多酚氧化酶的二级结构发生了部分变化，α-螺旋含量减少。多酚氧化酶二级结构发生变化后，芹菜素可能导致多酚氧化酶多链解折叠，同时暴露出疏水区，然后与多酚氧化酶主多肽链的氨基酸残基结合，破坏其氢键网络，导致多酚氧化酶的氢键重排和构象变化（Xiong et al.，2016）。进一步推断，抑制剂和多酚氧化酶之间的结合导致多酚氧化酶二级结构中 α-螺旋的含量减少，从而降低多酚氧化酶的活性。然而，多酚氧化酶的二级结构与它的活性之间的关系仍不确定。矢车菊素-3-O-槐糖苷对多酚氧化酶活性有抑制作用，圆二色谱法显示多酚氧化酶与矢车菊素-3-O-槐糖苷作用后，其 α-螺旋和 β-折叠的含量增加（Hemachandran et al.，2017）。但有研究发现，虽然麦黄酮可以作为一种具有良好药效的抑制剂，但并没有改变多酚氧化酶的二级结构（Mu et al.，2013）。Yu 等（2019）的研究结果也表明，二级结构的破坏不一定会导致酶的失活。多酚氧化酶二级结构的变化与多酚氧化酶的活性之间的关系需要进一步研究。

④ 底物、抑制剂和多酚氧化酶之间的相互作用

许多酚类化合物既是多酚氧化酶的抑制剂，也可作多酚氧化酶的底物。Oriz-Ruiz 等（2015）提出了一种方法来区分一个化合物是多酚氧化酶的抑制剂还是底物。如果一个化合物的 $Ki_M = Ki_D$，则为抑制剂；如果 $Ki_M \neq Ki_D$，该分子可能是底物或抑制剂（其中 Ki_M、Ki_D 分别是化合物对单酚酶活性和双酚酶活性的抑制程度）。

曲酸作为一种混合抑制剂，可以与游离酶和酶-底物复合物 2 种形式结合（图 3-2）。当曲酸结合在活性位点时，结合口袋（即结合位点）不能被底物分子接触，这表明曲酸可以作为竞争性抑制剂（图 3-2c）。当活性位点入口处的曲酸被 4 个残基（Phe197、Pro201、Asn205 和 Arg209）稳定后，它限制了底物的进入和产物的流出，降低了底物反应的最大速度（Deri et al.，2016）。研究发现，根皮素在低浓度（<41.6 μmol/L）时作为底物，而在高浓度时作为抑制剂，分子对接结果与 Deri 等的研究结果相似（图 3-3）。当根皮素的 4-羟基苯基在活性口袋内时，根皮素可以被酪氨酸酶催化，当根皮素的 2,4,6-三羟基苯基在活性口袋的门内，而根皮素的 4-羟基苯基在活性口袋的门外时，根皮素可能作为一种抑制剂（图 3-3b）（Dogan et al.，2002）。结果表明，根皮素不仅可以作为底物，而且可以阻挡在活性位点的门上，阻碍底物的进入和氧化产物的释放。因此，在分子水平上，混合抑制类型的抑制剂既可以与游离酶结合，也可以与酶-底物复合物结合。

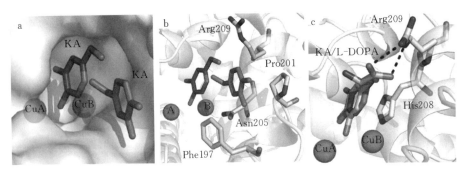

图 3-2 曲 酸（Deri et al.，2016）

注：a 为在活性部位和活性部位的入口观察到曲酸（PDB：3NQ1），铜离子以球体呈现；b 为活性位点入口处的曲酸被"第二壳残基"（棍子）所稳定；c 为含有曲酸和 L-DOPA 的 TyrBm（PDB：4P6S）结构叠加。

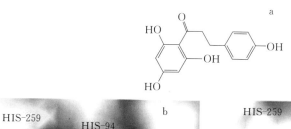

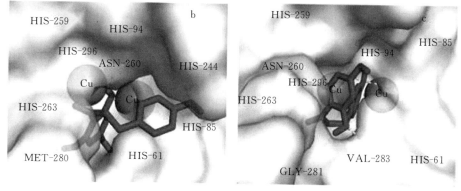

图 3-3 根皮素（Chen et al., 2020）

注：a 为根皮素的结构；b 为 2,4,6-三羟基苯基在活性口袋的门内，而 4-羟基苯基在门外的构象；c 为 4-羟基苯基在活性口袋内的构象。

（二）天然抗褐变剂

众所周知，植物中存在的复杂的膳食成分，是具有多种健康益处的生物活性成分。人们对富含功能性化合物的农业食品副产品和废弃物的价值化越来越感兴趣，在整个特定的产品/服务生命周期中，它们可以被转化为增值产品（Kowalska et al., 2017）。目前，新型多酚氧化酶抑制剂的研究正朝着用天然物质替代合成添加剂的方向发展。从植物及农业食品副产品和废弃物中提取的天然提取物含有几种生物活性化合物，可通过抑制多酚氧化酶活性来减少颜色变化，作为果蔬产品的抗褐变剂。同时，这些天然物质安全、环保、价格低廉，可改善产品的感官、营养和健康特性。因此，从食品副产品和废物中识别新的抗褐变剂成为一种新的选择。

1. 天然提取物

（1）酚类提取物

多酚类物质因其强大的抗氧化活性而被广泛认可，它们大多存在于水果和蔬菜中，特别是在农业食品的副产品和废弃物中。多酚类物质不仅包括主要的抗氧化剂，还包括天然的多酚氧化酶抑制剂（Loizzo et al., 2012）。Wessels 等（2014）研究了几种植物提取物在鲜切苹果上的抗褐变特性，证实了抑制潜力可能与它们的酚类化合物的抗氧化活性有关，它们可以通过充当竞争性或非竞争性抑制剂直接影响多酚氧化酶活性。马铃薯和蘑菇的多酚氧化酶活性受到天然植物提取物的不同调节 (Kuijpers et al.，2014)。在混浊的苹果汁中，以 1～3 g/L 的浓度添加绿茶提取物（黄烷醇），在 4 ℃下贮藏 48 h 后，多酚氧化酶活性明显下降到 53%～96%，其抗褐变的效果归因于儿茶素，它约占总酚含量的 90% (Klimczak et al.，2017)。绿茶提取物也能有效地控制鲜切苹果片的酶促褐变，在 30 g/L 的浓度下，抑制约 42% 的多酚氧化酶活性。此外，从狗牙根和石榴果实中获得的水提取物分别显示出高含量的（一）-表没食子儿茶素和（一）-表没食子儿茶素没食子酸酯，这有助于提高它们对商业酪氨酸酶和一些植物多酚氧化酶的抑制作用，以及它们对蘑菇片和朝鲜蓟茎的抗褐变性能 (Zocca et al.，2011)。在 2 个红葡萄品种的葡萄园疏枝过程中回收的未成熟浆果的汁液中也发现了高浓度的（一）-表没食子儿茶素没食子酸酯，它通过有效抑制多酚氧化酶活性而表现出强大的抗氧化和抗褐变性能，从而抑制了鲜切苹果和马铃薯的颜色变化 (Tinello et al.，2017)。果汁、糊状物、甘蔗渣中有较高含量的槲皮素（黄酮醇），这有助于提高其抗氧化和抗褐变性能 (Roldán et al.，2008)。另外，香橼松针 (Liang et al.，2014；Yu et al.，2014)、狗牙根下部 (Zocca et al.，2011) 和米糠 (Sukhonthara et al.，2016) 提取物中的酚类化合物也对一些水果和蔬菜产品显示出抗褐变的效果。

（2）有机酸

有机酸通过降低培养基中的 pH 或直接使酶失活来发挥抑制作用。对于葡萄而言，其有机酸含量不随季节变化，而是随葡萄品种和成熟度而变化。在未成熟的葡萄汁液中 pH 较低，从而提高了其防止酶促褐变的能力。柠檬酸和苹果酸不仅在未成熟的葡萄中存在，而且在凤梨的果汁中也存在，对一些鲜切水果和蔬菜的抗褐变效果也较好。柠檬酸对多酚氧化酶的抑制作用主要是由于其能够展开酶结构的构象，从而降低催化活性 (Liu et al.，2013)。

（3）其他提取物

在天然抑制剂中，烹调野甘蓝嫩叶后回收的加工水中的硫代葡萄糖苷显示出对商用酪氨酸酶和一些植物多酚氧化酶的抑制作用，以及对葡萄汁和马铃薯片的抗褐变性能。在凤梨汁中发现的半胱氨酸在香蕉片上显示出抗褐变效果，已被证明在苹果产品中作为多酚氧化酶抑制剂是有效的，通过与邻苯二酚不可逆的反应形成无色化合物。

其他天然添加剂（如精油）对控制酶促褐变也有一定效果 (Murmu et al.，2018)。柑橘类水果废弃的果皮在蒸汽蒸馏过程中产生的水溶胶可用作天然抗褐变剂，因为它们萜类化合物的含量较高，如肉豆蔻烯、刺桐烯、香叶醇和柠檬醛，它们对商业蘑菇的酪氨酸酶起到混合型抑制剂的作用，根据底物类型和浓度的不同，抑制程度也不同（22%～69%）(Lante et al.，2015)。

简而言之，天然提取物的抗褐变效果不仅取决于生物活性化合物的类型、浓度及其提取方法，还取决于酶源（Klimczak et al.，2017）。十字花科植物加工的水使从马铃薯和朝鲜蓟中提取的蔬菜多酚氧化酶失活约40％，狗牙根和石榴提取物使朝鲜蓟、马铃薯和梨多酚氧化酶的活性分别降低了87％、51％和83％。此外，未成熟葡萄的汁液对苹果和马铃薯多酚氧化酶的同工酶有抑制作用，但对梨多酚氧化酶无任何影响。

天然提取物可以单独使用或与其他抗褐变剂结合使用，在鲜切产品中可以浸渍处理或加入食用涂层配方以及在果汁中直接添加的方式使用。

（4）几种植物提取物

① 洋葱提取物

洋葱被认为是一种具有多种益处的健康食品，因为它含有多种功能性化合物，例如花青素、山奈酚、槲皮素、异鼠李素和烷基半胱氨酸亚砜。此外，洋葱提取物可通过抑制多酚氧化酶活性来抑制马铃薯的酶促褐变。不仅新鲜的洋葱提取物可以，加热的洋葱提取物也可以防止马铃薯褐变，且加热的洋葱提取物比新鲜的洋葱提取物更有效。洋葱提取物对马铃薯多酚氧化酶的抗褐变效果取决于加热温度，加热能显著提高洋葱的多酚浓度、抗氧化活性和金属螯合能力（Kim et al.，2005）。此外，补充葡萄糖和甘氨酸进一步提高了洋葱提取物对多酚氧化酶的抑制作用（Lee et al.，2002）。在另一项研究中，洋葱提取物抑制了梨的酶促褐变。水基洋葱提取物显著抑制了梨的多酚氧化酶活性，加热后抑制进一步加强。加热温度和时间与洋葱提取物对多酚氧化酶活性的抑制作用程度呈正相关。20～100 mg/mL 的加热洋葱提取物对梨褐变表现出剂量依赖性抑制作用。因此，热处理和洋葱提取物处理可以作为保持苹果汁颜色和增加其营养质量的有效方法。

② 凤梨提取物

凤梨是一种全球流行的水果，可以新鲜食用或以各种加工形式食用。凤梨汁可以用作抗褐变剂。据报道，凤梨汁和亚硫酸盐作用相当，亚硫酸盐是一种广泛使用的抑制剂，用于抑制果干的酶促褐变。当使用不同大小和电荷分离程序对凤梨汁进行分馏时，所有馏分都抑制了至少26％的粗苹果提取物的酶促褐变。凤梨汁对香蕉的抑制作用也有报道。当香蕉片在15 ℃下用凤梨汁处理3 d时，凤梨汁显著抑制了香蕉片的褐变。该效果与8 mmol/L 抗坏血酸效果相当，但抑制效果低于4 mmol/L 焦亚硫酸钠。对直接洗脱部分的进一步分析表明，苹果酸和柠檬酸是可以抑制香蕉多酚氧化酶活性的主要化合物（Chaisakdanugull et al.，2007）。

③ 米糠提取物

米糠是具有抗氧化特性和具有抑制活性的血管紧张素Ⅰ转换酶（ACE）

的生物活性肽的潜在来源。米糠含有酚酸等化合物，主要是羟基肉桂酸，如苯甲酸以及肉桂酸的替代品，以及其他生物活性植物化学物质，如谷维素、生育酚、生育三烯酚、植物甾醇和磷脂，可作为抗氧化剂和抑制剂来抑制水果和蔬菜的酶促褐变。米糠提取物对多酚氧化酶的抑制作用取决于果蔬来源，其在切片马铃薯中比在香蕉或苹果中更有效。米糠对马铃薯多酚氧化酶的抑制作用取决于 pH 和温度。Sukhonthara 等（2016）比较了全脂米糠提取物和商业脱脂米糠提取物抑制马铃薯和苹果泥中酶促褐变的能力。与商业脱脂米糠提取物相比，全脂米糠提取物显示出更有效的多酚氧化酶活性抑制能力。阿魏酸和对羟基肉桂酸分别来自全脂米糠提取物和商业脱脂米糠提取物，是抑制马铃薯和苹果褐变的活性化合物。

④ 其他植物提取物

蜂蜜、辣椒提取物对甘薯酶促褐变也有抑制作用。其中蜂蜜的抑制率最高（41.39%～48.0%），与 L-抗坏血酸相当。以 4-甲基邻基二酚为底物时，鲜辣椒提取物对多酚氧化酶的抑制率（45.97%）高于加热提取（Yee et al.，2019）。

存在于水果和草药中的桑橙素和日当药黄素也是强抗氧化剂，对马铃薯具有抗褐变活性。日当药黄素（5～500 $\mu mol/L$）表现出抗氧化活性，在体外细胞培养实验中显著抑制了活性氧的生成，比抗坏血酸更好地抑制酶促褐变。在一项体外研究中，10 $\mu mol/L$ 的桑橙素将活性氧的含量减少了大约 80%，而 10 $\mu mol/L$ 的维生素 C 将其减少了大约 43%。当添加到马铃薯中时，用桑橙素处理显著降低了马铃薯上清液中活性氧水平（Moon et al.，2019）。桑橙素在 4 ℃下可抑制马铃薯上清液的酶促褐变长达 5 周。

有研究在桑科植物中发现了强烈的酪氨酸酶抑制活性。具有酪氨酸酶抑制活性的活性化合物包括黄酮（30%）、黄烷酮（14%）和 2-芳基苯并呋喃（10%），其抑制作用与曲酸相当。另一项研究调查了存在于桑树根皮中的 2-芳基苯并呋喃的抗氧化和抗褐变潜力，包括桑呋喃 A、桑呋喃 D2、桑呋喃 D、桑呋喃 B 和桑呋喃 H。所有化合物均表现出 1，1-二苯基-2-三硝基苯肼（DPPH）自由基清除活性，IC_{50} 范围为 11.58～55.73 $\mu mol/L$。其中，桑呋喃 H 和桑呋喃 B 显示出很强的抗氧化活性 [IC_{50} 分别为（11.58±0.85）mmol/L 和（12.99±0.43）mmol/L]。此外，当使用 L-酪氨酸和 L-多巴作为底物通过酪氨酸酶抑制试验测试抗褐变特性时，桑呋喃 H [IC_{50}：L-酪氨酸为（4.45±0.55）$\mu mol/L$，L-DOPA 为（19.70±0.54）$\mu mol/L$] 表现出最强的抑制作用，与曲酸相当 [IC_{50}：L-酪氨酸为（4.49±0.09）$\mu mol/L$，L-DOPA 为（7.08±0.57）$\mu mol/L$]。其他化合物的抑制作用强度取决于底物（Paudel et al.，2020）。

2. 植物精油

（1）植物精油概述

当植物进行光合作用时，细胞分泌出的芳香分子会聚集成香囊散落于花瓣、叶子、果实或树干等部位上，将其蒸馏、萃取后即为植物精油，又称挥发油、芳香油和香精油，具有一定的芳香气味。其常温下呈油状液体，难溶于水，易溶于有机溶剂。

精油（EO）是植物形成的次生代谢物，这些代谢物保护植物免受生物和非生物胁迫的影响。植物精油含有 100 多种挥发性成分，不同种属的植物中所含有的挥发性成分相差很大。多数植物精油的成分由芳香族、萜烯类、脂肪族和含硫含氮化合物组成。其中萜烯类在精油中所占的比重较大。芳香族类成分作为精油中第二大化学成分，具有良好的防腐性且可起提神作用，同时具有无公害性和安全性。

精油和提取物因其安全性、天然成分以及在食品中的应用而引起了科学界的兴趣。由于它们的低毒性和显著的抗菌和抗氧化活性，植物精油被认为是人工食品添加剂的合适替代品。

（2）精油的组成

精油的化学成分复杂，一种精油可能含有 20～60 种不同的生物活性成分，主要分为 4 大类：萜烯类化合物、芳香族化合物、脂肪族化合物以及其他类化合物。

萜烯类化合物简称萜，是分子式为异戊二烯的整数倍的烯烃类化合物，用化学式 $(C_5H_8)_n$ 表示。萜烯是一类广泛存在于植物体内的天然碳氢化合物，可从许多植物中得到。据统计，目前已知的萜类化合物的总数超过了 22 000 种。根据萜类化合物的结构可以分为：单萜（由 2 个异戊二烯单位组成），如月桂烯、薰衣草烯、草酚酮、樟脑、蒎烯、茴香醇等；倍半萜（由 3 个异戊二烯单位组成），如金合欢烯、α-桉叶醇、β-杜松烯、广藿香酮等；二萜（由 4 个异戊二烯单位组成），如油杉醇等；二倍半萜（由 5 个异戊二烯单位组成）；三萜（由 6 个异戊二烯单位组成）；四萜（由 8 个异戊二烯单位组成）；多聚萜（由 8 个以上异戊二烯单位组成）。萜烯类化合物是植物精油的主要成分，植物精油中的萜烯类化合物以单萜及倍半萜类为主，其中含氧衍生物的大多生物活性较强或具有芳香气味。

芳香族化合物是植物精油中的第二大类化合物，仅次于萜烯类化合物。主要有 2 类衍生物：一类是萜源衍生物，如百里香草酚、孜然芹烯、α-姜黄烯等；另一类是苯丙烷类衍生物，其结构多具有 C_6—C_3 骨架和含有 1 个丙烷基的苯酚化合物或其酯类，如桂皮醛、丁香酚等，也有少部分具有 C_6—C_2 骨架，如玫瑰精油中的苯乙醇。

小分子脂肪族化合物几乎存在于所有植物精油中，但其含量相对较少，如鱼腥草精油中的甲基正壬酮、香茅精油中的异戊醛、缬草精油中的异戊酸等。除上述 3 类化合物外，有些具有辛辣刺激性的植物精油中含有含硫含氮类化合物。如大蒜精油中的大蒜素（二烯丙基三硫醚）、二烯丙基二硫醚、二烯丙基硫醚（Li et al.，2017），黑芥子精油中的异硫氰酸烯丙酯，柠檬精油中的吡咯，洋葱中的三硫化物等。

不同精油的主要生物活性成分及比例不同，丁香精油含有 75%～85%丁香酚，牛至精油含有 15%对聚伞花序和 30%香芹酚、8-桉叶素、鼠尾草精油含有 42% α-侧柏酮。不同精油中的生物活性化合物不同，其所占的比例也不同，因此，植物精油在生物学功能上具有差异性。

一般而言，每种精油中可能含有 2～3 种成分，所占比例较大的活性成分在很大程度上直接决定了该植物精油的生物学特性。百里香酚和香芹酚是百里香油的主要成分。这 2 种化合物都被称为抗氧化剂，作为保护食品品质的添加剂。植物精油的酚类成分能够与过氧自由基结合，通过降低自由基活性或有效清除自由基来发挥抗氧化的效果，而萜烯类物质则通过提高体内抗氧化酶的活性来参与抗氧化作用。

（3）植物精油的抗褐变效果

将不同精油（5 μL/L、10 μL/L、15 μL/L 肉桂精油，5 μL/L、10 μL/L、15 μL/L 百里香酚精油）雾化后，在（4±1）℃条件下对荔枝进行保鲜，发现精油的保鲜作用显著延缓了果皮的褐变（林铭杰等，2019）。研究精油（丁香、肉桂醛和百里香）熏蒸处理对双孢蘑菇褐变和采后品质的影响发现，所有的精油都可以抑制蘑菇的衰老，其中最有效的化合物是肉桂醛。此外，5 μL/L 肉桂醛熏蒸处理在蘑菇贮藏期间抑制了多酚氧化酶和过氧化物酶的活性，增加了苯丙氨酸解氨酶的活性。因此，采后精油熏蒸处理对提高蘑菇品质有积极作用（Gao et al.，2014）。丁香油对酶促褐变也具有抑制作用，丁香精油（0.05%）和丁香酚（0.05%）显著抑制了生菜表面和内部的酶促褐变，褐变相关酶中的苯丙氨酸解氨酶、多酚氧化酶和过氧化物酶得到显著抑制。抑制动力学和对接分析表明，丁香酚通过与其活性位点的相互作用竞争性地抑制这些褐变相关酶（Chen et al.，2017）。丁香酚也能抑制鲜切荸荠的褐变，其通过抑制苯丙氨酸解氨酶的活性，降低酚酸类物质的合成而达到褐变抑制效果（Teng et al.，2020）。二丙基二硫化物和二丙基三硫化物是洋葱精油（OEO）中的主要成分，使用 0 mg/mL、0.5 mg/mL、2.5 mg/mL 和 5 mg/mL 的洋葱精油处理鲜切马铃薯后，在 4 ℃下贮藏 15 d，0.5 mg/mL 的施用剂量对抑制贮藏期间马铃薯褐变最有效，并且显著抑制了多酚氧化酶的活性（Vazquez et al.，2014）。有研究发现，经植物杀菌素乙醇溶液处理后的鲜切生菜比植物杀菌素水溶液处理的样品显示出了更高的亮度值（L^*）和更低的总色差值（ΔE）、褐变指数，另外，褐变相关酶的活性（多酚氧化酶、过氧化物酶、苯丙氨酸解氨酶）也更低。表明植物杀菌素处理可作为控制鲜切生菜酶促褐变的有效方法，且乙醇溶液中的植物杀菌素效果更佳（Kim et al.，2014）。

许多精油不稳定，微胶囊化可以增加其稳定性并改变释放特性。Alikhani等（2014）研究了微胶囊化的百里香和迷迭香对新鲜蘑菇的影响，并评估在（4±0.5）℃下贮藏15 d的物理化学变化及质量变化。所有处理都降低了产品的质量损失，且多酚氧化酶和过氧化物酶的活性显著降低。贮藏15 d后，微胶囊化的迷迭香的 L^*、ΔE 和褐变指数变化最小，微胶囊化迷迭香抑制酶促褐变的效果最好，提高了蘑菇的质量并延长了保质期。

另外，通过纳米乳液将纳米液滴固定在新鲜食品表面可能是一种很有前景的方法。乳液液滴的粒径是具有规则和均匀涂层的重要参数。当使用乳液液滴的颗粒较大时，系统会聚集并获得不规则的涂层。此外，在基于纳米乳液的可食用涂层中加入壳聚糖和 α-生育酚可制造一种有效的氧气屏障，限制多酚氧化酶对苹果的作用，与传统技术相比，显著降低其褐变指数，并可以在贮藏过程中保持颜色（Zambrano et al.，2014）。也有研究发现，涂有柠檬草精油纳米乳液的鲜切富士苹果的褐变指数低于未涂覆的对照样品（Salvia et al.，2015）。

3. 发酵液

植物乳杆菌是乳酸菌的一种，与其他乳酸菌相比，该菌的活菌数较高，除能产生大量调节 pH 和降解重金属的有机酸外，还能产生细菌素、过氧化氢、双乙酰等抗菌物质，可作为生物防腐剂抑制病原微生物的生长。植物乳杆菌能够降低荔枝果皮的微生物含量，同时保持花色苷含量和降低果皮褐变程度（Martínez et al.，2011）。植物乳杆菌产生的乳酸能够酸化红毛丹果实的果皮和抑制褐变，植物乳杆菌处理还能保持其果皮的色泽和降低水分的损失。这说明植物乳杆菌不仅能减轻果蔬的褐变与腐烂，还能保持果蔬的营养品质和减少水分的损失。植物乳杆菌发酵液也能使双孢蘑菇保持较好的颜色，抑制总酚的积累和多酚氧化酶的活性。此外，有研究表明，产乳酸芽孢杆菌发酵液也能够有效抑制鲜切山药中多酚氧化酶和过氧化物酶活性，降低褐变程度（曹丽萍等，2019）。

除了微生物发酵液外，豌豆发酵液对马铃薯褐变也有显著抑制效果。王洪斌等（2016）进一步研究发现，豌豆发酵液可以通过改变酶的二级结构发挥抑制作用。

三、其他控制技术

褐变控制除了抑制酶活性、还原醌类产物或者通过抗氧化作用抑制底物的氧化等方法外，还可以采用物理方式（比如气调包装、可食性涂膜等）隔绝氧气使褐变反应产物无法与底物发生接触，从而达到控制褐变的目的。

(一) 气调包装/贮藏

鲜切果蔬在切割后会发生一系列生理生化反应，如呼吸强度增加等，同时切割表面使细胞破损、酶和底物之间的间隔被打破，从而导致底物更容易与酶和氧气接触，在切割表面会发生快速的酶促褐变反应，产生黑色素，造成商品品质下降。气调包装通过调整气体成分，降低氧气含量，提高二氧化碳含量，从而延缓鲜切褐变的发生。

另外，果蔬在收获后继续进行呼吸作用和蒸腾作用，在贮藏过程中，由于温度波动，或者气体成分比例失调，造成冷害或者气体伤害，引起果蔬内部褐变。气调贮藏通过调节贮藏环境中的气体成分来调节呼吸强度和其他生理代谢强度，延长产品的初始新鲜状态，延长易腐烂果蔬产品的保质期，从而间接减缓原料的内部褐变。因此，在果蔬发生冷害和气体伤害的时候，可以通过控制气体成分和温湿度等，达到控制褐变的目的。

1. 气调包装抑制鲜切果蔬的褐变

植物器官与所处环境发生的气体交换主要有 4 个步骤。①在植物器官的表层气相进行扩散。②气相在植物器官内部细胞间发生扩散。③细胞间隙的气相与细胞液发生的气体交换，这与植物器官内部细胞空间分布和呼吸强度有关。④细胞内产生气体并向周围扩散，当细胞液内产生 CO_2 与 C_2H_4 时，局部的气体浓度增加会加速气体向细胞间隙及其附近的细胞壁表面扩散。产生的气体进入细胞间隙后继续向浓度低的区域扩散，进而扩散至更深层次。

气调包装由于其较低的氧气和较高的二氧化碳含量，可以控制鲜切果蔬褐变，从而延长其货架期。因此，在果蔬中，通过减少氧气（同时注意避免无氧呼吸）可以减少褐变效应。采用这种技术，许多学者研究了不同自发气调包装（MAP）处理对果蔬的影响。例如，评估不同材料对鲜切桃 MAP 的效果发现，聚烯烃袋是最合适的薄膜，因为多酚氧化酶活性在这一包装膜的处理下降低。对去核波罗蜜果实进行不同 MAP 处理（结合抗氧化剂和钙洗处理）后评估褐变指数发现，在 6 ℃下可将样品的保质期延长 35 d，且其褐变程度显著降低。在鲜切梨中使用高浓度的 CO_2 可以保持品质参数（如硬度或颜色）并且抑制褐变。与气调包装中的氮气（100% N_2）相比，由于存在 CO_2（2.5% O_2＋7% CO_2＋90.5% N_2），酶活性（多酚氧化酶）显著降低。然而，这些技术的抑制效果可能是短暂的。当样品与氧气接触时（例如打开包装），褐变可能会重启。此外，低氧和高二氧化碳的环境不能有效抑制苹果、香蕉、马铃薯或朝鲜蓟等酚类含量较高的鲜切水果和蔬菜的褐变（Rojas et al.，2007）。因此，MAP 系统常常与其他抗氧化处理相结合，以延迟鲜切组织的褐变。

MAP 与其他褐变调控技术（如半胱氨酸洗涤）联合处理可以更有效地控制果蔬褐变。研究表明，N_2O 混合物（90% N_2O+5% CO_2+5% O_2）可有效抑制颜色变化，前提是将其与抗褐变浸渍剂（抗坏血酸和柠檬酸）结合使用。事实上，在空气中包装的未浸渍样品和在 N_2O 混合物中包装的样品，在贮藏第 1 d 后就表现出较高的褐变程度（约 90%）。如果采用浸渍法，气调包装的样品在整个贮藏期内的褐变水平（10%～20%）则显著低于未处理的样品（Cocci et al.，2006）。Cortellino 等（2015）研究了鲜切"金冠"苹果在常规气调、结合或不结合浸渍处理（柠檬酸和抗坏血酸）的气调中的褐变情况。结果表明，浸渍工艺步骤使褐变指数从 28 下降到 26，说明气调结合浸渍处理能更好地抑制鲜切苹果的褐变。

一些新材料被引入到 MAP 中，例如将 ZnO 纳米粒子引入到聚乳酸基质中，在 4 ℃ 下能保持鲜切苹果贮藏 14 d 并保持原有品质，抑制了鲜切苹果中多酚氧化酶活性，抑制其酶促褐变的发生。此外，可持续材料的使用也在活性包装中发挥着重要作用，例如洋葱固体废弃物用于生产活性包装，可以减少鲜切造成的褐变发生率（Cortellino et al.，2015）。

一些惰性气体也表现出对褐变相关酶的抑制作用。氩气对多酚氧化酶的影响结果表明，苹果和蘑菇中的多酚氧化酶在富含氩气的环境中比富含氮的环境中活性更低，且氩气环境中蘑菇和苹果多酚氧化酶的米氏常数大于相同水平的氮气环境。当氧气以最大浓度（21%）存在，并且利用氩气调控时，仍可观察到对 PPO 活性的抑制作用，这种作用是竞争性抑制（O'Beirne et al.，2011）。与未处理组相比，氮气和氩气都显著降低了多酚氧化酶活性，酶与其底物的反应性均比较低。氩气处理的酪氨酸酶活性比直接氮处理的酶活性低 14.2%，酶和底物的混合物降低了 22.6%（Zhang et al.，2001）。这可能是因为氩气比氮气具有更好的降低溶解氧水平的能力，而溶解氧的存在是酪氨酸酶催化反应所必需的。

2. 气调贮藏控制果蔬原料内部/表皮褐变

气调贮藏是指在冷藏的基础上，人为改变贮藏环境的气体成分，在维持贮品生命的前提下尽可能降低其呼吸作用、蒸腾作用，削弱其体内酶活力，抑制贮藏环境中与贮品表面和内部的微生物及激素等不良作用，以延缓贮品的生理代谢过程，推迟其后熟、衰老及腐败，抑制其褐变的发生，是在贮藏期间保持良好的品质及商品价值的一种贮藏方式。在果蔬产品贮藏期间，通过调节库内的 CO_2 及 O_2 的比例可以降低果蔬产品的呼吸作用及乙烯生成率，抑制其褐变的发生。由于其能够减小果蔬产品的呼吸作用、蒸腾作用及抑制微生物的作用，故可以减小贮藏过程中果蔬产品的质量损失及品质劣变。由于气调贮藏的环境是低氧环境，故可以有效抑制霉菌等好氧菌的生长繁殖，从而保持果蔬产品的品质。气调贮藏过程中不用任何化学物质处理，且气体组成与空气相近，不会使果蔬产品产生对人体有害的物质；制冷系统封闭循环，提高相对湿度时采用的是饮用水，故不会对果蔬产品产生二次污染。气调贮藏期间果蔬产品质量损耗很少，故在出库后产品依然能够保持良好的品质，其内外品质与新采摘的状态相差极小（Putnik et al.，2017）。气调贮藏后的果蔬产品出库时的良好品质与其具有较强的环境承受能力有关，使果蔬在出库后的环境条件较贮藏时的环境条件发生了很大的变化后仍能够较好保存，故经气调贮藏后的果蔬产品的货架期可延长 21～28 d，是普通冷藏库的 3～4 倍。

（1）气调温度

温度是决定果蔬产品贮藏效果的关键，温度波动会造成果蔬出现病害，其症状表现为内部黑心和表面褐变等。气调贮藏通常采用比普通贮藏更高的贮藏温度，避免了温度波动和温度较低造成的冷害等现象。冷害常常是果蔬原料表皮和果肉褐变发生的最主要原因。各种不同园艺产品贮藏温度有所差别，同一种类不同品种的贮藏温度也存在差异，成熟度不同也会影响贮藏温度。苹果的贮藏温度稍低，苹果中的晚熟品种（如"国光""秦冠"等）应采用 0 ℃，而早熟品种则应采用 3～4 ℃。选择和设定的温度太高，贮藏效果不理想；太低则易引起冷害，甚至冻害，引发褐变。为了达到理想的贮藏效果和避免田间热的不利影响，绝大多数新鲜果蔬产品贮藏初期降温速度越快越好，但对于部分园艺产品（如中国梨中的白梨）应采取逐步降温方法，避免贮藏中冷害的发生。另外，在选择和设定适宜的贮藏温度的基础上，需要维持库房中温度的稳定。温度波动太大，往往造成产品失水。贮藏环境中水分过饱和会导致结露现象，这一方面增加了湿度管理的困难程度，另一方面液态水的出现有利于微生物的活动和繁殖，致使病害发生，腐烂增加。因此，贮藏过程中温度的波动应尽可能小，最好控制在±0.5 ℃以内。此外，库房空间的温度要均匀一致，这对于长期贮藏的新鲜园艺产品来说尤为重要。因为微小的温度差异，在长期积累下可造成严重的后果。当冷藏库的温度与外界气温有较大的温差时（通常超过5 ℃），冷藏的新鲜园艺产品在出库前需经过升温过程，防止"出汗"现象的发生。升温最好在专用升温间或在冷藏库房穿堂中进行。升温的速度不宜太快，气温比品温高 3～4 ℃即可，直至品温比正常气温低 4～5 ℃时停止。出库前需催熟的产品可结合催熟进行升温处理。综上所述，冷藏库温度管理的要点是适宜、稳定、均匀及合理的温度控制（包括贮藏初期降温和商品出库时升温的速度）。

（2）相对湿度

对于绝大多数新鲜果蔬产品来说，相对湿度应控制在 $80\% \sim 95\%$，较高的相对湿度对于控制新鲜园艺产品的水分散失十分重要。水分损失除直接减轻了重量以外，还会使果蔬产品新鲜程度和外观质量下降（出现萎蔫等症状），食用价值降低（营养含量减少及纤维化等），促进成熟衰老和病害的发生。与温度控制相似的是相对湿度也要保持稳定。要保持相对湿度的稳定，维持温度的恒定是关键。库房建造时，增设能提高或降低库房内相对湿度的湿度调节装置是维持湿度符合规定要求的有效手段。

3. 常见果蔬贮藏气体比例

苹果的推荐气体环境为 O_2 浓度 $1\% \sim 2\%$，CO_2 浓度 $1\% \sim 3\%$，N_2 浓度 $95\% \sim 98\%$；杏的推荐气体环境为 O_2 浓度 $2\% \sim 3\%$，CO_2 浓度 $2\% \sim 3\%$，N_2 浓度 $94\% \sim 96\%$；香蕉的推荐气体环境为 O_2 浓度 $2\% \sim 5\%$，CO_2 浓度 $2\% \sim 5\%$，N_2 浓度 $90\% \sim 96\%$；葡萄的推荐气体环境为 O_2 浓度 $2\% \sim 5\%$，CO_2 浓度 $1\% \sim 3\%$，N_2 浓度 $92\% \sim 97\%$；柑橘的推荐气体环境为 O_2 浓度 $5\% \sim 10\%$，CO_2 浓度 $0\% \sim 5\%$，N_2 浓度 $85\% \sim 95\%$；西兰花的推荐气体环境为 O_2 浓度 $1\% \sim 2\%$，CO_2 浓度 $5\% \sim 10\%$，N_2 浓度 $88\% \sim 94\%$；黄瓜的推荐气体环境为 O_2 浓度 $3\% \sim 5\%$，CO_2 浓度 0%，N_2 浓度 $95\% \sim 97\%$；抱子甘蓝的推荐气体环境为 O_2 浓度 $1\% \sim 2\%$，CO_2 浓度 $5\% \sim 7\%$，N_2 浓度 $91\% \sim 94\%$；辣椒的推荐气体环境为 O_2 浓度 3%，CO_2 浓度 5%，N_2 浓度 92%（Sandhya，2010）。

（二）可食性涂膜

1. 概述

可食性膜是由天然可食性大分子材料制成的选择透过性薄膜，通过控制果蔬内部气体交换、隔绝氧气、阻止空气与食品接触而减少食品的氧化反应，从而抑制果蔬的褐变。主要用于合成可食用薄膜或涂层的成分可分为 4 类：蛋白质、多糖、脂类和复合材料。这些材料通常是从植物中提取的，是环保和可持续的。商业上通常使用的可食用薄膜包括新合成的蜡、聚酯、油、树脂和蔗糖脂肪酸薄膜、胶原蛋白制成的香肠外壳、巧克力制成的薄膜、紫胶制成的糖果薄膜等。涂膜技术是将以天然可食性大分子物质（如多糖类、蛋白质类和脂类等）为主要成分的膜液涂抹或喷洒在食品表面，干燥后在食品表面形成一种结构紧密、具有一定抗拉强度的薄膜。可食性涂膜的原料为天然可食性物质，无毒性。这种膜具有阻隔性能，防止由于食品与空气中的 O_2、CO_2 等气体接触而引起品质败坏。

2. 蛋白质类涂膜

蛋白质通常以纤维蛋白或球状蛋白的形式出现。纤维蛋白不溶于水，是动物组织的主要结构材料；而球状蛋白既可溶于水，又可溶于酸、碱或盐水溶液，在生命系统中发挥各种功能。蛋白质的理化特性完全取决于氨基酸取代基的排列和它们在聚合物链上的相对数量。蛋白质溶液或分散体用于合成膜和涂层，需要的溶剂通常限于乙醇、水或乙醇-水组合。通常，蛋白质的变性是通过酸、碱等溶液和热来实现的，形成膜需要额外的溶剂。蛋白质主要依靠分子中的氢键、二硫键和离子键等化学键，通过相互偶极作用和疏水作用等作用力维持其稳定结构。在水溶液中，蛋白质分子因其表面具有水化膜，所以具有稳定性。但也可以通过其他方法来破坏蛋白质的水化膜使蛋白质变性，进而破坏蛋白质分子间的作用力，导致其亚基解离、分子结构延伸、内部疏水基团暴露。疏水基团暴露可以加强分子间的相互作用，同时分子内新二硫键的合成使立体网络结构形成，在适当条件下即可得到具有一定强度和阻隔性的膜。但这种情况下形成的膜对蒸汽、液体和气体的渗透性较差。因此，蛋白质薄膜或涂层被认为是高效的氧阻滞剂。不同种类的蛋白质已被用于生产由乳清蛋白、小麦麸质、明胶、玉米醇溶蛋白、酪蛋白和大豆蛋白组成的健康食用薄膜。

氧气是酶促褐变的重要因素，排除氧气是阻止酶促褐变的重要环节。蛋白质类涂膜具有很强的阻隔性，蛋白质膜包裹果蔬后，形成阻氧扩散层，抑制与氧气的接触，防止褐变的发生。此外，蛋白质类涂膜也具有一定的气调作用，对果蔬的酶促褐变有很好的抑制作用。一方面，利用蛋白膜对氧气的通透性使果蔬表面的 O_2 浓度维持在较低水平，不但抑制了褐变，而且降低了果蔬的呼吸作用与乙烯的产生，有利于贮藏；另一方面，在成膜剂中加入抗氧化剂、抗褐变剂可以降低果蔬的氧化变质与变色。人们对用蛋白质等天然可再生聚合物制造可食用薄膜很感兴趣，这些薄膜用于减少食品的水分流失，限制氧气的透气性，减少脂肪的流失，改善食品的机械性能，增强食品的感官性能，使食品包装的降解性符合环境要求，提高食品的营养价值。

(1) 大豆分离蛋白膜

大豆蛋白是一种质优价廉、来源丰富的植物蛋白。大豆蛋白分子中存在大量的氢键、疏水键、离子键等，同时具有许多重要的功能特性，使得大豆蛋白具有较好的成膜性能。大豆分离蛋白膜在蛋白质类可食性膜中应用最为广泛，其具有较高的拉伸强度、良好的弹性和韧性、优良的防潮性、阻隔性、成膜性、可食用性及可降解性，还具有一定的抗褐变能力，阻止 O_2 渗入，是一种天然安全的涂膜材料。大豆分离蛋白膜具有很多优点：采用蛋白质制备的膜透气性很低，大豆分离蛋白膜对 O_2 的透性比低密度 PE 膜（以特殊聚乙烯塑料薄膜为基材的膜）、甲基纤维素膜、淀粉膜和果胶膜低；蛋白质分子之间的交联作用较为强烈，膜的机械特性优于多糖和脂肪膜；它可提高食品的营养价值。

Liu 等（2012）研究发现，5％大豆分离蛋白溶液中添加 200 mg/kg 茶多酚涂膜处理后，可延长红富士苹果的贮藏期，并能较好地保持贮藏期苹果果实的褐变程度。Lin 等（2010）以大豆分离蛋白、壳聚糖和褐藻酸钠为涂膜材料，制得鲜切马铃薯的复合保鲜膜，结果表明大豆分离蛋白复合涂膜可有效降低失重率，抑制鲜切马铃薯的褐变强度，保持鲜切马铃薯片的感官品质。

（2）小麦面筋蛋白膜

麦麸是小麦粉的疏水蛋白，被认为是由多肽分子结合而成的球状蛋白。面筋的黏性和弹性等特性有助于成膜过程。麦麸含有小麦粉蛋白的 2 种成分，即麦胶蛋白和谷蛋白，麦胶蛋白可溶于 70％乙醇中。尽管低离子强度的小麦面筋可以溶解在高 pH 或低 pH 的水溶液中，但不溶于水。在可食用薄膜和涂层的合成过程中，小麦面筋的乙醇水溶液会发生干燥。在薄膜或涂层干燥过程中，加热成膜溶液时，旧的二硫键会断裂，最新的二硫键会随着氢键和疏水键一起形成。增塑剂与甘油一起被用来增强薄膜和涂层的柔韧性。小麦面筋的纯度对面筋膜的外观及力学性能有很大影响。更纯的面筋可以形成更稳定、更清晰的膜。用喷雾干燥法合成的小麦面筋膜比用含有高粒径颗粒的闪干法合成的膜更稳定。小麦面筋含水量的增加提高了 CO_2 和蛋白质基质之间的亲和力。

Chen 等（2002）在常温条件下对荔枝进行小麦面筋蛋白涂膜处理保鲜试验，依据贮藏期间果皮褐变、感官指标和营养成分的变化评定保鲜效果时发现，这种保鲜技术可使荔枝的保鲜期由 3 d 延长到 7 d，果皮褐变情况也得到较好的控制。

（3）玉米醇溶蛋白膜

玉米是玉米醇溶蛋白的主要来源，玉米醇溶蛋白是一种可溶于 70％～80％乙醇的脯氨酸蛋白（Dickey et al.，2001）。玉米醇溶蛋白本质上是疏水的。非极性氨基酸的高含量是其具有疏水性的原因之一。玉米醇溶蛋白具有良好的成膜特性，可制备生物降解膜和涂层，形成的玉米醇溶蛋白生物膜和涂层中存在氢键和二硫键。玉米醇溶蛋白的乙醇水溶液干燥可制成薄膜和涂层。增塑剂也用于玉米醇溶蛋白薄膜和涂层的合成，以产生柔韧性。玉米醇溶蛋白膜或涂料是很好的防潮膜，可用脂肪酸或交联剂改善玉米醇溶蛋白薄膜和涂层的水蒸气阻隔特性。

Hai 等（2011）研究了玉米醇溶蛋白膜涂膜保鲜对黄金梨的影响，结论表明涂膜保鲜能够使黄金梨失重率和呼吸强度得到显著降低，并减少了总酸、维生素 C 和还原糖含量的降低。

（4）乳清蛋白膜

乳清蛋白营养成分丰富，含有人体必需的氨基酸、维生素、矿物质。乳清蛋白在乳蛋白中所占比例为 20%，还含有约 54% 的 β-乳球蛋白和 21% 的 α-乳白蛋白。蛋白质由一系列氨基酸组成，这些氨基酸在加热时，乳清蛋白由二硫基和巯基的氧化聚合形成，乳清蛋白透明膜具有营养价值高、柔韧、无臭等良好的功能特性。膜的性质受蛋白质的氨基酸组成及组成顺序以及通过氢键和二硫键影响氨基酸和羧基之间离子交联条件的影响（Tien et al.，2000）。它指出了制备膜的溶液中保持蛋白质平衡的重要性。这种平衡阻止了蛋白质间相互作用力导致的疏水残基的形成。这种平衡受 pH 和温度的影响。研究表明，在 pH 分别为 9、8 和 7，温度为 68 ℃、70.5 ℃ 和 76.5 ℃，升温速率为 6 ℃/min 时，平衡效果最为显著，获得的膜具有较高的保留率和机械性能。

乳清蛋白膜较脆弱，可使用增塑剂加强其韧性，同时也可增加水和氧的渗透性。Schmid 等（2013）证实，使用塑化程度较低的水解乳清蛋白可以改变薄膜的机械性能，降低薄膜的拉伸和弹性，同时保持水蒸气的透气性。采用乳清蛋白可食性膜对樱桃番茄进行涂膜保鲜试验发现，乳清蛋白可食性膜在一定程度上减缓了樱桃番茄的腐烂和失重，具有一定的保鲜作用。Tien 等（2001）采用乳清蛋白膜对苹果和马铃薯进行研究，发现乳清蛋白膜可有效降低其自身的呼吸作用，保持营养成分，阻止氧化褐变，延长货架期。Perez 等（2005）利用乳清蛋白涂膜保护鲜切苹果，研究涂膜液对鲜切苹果颜色褐变和失重率的影响。结果表明乳清蛋白涂膜能有效降低鲜切苹果的褐变，但对失重率无显著影响。有学者研究了甘油（Gly）和海藻糖（Tre）塑化乳清蛋白纳米纤维（WPNF）的可食用涂层，结果表明，WPNF 的形成提高了膜的表面光滑度、均匀性、连续性、疏水性和透明度，降低了膜的含水率和水溶性。对鲜切苹果包衣在贮藏过程中的性能进行了分析。结果表明，含 WPNF（5%）、Gly（4%）和 Tre（3%）的涂料对抑制总酚含量、褐变和产品失重的效果最好。总的来说，低成本、高生物相容性和消费者在口味测试中的接受度支持了这些优化的 WPNF 薄膜的应用。

3. 多糖类涂膜

多糖是在植物、细胞和昆虫的外部结构中发现的生物物质。多糖是一种天然聚合物，广泛用于制备可食用薄膜或涂层，包括淀粉、纤维素、果胶及其衍生物（Elsabee et al.，2013）。由于多糖的高黏度，其功能特性使其适合在食品工业中作为稳定剂、增稠剂、胶凝剂和加强剂。此外，由于其亲水性、可再生性，可形成具有良好机械性能的可食用薄膜，保持食品的风味，延长食品的货架期。由于多糖能够通过氢键在聚合物链之间形成交联网络，其特点是对气体、风味化合物和脂肪物质具有良好的存储性能。这增加了薄膜对气体的保留，同时由于其亲水性降低了水蒸气屏障（Cazón et al.，2017）。多糖由于其有序的氢键网络形状，是一种有效的氧阻滞剂。但由于多糖本质上是亲水的，因此使用多糖聚合物制作的涂层具有较差的水蒸气阻隔性能，无法作为防潮屏障使用。多糖涂层无色，可用于延长水果、蔬菜或肉类产品的保质期，显著减少了脱水、表面变暗和氧化酸腐情况，防止由于食品与空气中的 O_2、CO_2 等气体接触引起的果蔬褐变。

（1）纤维素可食性膜

近年来，世界各国对改性纤维素可食性膜的研究极为重视。纤维素是天然存在（植物和动物）的聚合物，羟基-甲基是位于聚合物链主链上下两侧的一种替代物。在水介质中，有序的排列和确定的晶体形状使物质交换具有阻力。这些由纤维素衍生物形成的薄膜和涂层具有较大的成膜功能。纤维素是自然界资源最丰富的天然聚合物，不溶于水，但可以通过改性改变其特性。植物纤维经化学改性可制得半透明、柔软、光滑、入口即化的可食性膜。它具有拉伸强度高、透湿与透气性小的特点，应用在许多食品中以阻隔水、氧和油脂。纤维素衍生物（如羟丙基、羧甲基纤维素和甲基纤维素）可用于制作效果较差的可食用薄膜，可与脂肪和脂肪酸混合，以开发其功能特性。

鲜切果蔬由于易腐败、失水严重、表面易褐变等特点，保质期较短。纤维素类膜能够保持鲜切果蔬的质量、营养品质和食用安全性。Bico 等（2009）将质量分数为 3% 的卡拉胶涂膜于香蕉表面，对鲜切香蕉的理化品质和微生物指标进行检测，发现经卡拉胶涂膜的鲜切香蕉质量损失率降低，多酚氧化酶的活性也有所降低，有效抑制了鲜切香蕉由于褐变引起的色泽变化，同时涂膜处理鲜切香蕉的硬度、可溶性固形物含量等品质也得到了较好的保持，降低了香蕉表面的呼吸速率。Saba 等（2016）利用质量分数为 1% 的羧甲基纤维素结合氯化钙和抗坏血酸对鲜切苹果进行涂膜处理，在相对湿度为 90%～95% 的环境下贮藏一段时间，保持了鲜切苹果的硬度和可溶性固形物含量，同时还减小了多酚氧化酶和过氧化物酶活性，抑制了鲜切苹果的褐变和表面微生物的生长繁殖，延长了鲜切苹果的保质期。

（2）淀粉类可食性膜

淀粉由无水葡萄糖残基组成，是一种天然存在的碳水化合物聚合物。淀粉主要由淀粉酶、直链聚合物和支链结构的葡萄糖聚合物组成。由淀粉制成的薄膜和涂层因其透明、无臭、无味和良好的 CO_2 和 O_2 屏障而被广泛应用。然而，由于其具有亲水性，淀粉薄膜/涂层表现出水溶性和较差的水蒸气屏障。由高直链淀粉组成的玉米淀粉为合成可食性薄膜和涂层提供了新的选择。玉米淀粉一般由 25% 的直链淀粉和 75% 的支链淀粉组成。在相对湿度低于 100% 的情况下，含有过量直链淀粉（71%）的玉米淀粉薄膜没有可测量的透氧性。增塑剂的加入以及膜和涂层中水分子的吸收，加速了聚合物链的流动性和气体渗透性。

淀粉及其衍生物涂膜具有良好的阻隔性。Fan 等（2016）研究发现，利用质量分数为 3% 的改性葛根淀粉涂膜鲜切山药，防止了鲜切山药表面发生褐变，使山药表面形成适宜的低 O_2 和 CO_2 环境。改性淀粉涂膜可改善鲜切果蔬外观品质。Fakhouri 等（2015）在玉米淀粉中加入增塑剂（明胶等）制成改性淀粉后，使淀粉涂膜具有低透氧性，降低了鲜切葡萄的呼吸速率及褐变率，涂膜延缓了葡萄的色泽衰变，改善了深红色葡萄的外观品质。

（3）甲壳素和壳聚糖可食性膜

甲壳素是在无脊椎动物、藻类和真菌中发现的一种天然多糖，主要在浓碱溶液中通过脱乙酰转化为壳聚糖。壳聚糖是一种安全、天然、无过敏原和生物相容性的聚合物，对健康有益。壳聚糖保鲜是目前使用最广泛的一类保鲜剂，具有良好的成膜性、可降解性、抑菌性及安全性，是非常适合用作食品保鲜剂的材料。壳聚糖涂料已成功地应用于食品工业，主要是由于其结构特性使其能在食品表面形成一层连续的涂层。壳聚糖薄膜和涂层具有良好的 O_2 和 CO_2 屏障性能。壳聚糖的结构类似于纤维素，但壳聚糖可在乙酰胺基团的帮助下，己糖重复单元第 2 个碳原子上的羟基被取代。壳聚糖又名几丁聚糖，是目前国内外开发较好的可食用性保鲜剂。壳聚糖能够在果蔬的表面形成一种均匀的半透膜，使果蔬处于一个低 O_2、高 CO_2 的环境中，从而降低果蔬的呼吸速率，通过调节果实内外的气体浓度对果蔬进行长久保鲜。此外，由于壳聚糖具有良好的成膜性能，也可作为复合保鲜剂的膜载体。水溶性壳聚糖合成的膜和涂层通常是透明的、弯曲的，是非常好的氧阻滞剂。

壳聚糖的涂层或膜的强度在贮藏期间的屏障能力和力学特性都略有提升。用不同浓度壳聚糖溶液涂膜处理切片马铃薯，0.5%、1.0%、1.5% 这 3 种浓度均可抑制马铃薯块茎褐变，降低多酚氧化酶活性，且浓度越高，抑制作用越好。Li 等（2017）的研究表明，荔枝在 0.1% 的杀虫剂中浸泡后，用 1.0%～2.0% 的壳聚糖水溶液处理，可在其表面形成壳聚糖包衣，从而作为一层保护膜减少其与氧气的接触而抑制褐变。此外，蔗糖溶液也可将介质中的部分氧气排除，在一定程度上抑制褐变。

（4）海藻酸盐可食性膜

海藻酸是糖醛酸的多聚物，一般以钠盐形式存在，和其他多糖一样，具有良好的成膜性能。由于其独特的胶态特性，如增稠、成胶、成膜和乳液稳定剂等，可作为一种有效的生物聚合物薄膜或涂层成分。海藻酸盐是海藻中的水溶性聚合物，由于其保藏性和机械性能，可应用于可食用薄膜。海藻酸盐的形成通常是多价或二价离子（Ca^{2+}）与来自 2 个不同链的古罗糖醛酸残基相互作用，形成一个三维网络。海藻酸钠涂布在果蔬表面会形成一层膜，起到限气贮藏的作用，使果实内部处于高二氧化碳、低氧气的状态，从而抑制果实的代谢活动，达到保鲜效果。然而，它的气体通过阻力有限，所以它与油混合可以改善其性能。Zhao 等（2018）用海藻酸钠、纳米氧化钛或纳米氧化硅复合保鲜液对枇杷与樱桃进行涂膜保鲜发现，该复合保鲜液可减少枇杷的失水率，降低枇杷的呼吸强度与褐变指数。

（5）食用胶可食性膜

食用胶一般分为动物胶（如明胶、骨胶、虫胶等）和植物胶（如葡甘聚糖、角叉胶、果胶、海藻酸钠和普鲁兰等）。以食用胶为基质，添加甘油、多元醇、山梨醇酯等增塑剂，制得的可食性膜具有透明性高、强度高、印刷性、热封性、阻气性和耐水耐湿性好的特点。这种可食性膜无毒无味，有些还具有营养价值，如蜂胶中的黄酮类物质。同时，动植物胶类可食性膜还具有良好的保湿性、抗菌性和生物降解性。

虫胶涂膜于鲜切果蔬表面可有效地延长其货架期。Wang 等（2013）将虫胶、果蜡涂膜于蜜梨表面，贮藏 20 d 后，蜜梨的褐变率和质量损失率都有大幅降低，硬度和可滴定酸含量分别下降了 25.5% 和 26.6%，表明虫胶、果蜡涂膜能明显推迟果实的后熟，抑制褐变，达到保鲜的效果。

（6）脂质类涂膜

许多脂肪化合物，如植物脂肪、动物脂肪和蜡（蜂蜡、巴西棕榈蜡、石蜡和乙酰单甘油酯），由于其具有高保湿能力，已被用于制备可食用薄膜。脂质类涂膜阻止了食物的水分渗透，特别是新鲜的食物，如水果和蔬菜，但脂质类涂膜易氧化，具有食品中的脂质味道，具有雾状、脆、不稳定的特点。这些特性会影响食物的感官特性，从而降低商品价值。某些类型的油，如棉籽油、豆油、亚麻籽油、玉米油、橄榄油、鱼油可用来覆盖多种水果，因为他们具有良好的水蒸气的控制性质及低极性，可以延长水果的保质期。

脂类是防止水分迁移的极佳屏障。可食膜中常用的脂类成分有植物油、脂肪酸及其单甘酯、蜂蜡和表面活性剂等。最简单的脂类化合物是石蜡和蜂蜡。由于脂质基薄膜和涂层的极性较低，可以有效地阻止水分的传递。通常情况下，脂质薄膜或涂层由于其疏水性而变得格外脆和厚。随着疏水相浓度的增加，水蒸气渗透率降低。由于脂类具有相对低的极性和易于形成致密分子网状结构的特点，所形成的膜具有很好的阻水性，可以避免水果等食物在贮藏过程中脱水，还能使水果表面有光泽。因此，其较早地被商业化应用于新鲜水果和蔬菜的防护中。这类物质涂于水果表面还能够减少在运输过程中水果表面的擦伤，抑制水果在贮藏过程中褐斑病的产生（Chen et al.，2008）。脂类物质单独成膜时，膜的均匀性比较差、厚薄不均，机械性能和透明度差，而且容易产生蜡味和不良口感。目前关于类脂物质单独成膜的研究比较少，通常将类脂物质作为辅助剂和多糖或蛋白质混合使用，能改善多糖膜和蛋白质膜的阻水性，获得比较理想的可食性膜。

蜡涂料在柑橘、苹果和黄瓜等果蔬保鲜商业中广泛应用，使用后果蔬表皮会呈现光泽与亮度。树脂是植物组织正常代谢产生的酸性物质，存在于树导管或树脂道中，由树和灌木类受到损伤或感染而分泌产生，分为天然树脂与合成树脂2类。天然树脂虫胶被广泛应用于可食性涂膜中，这种涂膜对氧气、二氧化碳和乙烯气体有较低的渗透率，可有效地减少水分损失，但极低的气体渗透率往往会限制水果和大气进行气体交换，导致内部氧气含量过低，引起果蔬中乙醇的聚集。为了使果蔬内部的 O_2 和 CO_2 含量更适合保存果蔬，在虫胶中适当添加小烛树蜡或者卡那巴蜡可以有利于抑制苹果的褐变。

4. 复合类涂膜

近年来，食用组分领域的研究大多集中在复合或多组分薄膜上，以探索各自的优势，并尽量减少其缺点。将多糖、蛋白质、脂肪酸以不同的配比结合在一起，制成可食性膜，通过改变复合膜中多糖、蛋白质的种类和含量，改善膜的机械强度、透光性、透气性和持水性等，以达到满足不同食品包装的需要。

由于天然原料本身的各种特性（如蛋白质和多糖的亲水性，脂类物质强憎水性等），单一基料膜的性质都存在比较明显的差别。蛋白质膜阻水性差，但是对气体的阻隔性能比较好，膜的水分含量对膜体的阻气性能的影响也比较大。多糖膜阻水性不好，但是它的热封性、印刷性和水溶性比较好。热封性和印刷性有利于工业化生产，能够制成小的内包装袋。脂类可食性膜的阻水性能很好，但是机械强度比较差，特别是膜几乎没有延伸率。改变过去由单一成分制成的膜，发展由多种生物大分子制备，具有多种功能性质的多组分复合类可食性成为研究的一个方向。这种组合方式克服了可食性膜在应用中的许多问题，如机械强度差、膜的阻隔性能低、稳定性不好等。由于复合类可食性膜中的多糖、蛋白质的种类及含量不同，膜的透明度、机械强度、阻气性、耐水耐湿性表现也不同，可以满足不同食品包装的需要。

然而，由于生物聚合物的性能较差，特别是在机械性能和屏障性能方面，生物聚合物完全替代石油基聚合物仍然受到限制。可以选择由蛋白质和多糖的混合膜替代，因为材料之间建立了聚合物相互作用，形成了一个连续的网络，为产生的薄膜提供了改进的力学和屏障性能。Romani 等（2018）研究认为，淀粉/蛋白（15%/85%）混合膜中加入辣椒酚类化合物作为包膜剂，可使鲜切苹果较好的保存 12 d，特别是在抑制酶促褐变方面。这种混合物显示出抑制过氧化物酶的潜力，因此被用作鲜切苹果的包衣；与对照样品相比，包覆共混物的样品具有较低的褐变指数。

5. 可食性膜的最新趋势

近年来，纳米技术迅速成为食品行业最有前途和最有吸引力的研究领域。考虑到纳米乳液和纳米粒子可以增加表面面积，可能会具有保护水果涂层的屏障功能。当然，亚微米结构可以在果蔬表皮上实现更高的分布和均匀性，以增强果蔬的屏障功能（Rao et al.，2012）。固体脂质纳米颗粒（SLNs）是一种脂质胶体亚微米系统，用于包封和传递亲脂功能成分。SLNs 通常是在热均质过程中制备的，在此过程中，脂类和水表面活性剂溶液在高于脂类熔点的温度下均质，从而生成油水纳米乳。将这种热纳米乳液在室温下冷却，形成的固体颗粒即 SLNs（Vitorino et al.，2011）。SLNs 在包括食品工业的不同领域具有高水平技术潜力，然而，这些纳米颗粒的制备需要专业技术。在商业化方面，这种独特的涂层材料的发展能力取决于其获得成本、制造价格、生态持续性、性能、效用及其对化学和生物损伤的保护潜力。

第四章 非酶褐变的控制

第一节 物理控制技术

一、美拉德反应的控制

控制果蔬制品加工和贮藏过程中的美拉德反应有重要意义。第一，褐变产生的深色对于许多果蔬制品是非必需的。例如，发生过度美拉德反应的糖渍果蔬产品颜色暗褐，商品价值降低。第二，为了防止营养损失，特别是必需氨基酸（如赖氨酸）的损失，需要避免发生褐变反应。这种营养损失对于赖氨酸缺乏的食品（如豆类）是很重要的。大豆粉或大豆离析物与 D-葡萄糖一起加热时，大豆蛋白质中的赖氨酸将会大量损失。第三，控制有害衍生物的生成。因此，控制果蔬加工及贮藏过程中的美拉德反应极其重要。

（一）原料选择

虽然大多数果蔬中都含有氨基和羰基化合物，但由于它们的种类不同，美拉德反应的速度也不同。研究发现，氨基酸和糖的种类影响反应速率。在氨基化合物引起的美拉德反应中，胺类化合物较氨基酸更易发生褐变，氨基酸官能团在 ε 位或末端的（如赖氨酸、精氨酸、色氨酸等）比在 α 位的褐变反应速度快。因此，使用不易褐变的原料，就能够减少美拉德反应的发生。

（二）去除底物

控制美拉德反应最简单的方法就是去除底物，包括还原糖和氨基酸。对于马铃薯制品，通过在水中漂白或浸泡，去除反应底物（还原糖和游离的天冬酰胺），可以抑制美拉德反应，从而使丙烯酰胺的含量降低 60% 以上（Pedreschi et al.，2006）。柠檬汁中的氨基酸在浓缩前可通过阳离子交换树脂去除，这有效地限制了浓缩柠檬汁中的美拉德反应。

（三）控制温度

温度是影响美拉德反应的关键因素，温度升高美拉德反应速率加快。温度为 20~30 ℃时即可发生美拉德反应，此后温度每上升 10 ℃反应速率增加 3~5 倍，但温度上升到 80 ℃以上时其影响逐渐减弱。因此，加工过程中适当降低温度可以抑制美拉德反应（Bharate et al.，2012）。

（四）调节水分活度

水分活度与美拉德反应有较大的关系，水分在 10％～15％时最容易发生褐变。一般情况下，褐变反应速率与基质浓度成正比。在完全无水的情况下，几乎不发生褐变反应，这是因为氨基化合物和羰基化合物的分子完全无法运动；而在水分含量较高的情况下，反应基质浓度很低，美拉德反应也较难发生。

二、抗坏血酸降解的控制

温度是影响抗坏血酸自动氧化褐变的关键因素。提高温度可以加快氧化速度，因此控制温度可以抑制抗坏血酸降解引起的褐变。

第二节　化学控制技术

一、美拉德反应的控制

（一）降低 pH

pH 是影响美拉德反应速度的重要因素，羰氨缩合过程中封闭了游离的氨基，反应体系的 pH 降低。碱性环境有利于美拉德反应的进行，pH>3 时，褐变速度随 pH 的增加而加快。因此，在果蔬汁/酱加工过程中加入柠檬酸或抗坏血酸等调节糖酸比可以控制美拉德反应的发生（Bharate et al.，2012）。

（二）使用还原剂、氧化剂

还原剂主要有亚硫酸盐（亚硫酸钠和亚硫酸氢钠）。其抑制机理主要是发生加成反应：反应物的羰基可以和亚硫酸根结合形成加成化合物，其加成化合物能与氨基化合物缩合，缩合产物不能再进一步生成席夫碱和 N-葡萄糖基胺，从而阻止了美拉德反应的进一步发生。亚硫酸根还能与中间产物的羰基结合形成加成化合物，这些加成化合物的褐变活性远远低于氨基化合物和还原糖所形成的中间产物的褐变活性，因此生成类黑精的反应难以发生。此外，亚硫酸盐还能消耗氧和降低 pH 以及产生一些还原反应，这些都能间接抑制美拉德反应的发生。Li 等（2022）研究表明，秋葵果饼干燥过程中加入 0.03％～0.05％亚硫酸氢钠、0.08％植酸和 0.12％费魏酸可以阻止 5-羟甲基糠醛（5-HMF）的形成，显著抑制秋葵果饼的褐变。添加亚硫酸氢钠对其褐变的抑制作用最为显著，其次是阿魏酸、植酸，它们可作为亚硫酸氢钠的替代品。

常用的抗氧化剂主要是一些酚类化合物，使用一些天然的抗氧化物是控制美拉德反应的有效途径之一。表儿茶素是一种在绿茶、可可和葡萄中发现的多酚化合物，其可以通过捕获 α-二羰基来阻止美拉德反应进一步发生。不同来源的植物多酚用作美拉德反应的抑制剂越来越得到关注，同时其他的天然化合物（例如维生素、肽的衍生物等）也可以通过靶向反应位点与美拉德中间产物结合等来抑制美拉德反应。

（三）钙盐与二氧化硫协同作用

氯化钙等钙盐可与氨基酸结合形成不溶性的化合物，阻止氨基酸参与羰氨反应。同时，钙盐有协同二氧化硫控制褐变的作用，如在马铃薯等多种食品加工中使用二氧化硫的同时，结合使用氯化钙，会有明显地抑制褐变反应的作用。

（四）使用含硫氨基酸

含硫氨基酸主要包括甲硫氨酸和半胱氨酸等。常浩祥等（2014）研究发现，甲硫氨酸和半胱氨酸对美拉德反应产物的抑制效果较为明显。其中甲硫氨酸不但是人体必需氨基酸，而且还能转变为半胱氨酸，对 5-HMF 的抑制效果随着添加量的增加而增加。其抑制机理是因为该类化合物中的巯基（—SH）与还原糖的反应速度高于赖氨酸的 ε-氨基与还原糖的反应速度，其巯基硫原子极化形成的空轨道重叠后亲核作用增强，因而在亲核加成反应中—SH 的反应速度比—NH_2 高 200～300 倍，使羰基化合物先与含硫氨基酸中的—SH 结合，从而抑制美拉德反应。

（五）使用酶制剂

酶通常在食品加工的最后处理步骤中（如巴氏杀菌过程）被灭活，多种酶已被用于抑制食品中的美拉德反应。如羟基胺氧化酶，它是一种氧化还原酶，它将催化还原糖氧化为相应的内酯，这些内酯在水介质中水解成酸。虽然这种机制能通过减少还原糖含量而有效控制褐变，但氧化还原过程最终导致过氧化氢的生成，随后可能进一步导致不必要的蛋白质修饰和脂质过氧化。果糖胺氧化酶也被发现可以抑制美拉德反应的发生。果糖胺是通过葡萄糖与氨基酸或蛋白质的氨基缩合形成的阿马道里重排产物。果糖胺氧化酶可以催化果糖胺的氧化脱糖反应，是控制食品中美拉德反应的一种潜在抑制剂（Lund et al.，2017）。

（六）使用吸附剂

吸附剂因为具有巨大的比表面积，表面自由能较高，能吸附色素和杂质，从而达到消除美拉德反应影响的目的，通常在低 pH 下吸附脱除率较高，在高 pH 下吸附脱除率较低。

（七）消除金属离子的影响

金属离子对美拉德反应的影响在很大程度上依赖于金属离子的类型，且不同反应阶段的影响程度不同。在有不同离子存在的情况下，美拉德反应中类黑精的凝聚受抑制。铁和亚铁离子能促进美拉德反应的发生，而钙镁离子能减缓美拉德反应的发生。加入金属螯合剂络合铁和亚铁离子等金属离子可以控制美拉德反应的发生。

二、抗坏血酸降解的控制

（一）调节 pH

在中性或碱性溶液中，脱氢抗坏血酸生成速度较快，也不易产生可逆反应；在 pH＜5.0 的酸性溶液中，抗坏血酸氧化生成脱氢抗坏血酸的速度较缓慢，并且反应是可逆的。控制体系在酸性条件下可以有效控制抗坏血酸降解引起的褐变。

（二）消除金属离子的影响

金属离子会促进抗坏血酸氧化褐变的速度。加入金属螯合剂络合金属离子可以控制抗坏血酸降解引起的褐变。

（三）加入某些氨基酸

有研究者构建了抗坏血酸-氨基酸-糖系统和脱氢抗坏血酸-氨基酸-糖系统来模拟橙汁，并对其褐变程度以及影响因素进行分析。结果表明，在丙氨酸、天冬氨酸、甘氨酸、赖氨酸和谷氨酸 5 种橙汁模型体系中，赖氨酸和谷氨酸对褐变程度影响显著。在贮藏初期，除抗坏血酸-丙氨酸模型外，抗坏血酸单独存在时要比抗坏血酸-氨基酸-糖的复合模型褐变速度快。甘氨酸、赖氨酸、谷氨酸均能降低贮藏初期的褐变速度，其中谷氨酸抑制效果最显著。在贮藏后期，氨基酸的存在，尤其是赖氨酸，能显著促进褐变发生。Shinoda 等（2004）利用模型研究抗坏血酸与其他组分的相互作用对褐变的影响，结果表明，柑橘汁中的柠檬酸或氨基酸被除去后，褐变程度降低了 40%～60%。柠檬汁通过阳离子交换树脂技术去除氨基酸后，其抗坏血酸等营养成分在贮藏过程中得到更好的保留，褐变得到有效的抑制。

第三篇　实例篇

第五章　采后贮藏过程中的褐变

第一节　冷害引起的褐变及控制

一、概述

冷害是指果蔬组织在遭受冰点以上的不适宜低温时所产生的一种生理机能障碍。它是冷敏型果蔬在低温贮运期间易发生的一种生理病害，表现为果实细胞代谢的失调与紊乱。易发生冷害的果蔬有热带的杧果、香蕉、荔枝以及温带的桃、黄瓜、苹果、梨等（Luengwilai et al.，2012）。这些原产于热带和亚热带的果蔬在生长发育时处于高温的环境中，当采后贮藏于较低的温度时容易发生冷害现象。冷害发生的常见温度为 0～13 ℃。

冷害的症状在低温时不易被发现，只有当转移到高温环境下才表现出来（Lado et al.，2019）。果蔬冷害的主要症状可分为以下 5 点。①表皮凹陷、变色，一般出现在果皮硬厚的果实中。主要由表皮下层细胞的塌陷引起，凹陷处常常变色，大量失水，从而进一步加重凹陷程度。②表面水渍状，果皮较薄的果实常呈现此症状。③表皮和内部组织褐变，一般出现在果蔬外部或果蔬输导组织的周围。褐变主要为表皮呈现褐色、棕色或黑色的斑块或条纹。④失去后熟能力或成熟不均匀，一般跃变型的未完全成熟的果蔬出现此症状。例如，绿熟期的番茄不能转红软化，香蕉不能转黄。⑤腐烂和衰老加剧。冷害破坏了果蔬的表皮结构，削弱了抗病能力，使其易被病原微生物侵入，进而导致腐烂。

二、低温胁迫引起的果蔬生理变化

（一）细胞壁降解

在果实正常软化过程中，原果胶经过一系列变化会转化为可溶性果胶，因而表现出果实的柔软多汁。但低温胁迫会改变果蔬细胞壁的结构和成分，调节细胞壁修饰酶的活性，进而影响果蔬细胞壁物质代谢，出现果肉木质化和汁液减少等冷害症状（Carvajal et al.，2015）。

冷害果蔬所发生的木质化败坏现象，与细胞壁中果胶质、纤维素和半纤维素代谢异常以及木质素的积累有关。低温胁迫阻碍了细胞壁中结合态果胶质的解离和随后的解聚过程，导致水溶性和离子结合果胶含量逐渐降低，而共价结合果胶则呈上升趋势。果胶质降解代谢异常与果胶甲酯酶和多聚半乳糖醛酸酶（PG）活性变化有密切关系。具体来说，在冷害过程中，果胶甲酯酶和 PG 活性较贮藏前都有下降，果胶甲酯酶活性下降比较平缓，而 PG 活性下降显著，从而导致低甲氧基果胶的积累和凝胶的产生，可溶性果胶减少，最终导致果蔬木质化败坏症状。

木质化败坏也与果蔬中木质素的合成有关。在果蔬发生冷害的过程中，随着硬度的不断上升，组织内木质素、纤维素和半纤维素的含量也逐渐增加。低温诱导苯丙氨酸解氨酶、过氧化物酶和多酚氧化酶活性的上升是导致果蔬发生木质化的主要原因。苯丙氨酸解氨酶、过氧化物酶和多酚氧化酶是木质素合成途径的关键酶类，参与植物组织的木质化进程。其中，多酚氧化酶参与酚类物质氧化，为木质素合成提供前体物质；苯丙氨酸解氨酶作为木质素单体合成的起始酶，直接影响木质素积累；过氧化物酶参与木质素生物合成的最后步骤，即通过催化过氧化氢直接促进单体木质素聚合形成木质素多聚体。已有研究表明，红肉类枇杷果实冷害的发生与木质化合成酶苯丙氨酸解氨酶、过氧化物酶和多酚氧化酶活性的增加密切相关。同时，由于上述酶与褐变反应密切相关，它们活性的增加也会促进酶促褐变的发生。

（二）细胞膜系统受损

细胞膜系统受损会打破氧化酶与酚类的区域化分布，进而诱导酶促褐变的发生。低温引起的膜系统受损是果蔬发生冷害的重要原因。目前，冷害的发生机理还处于探索阶段，但公认的是低温对细胞膜的伤害是冷害发生的第一反应。低温对细胞伤害的原初始位点在细胞膜，果蔬遭受冷害后出现的各种代谢异常都是次生或伴生的。

膜脂相变是指果蔬遭受零上低温冷害时，即温度降低至某一界限时，细胞膜会发生物相变化，由液晶态变为凝胶态，不饱和脂肪酸和磷脂含量下降，膜脂肪酸链也由无序排列变为有序排列。一方面，膜脂相变使膜透性增大，流动性减弱，膜发生收缩并出现孔道或龟裂，导致膜内可溶性物质、电解质大量渗漏，细胞内外的离子平衡被破坏。另一方面，膜结合的抗氧化酶的活性发生改变，导致呼吸作用等正常生理代谢紊乱，能量供应不足，细胞内积累丙酮、乙醛、乙醇等有毒物质。上述变化会破坏细胞膜的稳定性，打破细胞内多酚与多酚氧化酶的区域化分布，从而引发果蔬的褐变现象。

脂氧合酶（LOX）是膜脂过氧化作用的关键性酶。在冷胁迫的环境下，组织的 LOX 活性升高，引起细胞膜脂过氧化作用加剧，增加细胞膜透性，进一步引起细胞膜的降解和细胞功能的损失，最终导致冷害的发生。一旦 LOX

启动膜脂过氧化作用，就会有大量自由基产生，对细胞膜进行破坏。同时，膜磷脂会不断水解，产生游离脂肪酸。在脂肪酸脱饱和酶作用下，油酸转化为亚油酸和亚麻酸。此过程为 LOX 积累了底物，促进了 LOX 活性的增强和膜脂过氧化的加剧，从而增加了细胞膜的损伤程度。但当脂质过氧化物浓度很高时，也会导致 LOX 的自我毁坏。

丙二醛（MDA）是膜脂氧化降解的典型产物，其含量常被作为评价膜脂过氧化程度的指标。已知细胞膜中蛋白质的聚合和交联会引起细胞损伤。MDA 能与蛋白质结合，使蛋白质发生分子内和分子间的交联，使细胞膜上的酶等蛋白质的空间构型发生改变，从而使其功能和活性发生改变，导致膜结构和功能发生改变、膜的稳定性降低、膜的渗透性增强，最终引起细胞损伤甚至死亡。研究还发现，MDA 能够直接抑制细胞保护酶的活性并降低抗氧化物的含量。

（三）活性氧水平的变化

活性氧既可以作为信号分子诱导果蔬组织的氧化应激，又可以直接参与酚类物质的氧化反应，或通过破坏膜结构诱导酶促褐变的发生。引起冷害的自由基主要是活性氧，包括超氧阴离子、羟自由基、过氧化氢以及单线态氧。活性氧一般产生于线粒体、叶绿体等细胞器中。活性氧的清除由活性氧清除酶系统和抗氧化物质所完成。活性氧清除酶系统主要有超氧化物歧化酶、过氧化氢酶、抗坏血酸过氧化物酶、谷胱甘肽还原酶等。超氧化物歧化酶可通过专一性歧化清除超氧阴离子，生成无毒的 O_2 以及毒性较低的 H_2O_2。过氧化氢酶、抗坏血酸过氧化物酶和谷胱甘肽还原酶再将 H_2O_2 转化成 H_2O。在适宜环境下，果蔬组织内自由基的产生与清除处于平衡状态。这些酶共同作用将活性氧维持在较低的水平，从而防止其对细胞的毒害作用。抗氧化物质主要包括维生素 E、抗坏血酸、还原型谷胱甘肽和类胡萝卜素等。其中，抗坏血酸作为一种小分子抗氧化剂，能够直接同活性氧发生还原反应以清除活性氧，又可作为酶的底物在活性氧的清除过程中起重要作用。还原型谷胱甘肽可以抑制膜脂的过氧化作用，对保护完整的细胞膜结构有一定作用。类胡萝卜素可以清除超氧阴离子和 H_2O_2 自由基，抑制膜脂过氧化，从而起到保护生物有机体的作用。

"自由基伤害理论"认为，冷敏性果蔬遭受低温胁迫后，自由基生成量增加，且清除自由基的保护系统受到损伤，细胞中自由基产生和清除之间失去平衡，导致自由基不断积累。它们会攻击生物大分子（例如蛋白质、核酸等）和膜脂，尤其是膜脂中的不饱和脂肪酸双键非常容易受到自由基的攻击造成膜脂过氧化。膜脂过氧化是低温对细胞伤害的重要表现，是导致膜脂流动性降低的重要原因。膜脂过氧化产物丙二醛含量的增加，会造成膜结构和功能受损，进而出现膜透性改变和代谢障碍等现象。除了对膜脂的破坏外，活性氧还能够引发膜蛋白质分子脱去 H^+ 生成蛋白质自由基（P·）；蛋白质自由基与另一个蛋白质分子发生加成反应，生成二聚蛋白质自由基（PP·）。这些聚合反应会导致蛋白质分子交联程度的增加。活性氧对膜脂和膜蛋白严重损伤，会引起整个膜系统的破坏和解体，最终可能会导致褐变等一系列冷害症状的发生。

（四）呼吸作用与乙烯的释放

果蔬刚遭受冷害时，低温诱导体内呼吸相关酶系统和代谢途径发生改变。呼吸系统中各阶段的协调性被破坏，表现为呼吸程度异常增加，且呼吸作用的上升和冷害程度直接相关。随着冷害的发展，原生质停止流动，氧供应不足，无氧呼吸比重增大，果蔬组织呼吸强度又显著下降。

冷害过程中呼吸作用的加强可能会诱导褐变的发生，主要机制如下：①低温致使正常新陈代谢失调，酶促反应从平衡状态变为不平衡状态，无氧呼吸增强，一些有毒产物（如乙醇、乙醛等）在细胞内积累（Tan et al.，2021）。有毒物质的积累会损伤细胞结构，打破酶与酚类底物的区域化分布，酚类底物被酚酶氧化发生褐变。②呼吸途径变更，即低温可引起组织呼吸代谢途径与电子传递途径发生改变（Kong et al.，2020）。在冷害呼吸过程中，不是通过正常的细胞色素电子传递系统传递电子，而是通过另一条支路——抗氰呼吸途径进行。抗氰呼吸能够被活性氧所诱导，且抗氰呼吸的运行可以参与活性氧的清除。

当果蔬遭受低温冷害胁迫时，除了呼吸强度增加外，组织内还会出现乙烯释放量异常增加的生理反应。冷害会诱导乙烯合成限速酶——1-氨基环丙烷-1-羧酸合成酶（ACC 合成酶）的活性升高，加速了 S-腺苷甲硫氨酸（SAM）向 1-氨基环丙烷-1-羧酸（ACC）的转化反应，使 ACC 积累。只要有微量的 ACC 生成就会加速后期反应的进程，生成大量的乙烯。由于 ACC 合成酶是膜结合蛋白酶，因而低温诱导的乙烯的大量释放与膜透性增加有关，导致细胞区隔化破坏，从而加速果蔬褐变和冷害的发生。在冷害后期，乙烯释放量下降。因为乙烯合成酶与细胞膜相连接，所以冷害在损坏细胞膜结构的同时，也会影响 ACC 向乙烯的转化，从而抑制了乙烯的生成。总而言之，乙烯释放量能在一定程度上反映果蔬冷害的程度。

还有研究发现，一些冷敏型果蔬发生冷害时，并没有引起乙烯的大量合成。冷害果蔬的乙烯水平反而一直比正常果蔬低，导致果蔬不能正常后熟。如"白凤"桃果实发生冷害时的乙烯水平低于正常果蔬，导致其不能后熟软化。这可能是持续低温抑制 ACC 氧化酶 mRNA 的生成及其活性，从而抑制乙烯的产生，使果实不能正常后熟，导致出现冷害症状。

（五）能量代谢的变化

果蔬在能量亏缺时更容易发生褐变现象。果蔬在正常情况下能够合成足够的能量以维持其代谢活动，但当采后果蔬处于衰老或低温胁迫条件下，果蔬的呼吸链损伤、线粒体结构和功能破坏，ATP 合成能力降低，代谢发生紊乱，细胞结构破坏，最终细胞受到不可逆损伤而导致细胞凋亡。

1. 线粒体结构和功能变化

能量是一切生命活动的基础。线粒体作为产生能量的重要场所，控制着细胞的能量代谢。正常果蔬细胞内线粒体数量较多，均匀分布于细胞壁边缘，具有完整的双层膜，膜间具有跨膜通道。但在受冷害的植物细胞中，线粒体会遭到不同程度的损伤。

线粒体结构的破坏与低温引发的氧化胁迫有关。低温逆境会破坏细胞内活性氧产生和清除的平衡体系，导致活性氧积累，诱发氧化胁迫（Li et al.，2019）。活性氧攻击线粒体的膜系统，导致其膜质的过氧化或脱脂化，从而导致线粒体结构受损，能量产生受到影响。而这又会产生更多的自由基进攻细胞膜，产生恶性循环。此外，在低温逆境条件下，线粒体膜脂由液晶态向凝胶态转变，使得线粒体内膜完整性受损，从而导致氧化磷酸化解偶联，氧化过程虽然照常进行，但无法形成 ATP。例如，桃果实在贮藏过程中，细胞内活性氧迅速增加，导致线粒体的结构被破坏、功能下降以及细胞膜成分损伤，最终导致了冷害以及褐变的发生。

2. 能量代谢关键酶

$H^+ - ATPase$、$Ca^{2+} - ATPase$、琥珀酸脱氢酶和细胞色素氧化酶是线粒体内膜上的关键呼吸酶，其活性能够反映线粒体的能量合成状态（Zhang et al.，2020）。$H^+ - ATPase$ 和 $Ca^{2+} - ATPase$ 是重要的离子调节酶，为 Na^+ 与 H^+、Ca^{2+} 等信号离子的交换提供动力。$H^+ - ATPase$ 作为细胞膜的质子泵，通过将 H^+ 从线粒体内膜泵至外侧，产生跨膜质子推动力从而合成 ATP。随着冷害程度上升，$H^+ - ATPase$ 活性持续降低，组织能量损失持续增加。

低温影响 $H^+ - ATPase$ 活性的机制如下。①低温可以直接影响 $H^+ - ATPase$活性。$H^+ - ATPase$ 的结构中富含—SH 基团，低温环境下—SH 极易向- S - S转变，导致 $H^+ - ATPase$ 的变性。②低温还可通过影响膜流动性，间接影响 $H^+ - ATPase$ 活性。低温会影响膜磷脂的极性端和脂肪酸链的长短以及饱和度，进而影响膜的流动性，最终影响膜结合酶 $H^+ - ATPase$ 的活性。③低温引起的氧化胁迫也会对 $H^+ - ATPase$ 造成损伤。

$Ca^{2+} - ATPase$ 是细胞器膜上的 Ca^{2+} 泵，是细胞维持稳态的重要机制之一。$Ca^{2+} - ATPase$ 的活性也会影响线粒体结构的完整性。$Ca^{2+} - ATPase$ 能维持细胞线粒体内 Ca^{2+} 的平衡。在正常情况下，线粒体通过 $Ca^{2+} - ATPase$ 将

Ca^{2+} 从细胞质运输到线粒体内，同时参与各种调节。当其活性降低时，线粒体内 Ca^{2+} 浓度降低，细胞质内 Ca^{2+} 浓度升高，导致线粒体受损。

糖酵解和三羧酸循环是果蔬呼吸过程的 2 个阶段，在该过程中，1 分子葡萄糖能够产生 36 分子 ATP。这是果蔬生命活动的主要能量来源。琥珀酸脱氢酶（SDH）是连接氧化磷酸化与电子传递的枢纽之一，其主要作用是在三羧酸循环中催化琥珀酸脱氢并生成延胡索酸，脱下的 H^+ 经电子传递最后生成 ATP。有研究发现，SDH 的活性与冷害有着密切联系。随着低温贮藏时间的延长，果蔬体内的 SDH 活性逐渐降低，冷害程度也随之加重。细胞色素氧化酶（CCO）是线粒体呼吸链上氧化磷酸化过程中的关键酶，能够将电子从细胞色素 c 传递给氧分子，为氧化磷酸化提供能量。CCO 活性一旦降低会导致氧化磷酸化效率下降，ATP 生成受阻，因此该酶在能量供应过程中起着重要作用。桃果实冷害中发现，随着果实冷害程度的加重，CCO 活性下降，ATP 生成量减少，果实冷害加重。SDH 和 CCO 活性的下降会阻碍三羧酸循环和呼吸链的顺利进行，从而导致线粒体功能障碍，影响能量生成效率。

（六）对采后渗透调节的影响

果蔬受到低温胁迫时，常通过自身内部的防御机制来调控相应的生理代谢途径，即通过产生渗透调节物质以降低或消除逆境胁迫对果蔬造成的伤害。在游离氨基酸中，脯氨酸是果蔬体内最重要的有机渗透调节物质。正常条件下，果蔬体内游离氨基酸的含量很低。低温胁迫会使游离氨基酸，尤其是脯氨酸大量积累。脯氨酸含量的增加，有利于提高果蔬抗冷性，抑制低温贮藏过程中的冷害及褐变的发生。

脯氨酸能够提高果蔬抗冷性以及防止果蔬褐变，其作用机制如下。①逆境胁迫下，果蔬可通过积累脯氨酸来降低细胞质水势，减少水分散失而保护细胞。②脯氨酸水溶液是亲水性胶体，能产生疏水骨架与蛋白质结合，从而保护蛋白质分子。③脯氨酸能有效清除自由基，稳定果蔬细胞膜。④脯氨酸可作为碳源、氮源，在胁迫解除后的降解过程产生大量的 NADPH，可为细胞恢复提供能量。因此，脯氨酸在提高细胞的渗透、适应环境胁迫、稳定细胞膜结构、保护细胞免受氧化胁迫伤害等方面具有重要的作用。

此外，甜菜碱是细胞内另一种重要的渗透调节物质。它是一种水溶性生物碱，广泛存在于果蔬体内。其主要功能是可有效维持蛋白质分子和生物膜的结构，它同脯氨酸一样，参与调节细胞渗透势，保持细胞内的膨压。在低温胁迫条件下，甜菜碱可以保护果蔬类囊体膜抵御冰冻胁迫。它还能稳定复杂蛋白质的高级结构，使许多代谢过程中的重要酶类在渗透胁迫下继续保持活性，从而提高果蔬抗冷能力。

（七）冷害与褐变

在冷害温度下，果实的超氧化物歧化酶和过氧化氢酶活性下降，脂氧合酶活性上升，有利于形成更多的超氧自由基、过氧化氢、羟基自由基等活性氧。同时，类胡萝卜素、还原型谷胱甘肽等内源活性氧清除剂的减少，使得植物细胞内自由基的产生和消除间的平衡遭到破坏，自由基增加，植物遭受氧化损伤。膜脂过氧化以及丙二醛的积累，使膜结构被破坏，打破了细胞内酚-酚酶的区域化分布，酚、酚酶和氧相接触，从而发生酶促褐变（Sheng et al.，2016）。膜伤害既会导致膜脂过氧化，又会释放并激活质体膜内结合状态的多酚氧化酶，使其变为游离态；细胞区隔化破坏则为多酚氧化酶及其底物提供了接触机会。这些都会促进褐变反应的进行，并导致冷害的发生和加剧冷害程度。

三、采后冷害的影响因素

（一）环境温度及低温持续时间

不适宜低温极易引起果蔬水渍化、木质化和褐变等。温度是果蔬冷害最重要的影响因素。果蔬冷害的发生与贮藏温度及在低温下的持续时间有直接关系。果蔬短时间放置于低温下，如果没有造成组织的不可逆伤害，转移至适宜温度环境还能恢复正常代谢，不会出现冷害现象。如果置于低温环境时间过长，代谢失调严重，则会造成不可逆的冷害。

有些果蔬对低温的反应有其特殊性。例如，油桃在 5 ℃条件下贮藏比在 10 ℃条件下贮藏冷害严重。葡萄柚果实在 0 ℃或 10 ℃条件下贮藏 30 d 以上均不会发生冷害，但在 5 ℃左右的环境中易发生冷害。

（二）环境相对湿度

贮藏环境中的湿度往往以相对湿度进行表示。相对湿度是果蔬冷害发生的重要影响因素之一。果蔬贮藏环境相对湿度过高或过低，会影响果蔬的生理代谢作用，使果蔬产生不利于贮藏的生理生化反应，从而加速冷害的发生。一般来说，环境相对湿度过高，果蔬容易产生水渍状斑点或发生凹陷，会加速冷害的发生。例如，茄子在相对湿度较低的环境中更耐冷。对于大多数果蔬来说，相对湿度控制在 90%～95%可减少蒸腾失水和冷害的发生（Henriod，2006）。生产中应根据果蔬的特性、贮藏温度、有无薄膜包装等来规定贮藏的湿度条件。

（三）气体成分与浓度

气体成分是影响冷害的重要因素之一。不同果蔬在不同的气体环境条件下进行低温贮藏时，气体成分对果蔬的冷敏性有不同程度的影响。一般低 O_2 高 CO_2 贮藏环境可降低果蔬对低温的敏感性，减少冷害的发生。气调贮藏减轻冷害的发生程度取决于果蔬种类、O_2 和 CO_2 浓度、处理时间及贮藏温度等因素。

四、冷害褐变的调控措施

(一) 物理措施

1. 温度调控

(1) 热处理

热处理是指利用果蔬的热学特性和其他物理化学特性，在贮藏前将果蔬在 30～60 ℃温度的热水、热空气、热蒸汽等热环境中放置一段时间，以减轻果蔬冷害，提高其品质（Peng et al., 2012）。目前，使用最多的是热水处理和热蒸汽处理。大多数果蔬有效水温是 46～55 ℃，时间为 0.5～10 min；热空气处理温度为 43～54 ℃，时间为 10～60 min（Endo et al., 2019）。热处理具有无化学残留、安全高效、简便易行、耗能低、无污染等优点，是一种有发展前景的果蔬抗冷保鲜措施，目前已在果蔬行业中广泛应用。例如，热空气处理（45 ℃持续 3 h）能够减轻枇杷果实的内部褐变（Shao et al., 2013），热水处理能够减轻石榴的表皮褐变（Mirdehghan et al., 2007）。

然而，不适宜的热处理也会促使一些果蔬采后冷害的发生。例如，将猕猴桃在 35 ℃或者 45 ℃的热水中浸泡 10 min，可减轻其在采后 0 ℃贮藏 90 d 的冷害；但在 55 ℃热水中浸泡 10 min 会增加冷害。因此，采用热处理应找到合适的温度与时间。

(2) 低温预贮调控措施

低温预贮（LTC）是指冷藏前以略高于冷害发生的温度预贮一段时间，以增强果实抵御低温冷害的能力。LTC 能有效缓解许多果蔬的冷害，如鳄梨、黄瓜、茄子、柚、柠檬、杧果、木瓜、甜椒和西葫芦等。例如，用 LTC 处理南果梨，能够延迟细胞膜的降解，增加细胞能量水平，维持细胞膜的完整性和细胞的正常代谢，从而减少了该梨果皮的褐变（Wang et al., 2017）。LTC 技术的关键是预贮温度和预贮时间。适宜的预贮温度和时间因果蔬种类与品种而异。

(3) 冷激调控

冷激处理是对采后果蔬进行不致发生冷害和冻害的极短时间的低温处理，以减轻或避免果蔬冷害的发生。冷激处理与预冷处理有着明显的区别，冷激处理的温度通常远低于果实的冷害临界温度，而预冷的温度一般高于冷害临界温度，其处理时间短，往往只有几个小时。冷激处理"秦光 2 号"油桃能够提高果实中膜脂过氧化保护酶（超氧化物歧化酶、过氧化氢酶、过氧化物酶）的活性，从而延缓果实冷害褐变。

（4）逐步降温调控措施

逐步降温，又称缓慢降温，是指在果蔬冷藏前，将贮藏温度逐步缓慢地降低，使果蔬适应低温，从而防止或减轻贮藏过程中果实的冷害。逐步降温处理可以保持较高的超氧化物歧化酶、过氧化氢酶和抗坏血酸过氧化物酶活性，保持较低的脂氧合酶活性，并降低了超氧阴离子自由基生成速率和过氧化氢含量，从而显著减少了膜脂过氧化产物丙二醛的积累，并抑制了细胞膜透性的增加，最终有效降低了冷藏果实的冷害指数和冷害率。

（5）间歇性升温调控

间歇性升温是指将在低温贮藏一定时间的果蔬放置在冷害临界点以上的温度中，然后再进行二次低温贮藏，如此反复进行。间歇性升温已被用于减缓苹果、番茄、柠檬、西葫芦、杧果和桃等的冷害。升温和降温能够增加不饱和脂肪酸的合成，同时升温能够使受到冷害的果蔬的膜结构和生理代谢得到恢复。有研究发现，间歇性升温主要通过维持较高的酶活性和促进能量代谢相关基因的表达来抑制梨果实能量水平的急剧下降，维持较高的细胞能量水平和正常的生理代谢，同时延缓了细胞膜降解的进程，在一定程度上维持了膜系统的完整性，从而减轻了梨果实果皮的褐变（Wang et al.，2018）。

2. 气调调控

气体组成的改变能够影响果蔬对冷害温度的反应。气调贮藏减轻冷害症状的程度取决于果蔬种类、O_2 和 CO_2 浓度，与处理时期、处理时间以及贮藏温度也有一定的关系（Alba et al.，2018）。例如，在 2% O_2 和 10% CO_2 的条件下，贮藏的鳄梨的冷害程度较小；而 5% O_2 和 1% CO_2 的气调贮藏条件能够缓解黄瓜的冷害。但气调贮藏并不是对所有果蔬都产生有益影响，如气调会加重甜椒、芦笋等的冷害。

3. 相对湿度调整

新鲜果蔬中水分的不足会影响贮藏质量，甚至导致一些生理障碍的发生。高相对湿度（HRH）贮藏可以有效降低采后果蔬的蒸腾作用，并保持采后果蔬质量。较高的相对湿度并不能减轻低温对细胞的影响，只是较高的相对湿度降低了采后果蔬的蒸腾作用，抑制了水分的蒸发（Zuo et al.，2021）。研究发现，高相对湿度贮藏能够减缓西葫芦果实的失重，降低冷害指数、丙二醛含量和细胞死亡率，并保持西葫芦果实的硬度和肉色等采后品质。高相对湿度贮藏还可以通过促进脱落酸和脯氨酸的积累来调节多胺代谢，从而减少西葫芦果实在收获后的水分流失并减轻冷害（Zhang et al.，2021）。

（二）化学措施

1. 1-甲基环丙烯

1-甲基环丙烯（1-MCP）是乙烯的竞争性抑制剂，可以与细胞膜上的乙烯受体结合，从而阻断乙烯受体的转导，抑制乙烯诱导果实的成熟与衰老，有效抑制冷害的发生。1-MCP 处理能够有效减轻柿果实的典型冷害症状——褐变。研究发现，柿果实在 4 ℃贮藏期间，1-MCP 处理后可显著抑制过氧化物酶和多酚氧化酶活性，同时还增强了超氧化物歧化酶和过氧化氢酶的活性，降低了膜的渗透性，有效维持了膜的完整性，并防止了果蔬的褐变及冷害（Zhang et al.，2010）。

2. 氯化钙

钙处理能够有效降低果蔬冷害的发生。Ca^{2+} 可以与细胞膜上蛋白质的磷脂结合，维持细胞膜的完整性和稳定性。Ca^{2+} 还是细胞内的重要信号分子，能将外界刺激传递给细胞，并反馈出相应的生理反应。$CaCl_2$ 处理能够减轻冷害，保持枇杷果实的膜完整性（Li et al.，2020）。$CaCl_2$ 能够增强与能量代谢相关的酶（如 H^+-ATP 酶）活性，并促进渗透性物质（如脯氨酸和 γ-氨基丁酸）的积累，防止能量水平降低，从而防止冷害的发生。

3. 一氧化氮

一氧化氮（NO）是一种活跃的小分子信号物质，可以调节植物激素，抵抗生物和非生物胁迫。它广泛参与了果蔬抗病、抗逆等多种生理过程，并在果蔬采后低温胁迫响应机制中发挥重要作用，能够显著降低果蔬对低温条件的敏感性。1 $\mu mol/L$ NO 水溶液处理能够抑制脂氧合酶和过氧化物酶的活性，提高超氧化物歧化酶和过氧化氢酶的活性，最终通过提高抗氧化物酶活性以及维生素 E 和维生素 C 的含量来保护猕猴桃在贮藏过程中免受氧化损伤（Zhu et al.，2008）。

4. 茉莉酸甲酯

茉莉酸甲酯（MeJA）广泛分布于果蔬中，是果蔬在抵抗逆境中的重要信号分子，能够诱导果蔬防御基因的表达，使果蔬对外界环境刺激进行化学防御。例如，MeJA 处理能够有效减少枇杷中因冷害引起的内部褐变，其机理是 MeJA 能够增强抗氧化酶活性，以及保持较高的不饱和/饱和脂肪酸比例（Cao et al.，2009）。经 MeJA 处理的枇杷的超氧化物歧化酶、过氧化氢酶和抗坏血酸过氧化物酶的活性增强，脂氧合酶活性降低。其中超氧化物歧化酶能够歧化超氧自由基，过氧化氢酶和抗坏血酸过氧化物酶则能够消除过氧化氢。

5. 水杨酸

水杨酸（SA）是一种内源性植物生长调节剂，在调节植物发育、生长以及对生物和非生物胁迫的抗性方面起着至关重要的作用。水杨酸能够诱导桃中抗坏血酸-谷胱甘肽（AsA-GSH）抗氧化系统的增强和热激蛋白（HSP）的表达，从而减少桃贮藏期间的冷害（Wang et al.，2006）。水杨酸处理能够延缓凤梨中抗坏血酸含量的下降，同时还能够抑制多酚氧化酶和苯丙氨酸解氨酶的活性，从而显著降低凤梨内部褐变的发生率以及强度（Lu et al.，2011）。

6. 草酸

草酸在延缓果蔬的成熟过程，提高抗褐变和抗冷性等方面发挥重要作用。用草酸处理杧果果实能够较好地维持其在低温贮藏过程中膜的完整性。同时，草酸处理还能提高超氧化物歧化酶、过氧化氢酶、抗坏血酸过氧化物酶等抗氧化酶的活性，并使过氧化氢和超氧自由基含量保持较低的水平，保护膜免受氧化应激。草酸还能提高杧果果实的能量代谢，尤其是提高柠檬酸循环和电子传递链的效率以保持较高的能量状态，从而提高其抗冷害的能力。

7. 多胺

多胺包括腐胺、精胺和亚精胺，是生物体代谢过程中产生的具有生物活性的低分子质量的脂肪含氮碱。由于它的聚阳离子性质，它可以与细胞中的磷脂、蛋白质和核酸结合，从而减轻各种胁迫对细胞的损伤。多胺还具有调节植物生长发育、稳定和保护细胞膜、延缓衰老的作用。在采后低温贮藏过程中，果蔬中多胺含量会增加。采用外源多胺处理则可以提高果蔬的耐冷性，减轻冷害的发生。研究发现，外源多胺处理抑制了活性氧的生成，并保护了线粒体的完整性，增加能量电荷并促进线粒体中 ATP 的生物合成，维持了南果梨果实中的能量水平并抑制其果皮褐变（Li et al.，2021）。

五、调控冷害发生的机制

（一）保护生物膜结构

低温环境首先对果实细胞膜造成伤害，主要是膜相变过程由液晶态向凝胶态转变，膜脂肪酸不饱和度下降，膜的外形和厚度也发生变化。随后引发生物膜透性增强，电导率上升，与生物膜稳定性相关的一系列酶活性发生改变，最终导致细胞代谢失调和功能性紊乱。冷害发生的主要原因之一就是膜结构的损伤。因此，保护生物膜结构能够减缓冷害以及褐变的发生。

（二）激活抗氧化体系

果蔬遭受低温胁迫后，自由基产生和清除的平衡体系被破坏，自由基积累，破坏膜结构，最终诱发冷害。果蔬组织通过抗氧化酶和抗氧化物质两大抗氧化系统来清除体内自由基，保护细胞膜完整性。因此，提高抗氧化酶活性以及抗氧化物质含量有助于提高果实抗性，延缓冷害的发生。

（三）维持能量供给平衡

能量代谢平衡、能量供给充足是果蔬组织进行正常代谢活动的基础。在低温胁迫下，果蔬呼吸链受损，ATP 合成能力下降，引发能量亏损，使细胞结构破坏，生物膜功能损伤，从而引发细胞凋亡甚至死亡，最终导致冷害以及褐变的发生。因此，使果实细胞维持较高的能量水平也能有效减缓果实的冷害和褐变现象。

（四）诱导蛋白质合成

热激蛋白、膜蛋白、运载蛋白等大分子生物蛋白在维持生物膜结构、细胞内信号传导、提高果实抗冷性等方面发挥着重要作用。热激蛋白是生物组织在高温或其他胁迫条件下诱导合成的一组特殊蛋白质。通过诱导这些蛋白的合成，可以维持细胞膜结构及功能，从而提高果蔬的抗冷性。热空气、低温预贮、水杨酸、茉莉酸甲酯均能诱导果实内热激蛋白的表达和积累。

（五）调节渗透物质

渗透调节主要是通过积累渗透调节物质，降低渗透势来防止水分散失，保持细胞较高的膨压，从而保持其正常生理过程。脯氨酸调节是渗透调节的主要方式之一。

六、典型案例——桃和油桃

（一）桃和油桃的冷害和褐变现象

桃和油桃属于呼吸跃变型冷敏性果实，在采后常温下迅速出现呼吸高峰和乙烯释放高峰（Spadoni et al.，2015）。低温贮藏可以降低桃果实采后的呼吸速率和内源乙烯的生成，并抑制果实的软化和腐败。因此，国内商业上均采用冷藏技术来延长其保质期。但低温贮藏过程中，桃容易出现冷害。桃的冷害症状主要是：果皮及果肉褐变，冷害严重时几乎整个果实都被褐化；质地硬化、木质化或絮败，未成熟的果实不能正常软化；固有风味变淡甚至丧失，有的品种还会产生异味或苦味（Zhu et al.，2010）。

桃和油桃果实的褐变主要表现在果皮和果肉上。低温胁迫引起了桃果实内一系列生理代谢变化（例如活性氧代谢等），膜结构物质发生相变，膜的透性增大，区域化分布被打破，内源酚酸与多酚氧化酶接触，发生酶促褐变。桃中的主要酚酸是绿原酸、新绿原酸和咖啡酸。在桃果实中多酚氧化酶主要以结合状态存在，可溶态的多酚氧化酶含量占总酶活力的 $20\%\sim30\%$。影响桃果实酶促褐变的首要因素是绿原酸含量。此外，不同的油桃品种对冷害的敏感性也不同。一般晚熟品种较耐贮藏，早熟品种不耐贮藏。采收成熟度对冷害的影响很大。一般认为未成熟果实对低温较敏感，易受冷害；成熟果实对冷害的敏感性较低，抗冷性较强。

（二）桃和油桃的冷害与褐变控制

1. 温度调节

对于桃而言，贮藏温度显著影响桃果实冷害的发生和发展。Liu 等（2019）研究了不同低温（0 ℃、2 ℃、4 ℃、6 ℃）对"雨花露"桃果实褐变的影响，发现贮藏于较高温度（4 ℃和 6 ℃）下的桃的果肉褐变程度大于贮藏于较低温度（0 ℃和 2 ℃）下的桃。研究发现，对于贮藏期较短的或立即食用的桃果实，可将其保持在较高温度（4 ℃或 6 ℃）。但是，如果需要延长水果的冷藏期，建议将水果置于 0 ℃或 2 ℃。

对于油桃而言，大多数油桃发生冷害的温度范围为 $-1 \sim 0$ ℃。一般情况下，冷害温度越低，油桃冷害越严重。但油桃有个特殊的中温区，在 5 ℃时更易发生冷害（Zhao et al.，2021）。研究发现，一些与膜稳定性和酚类化合物代谢相关的蛋白质参与了油桃果实对冷胁迫的响应。0 ℃的低温可以调节内源过氧化氢水平，激活编码这些蛋白质的基因的转录表达，增强油桃的耐寒性，从而解释了在 0 ℃贮藏的油桃比 5 ℃贮藏的油桃有着更好的抗冷害能力（Zhang et al.，2010）。

除了直接调节贮藏温度外，低温预贮也是缓解冷害发生的一种简单的调控方式。低温预贮可通过诱导乙烯反应因子的产生来持续增强多个细胞壁代谢相关基因的表达，从而减轻了低温对果蔬细胞壁新陈代谢的抑制。通过乙烯反应因子，低温预贮还可以触发脂质重排，通过调节脂质代谢基因的转录来促进脂质饱和度的降低，这有助于维持膜稳定性。低温预贮还能维持采后桃和油桃果实体内较高的能荷和 ATP 含量，提高果实在低温下的抗冷性。因此，低温预贮可以减轻桃和油桃果实的冷害并减少果实的褐变现象（Wang et al.，2017）。

2. 甘氨酸甜菜碱

甘氨酸甜菜碱（GB）是一种季胺化合物，可以作为两性离子与蛋白质复合物、膜的亲水性和疏水性区域相互作用，从而稳定受胁迫果蔬的亚细胞结构（Chen et al.，2021）。除了直接保护细胞结构外，GB 还可以通过诱导酚类和糖代谢相关酶的活性来诱导酚类等抗氧化物质的积累，通过阻止氧化链反应的启动来间接保护细胞膜免受氧化损伤，从而保持其完整性并减少冷害褐变。据报道，GB 处理能够增强冷藏桃果实中苯丙氨酸解氨酶、肉桂酸-4-羟化酶、4-香豆酰-辅酶 A 连接酶的活性。这些酶的较高活性与 GB 处理的桃中酚类和黄酮类化合物的较高含量密切相关，这有助于整个贮藏期间的膜保护和渗透调节功能（Wang et al.，2018）。

3. 蔗糖

蔗糖作为桃果实采收后的主要糖分，可以为膜结构提供良好的保护，防止渗漏和蛋白质失活。较高水平的蔗糖有助于维持细胞膜系统的稳定性，在低温环境下保持正常的抗坏血酸循环等代谢过程，从而增强果实的抗冷性。除此之外，蔗糖能够在许多植物的信号传导中发挥重要作用。与 5 ℃相比，0 ℃贮藏的桃具有更高的蔗糖含量和更低的还原糖含量。由于蔗糖在膜保护方面比还原糖更有效，因此贮藏于 0 ℃环境下的桃的冷害程度较小。

4. 草酸

草酸（OA）是生物体内一种安全无毒的有机酸。近年来的研究发现，草酸可以减轻采后果蔬在低温贮藏期间的冷害及褐变。Jin 等（2014）研究了草酸处理对采后"白凤"桃果实冷害、能量代谢和膜脂肪酸含量的影响。结果发现，OA 处理能够诱导线粒体内能量代谢相关酶活性的增加，维持细胞内较高的能荷水平，也为其他生理代谢过程提供足够的能量；OA 处理还能维持膜脂的生物合成和细胞膜的修复等过程，从而维持不饱和/饱和脂肪酸比例，保证细胞膜的流动性和功能性，同时明显抑制细胞膜离子渗漏率的增加和丙二醛的积累，使细胞膜免受过氧化损伤从而维持其完整性。膜的完整可以防止多酚氧化酶与酚类物质接触，最终减少果实因冷害引起的褐变。

5. 褪黑激素

褪黑激素（MT）通过使膜脂中的脂肪酸去饱和来维持细胞膜的稳定，从而提高桃果实在低温贮藏过程中的抗寒性。在目前的研究中，MT 处理能够抑制脂氧合酶的活性和丙二醛的积累，这表明 MT 处理抑制了膜脂过氧化并维持了细胞膜的稳定性，进而提高了桃果实抗冷害的能力，防止果实发生褐变。除此之外，MT 处理保护桃果实免受冷害的能力与合成酚类物质有关。MT 处理还可以诱导产生葡萄糖-6-磷酸脱氢酶、莽草酸脱氢酶和苯丙氨酸解氨酶，这有助于刺激总酚和内源性水杨酸的积累，并抑制了多酚氧化酶和过氧化物酶的活性，从而能够减轻果实的褐变。

第二节　气体伤害引起的褐变及控制

一、果蔬采后的呼吸状态与褐变之间的关系

呼吸作用主导采后果蔬的新陈代谢。正常的呼吸作用不但能为一切生理活动提供必需的能量，还能通过许多呼吸的中间产物将糖代谢与脂肪、蛋白质等及其他许多物质的代谢联系在一起，使各个反应环节与能量转移之间协调平衡，维持果蔬其他生命活动的有序进行。呼吸与褐变密切相关，适度的呼吸作用可以防止褐变，过量的呼吸作用会加速果蔬衰老进程，从而导致褐变。

呼吸作用可防止组织内有害中间产物的积累，防止代谢失调引起的褐变。当植物受到微生物侵袭、机械伤害等逆境时，能通过加强呼吸作用而起到自卫，从而抑制果蔬采后褐变，这就是呼吸的保卫反应。呼吸的保卫反应主要有以下几方面的作用。①果蔬采后，病原菌在其有伤口时很容易入侵，促进褐变的发生与扩展，而呼吸作用为果蔬修补伤口提供所需的能量和底物，从而加速愈伤，进而抑制褐变的发生。②在抵抗寄生病原菌侵入和扩展的过程中，植物组织细胞壁的加厚、植保素类物质的生成都需要呼吸作用提供能量和底物，

使物质代谢根据需要协调进行。③植物的呼吸作用有利于分解微生物在破坏寄主细胞的细胞壁时分泌的水解酶等毒素，从而抑制或终止侵染过程，抑制由腐生微生物侵入引起的褐变。

呼吸作用虽然非常重要，但是当呼吸旺盛时也会诱导褐变的发生，造成果蔬品质下降。呼吸旺盛造成营养物质消耗加快，是果蔬贮藏中发生失重、变色和变味的重要原因，表现在使组织老化、失水萎蔫、褐变及风味下降，最终导致品质劣变，甚至失去食用价值。新陈代谢的加快将缩短果蔬采后的寿命，促进褐变的发生和扩展，最终造成耐藏性下降，同时，释放的大量呼吸热使产品温度较高容易腐烂，不利于果蔬的保鲜。

因此，延长果蔬贮藏期首先应该保持果蔬采后有正常的生命活动，不发生生理障碍，使其能够正常发挥耐藏性、抗病性的作用，并在此基础上，维持缓慢的代谢，延缓褐变的发生和扩展，延长果蔬采后寿命。

二、果蔬采后贮藏环境的气体成分

果蔬采后的呼吸强度受贮藏环境中气体组成的影响。影响果蔬贮藏的气体主要是氧气、二氧化碳和乙烯。一般空气中 O_2 是过量的，在 O_2 浓度高于 16% 而低于大气中的含量时，对呼吸无抑制作用；O_2 浓度为 10%～16% 时，果蔬呼吸强度被抑制，但不显著；在 O_2 浓度低于 10% 时，呼吸强度受到显著抑制。O_2 浓度处于 5%～7% 时，果蔬呼吸受到较大幅度的抑制；O_2 浓度低于 2% 时，无氧呼吸出现。因此，果蔬采后贮藏中 O_2 浓度通常维持在 2%～5%。另外，提高环境 CO_2 浓度对呼吸强度也有抑制作用。对于绝大多数果蔬来说，适宜的 CO_2 浓度为 1%～5%，过高会造成生理伤害。但不同产品适宜的 CO_2 浓度差异较大。例如，白梨在 CO_2 浓度高于 1% 时就受到伤害，而蒜薹能耐受 8% 以上，草莓耐受 15%～20% 且不发生明显伤害。一方面，O_2 和 CO_2 有拮抗作用，即 CO_2 毒害可因 O_2 浓度的提高而有所减轻。在低氧条件下，CO_2 毒害会更为严重。另一方面，当较高浓度的 O_2 伴随着较高浓度的 CO_2 时，呼吸强度仍受抑制。适宜的低氧和高二氧化碳不但可以降低呼吸强度，还能推迟果实的呼吸高峰，甚至使其发生呼吸跃变。

三、气体伤害类型

不当的气体组成会导致果蔬在采后贮藏期间发生气体伤害，造成果蔬的生理障碍，表现出褐变现象。气体伤害主要是指由于气体控制调节不当、物流运输过程中气体环境不适宜等对果蔬产品造成生理伤害的现象，如呼吸强度增加、细胞膜受损、膜脂代谢紊乱等，这些生理伤害最终会导致果蔬产品褐变。常见的气体伤害主要包括低氧伤害、高二氧化碳伤害、氨气伤害和二氧化硫中毒。此外，贮藏环境中的乙烯及其他挥发性气体的积累也有可能造成果蔬的生理伤害。果蔬组织内的各种气体是否会达到有害水平取决于组织的气体交换速度。气体在细胞间隙内沿着各部分的不同分压形成气体浓度梯度，从高分压向低分压扩散。扩散速度受细胞间隙大小及其占组织体积的比例、扩散距离、表面结构和通透性、呼吸代谢的性质和速度以及环境温度等因素的影响。

（一）低氧伤害

氧气是有氧呼吸的必要条件。正常空气中的 O_2 处于过量状态，对呼吸无抑制作用。在一定范围内，降低 O_2 浓度可以对呼吸作用进行抑制；但当 O_2 浓度过低时，无氧呼吸会增强，过分消耗果蔬体内养分，易造成质量损失，进而产生低氧伤害。低氧伤害是果蔬贮藏或物流运输过程中环境的 O_2 含量过低引起的呼吸失常，即无氧呼吸造成的采后生理病害，又称为缺氧障碍。在这个过程中，无氧呼吸不能使呼吸底物彻底氧化为 CO_2，有可能生成乙醛、乙醇及另外一些氧化不完全的中间产物，这些物质会在细胞内积累从而造成中毒。主要症状是果蔬表皮组织发生局部塌陷、褐变、软化，甚至果蔬不能正常成熟，产生酒精或异味。

氧气浓度同无氧呼吸之间的关系可以用无氧呼吸消失点表示，即空气中氧浓度不大于该点时便会出现无氧呼吸。一般来说，果蔬无氧呼吸消失点的氧气浓度为 $1\%\sim10\%$。不同果蔬以及不同贮藏温度条件所对应的无氧呼吸消失点可能会有所不同，如菠菜和菜豆进行无氧呼吸的氧气浓度为 1%，豌豆和胡萝卜则为 4%。

低氧损伤会使乙醛、乙醇和乙酸乙酯等厌氧代谢化合物的积累增多。低氧气浓度抑制了有氧呼吸代谢中的电子传递链阶段，抑制了有机化合物转化为能量的相关途径，从而降低了生理过程中的产能。产能过程受限会使果蔬贮藏过程中其他生理活动的能量供应不足，造成生理紊乱，如果实褐变等。当氧气浓度不足以支撑有氧途径时，果蔬机体会发生丙酮酸积累，丙酮酸通过丙酮酸脱羧酶快速代谢进而增加乙醛浓度。同时无氧呼吸在呼吸代谢中比重的增加，也会使乙醇等其他有害物质浓度升高，使细胞中毒造成机体损伤。

对于苹果而言，低氧伤害表现在果皮上，呈现出界限明显的褐色斑，并且由小条状向整个果面发展，褐色发展的深浅程度受苹果底色的影响。内部低氧伤害会形成空洞和褐色软木斑。内部伤害往往会引起损伤部位发生腐烂并保持一定的轮廓。低氧环境下果蔬的有氧呼吸受到抑制，无氧呼吸代谢比重增加，在该过程中产生的乙醇同样会对果蔬造成损伤，使果皮呈现出白色或紫色斑块。将抱子甘蓝在低温低氧的环境下贮藏 14 d 后，果实的分生组织发生了褐变，果实心叶会转变为铁锈色；花椰菜在低氧环境中发生低氧伤害会造成块状花序凹陷，小花也会发生一定程度的褐变；白梨在低氧环境下贮藏受到低氧伤害后，果实表皮会发生凹陷变色，果肉也会发生褐变。

（二）高二氧化碳伤害

在果蔬采后贮藏过程中，提高气体环境中的 CO_2 浓度，呼吸会受到抑制。多数果蔬的适宜 CO_2 浓度为 $1\%\sim5\%$。若 CO_2 的浓度过高，会使果蔬细胞中毒而对果蔬造成生理伤害，又称为二氧化碳中毒。二氧化碳伤害可分为外部伤害和内部伤害 2 种。外部伤害发生在贮藏前期，病变组织界限分明，呈黄褐色，下陷起皱。内部伤害表现为果肉果心局部组织出现褪色小斑块，最后病变部分果肉失水成干褐色空腔。外部伤害和内部伤害都不会使果实硬度降低，但都会促进褐变的发生。

有研究认为，高二氧化碳伤害会造成果蔬个体 pH 升高，抑制琥珀酸脱氢酶活性，阻碍了三羧酸循环的正常进行。在这种情况下，丙酮酸大量转化为乙醇和乙醛，这些厌氧代谢物的积累会对机体组织造成伤害。同时这增加了膜脂过氧化的程度，使膜的通透性增加。也有研究认为，环境中的高 CO_2 浓度会在机体组织细胞内进行扩散积累，在这个过程中形成的碳酸根离子，可能会与维持细胞膜完整性的钙离子结合，进而导致果蔬的内膜系统发生紊乱。膜系统的破坏和解体使果蔬中原本处于不同部位的酚类物质和氧化酶接触进而引发褐变。

也有学者提出自由基学说，即在正常组织内，细胞内自由基与活性氧的产生与清除处于一个动态平衡的状态，因此不会造成组织损伤。但是当果蔬处于采后的贮藏阶段，受高 CO_2 浓度的影响，使自由基与活性氧含量激增，二者的动态平衡被打破。存在于细胞膜脂中的不饱和脂肪酸受到溢出的自由基攻击而发生氧化反应，使细胞的膜结构和功能遭到破坏。多酚氧化酶会随着膜的破坏与酚类物质结合引起褐变。

高 CO_2 浓度可以引起果蔬组织的多种褐变。白梨在 CO_2 浓度高于 1% 时，果心、果肉容易发生褐变，并且增加果实黑心病的发生率；富士苹果的果肉在 CO_2 浓度高于 2% 时容易褐变（Cocci et al.，2006）；洋葱在 CO_2 浓度达到 10% 时，便会诱发内部褐变。茄子在高 CO_2 浓度的条件下会发生表面烫伤褐变、麻点和过度腐烂的现象，属于没有组织软化的褐变。冬枣在 CO_2 浓度高于 1% 时，乙醇含量明显上升，产生酒化、腐烂，最终造成营养物质含量的明显下降及褐变。结球莴苣在浓度为 $1\%\sim2\%$ 的 CO_2 中短时间就会受到伤害。芹菜、绿菜花、菜豆、胡萝卜对 CO_2 浓度也较敏感。部分果蔬可以耐受高浓度 CO_2，如樱桃、草莓、甜玉米、无花果、凤梨、厚皮甜瓜、芦笋等，均能耐受 10% 以上浓度的 CO_2。因此，适当的高浓度 CO_2 贮藏不仅不会对这些果蔬造成气体伤害，还可以延长其保鲜期。

（三）氨气伤害

氨气伤害是指冷库制冷系统泄漏的氨气与贮藏果蔬发生接触，引起的果蔬变色或中毒现象，伤害的程度取决于冷库中氨气的浓度和泄漏持续时间。不同果蔬氨气伤害症状不同，如蒜薹氨气伤害症状是薹条出现不规则浅褐色凹陷，严重时薹条整个变黄。葡萄在发生氨气伤害后，根据受害程度的不同果皮会变为蓝色，甚至发生褐变。

氨气可以在植物组织中通过水通道蛋白、非选择性阳离子通道、简单扩散或在高亲和力氨转运蛋白的参与下进行转运。这些机制受外部或内部氨气浓度的影响。氨气以应激源和应激拮抗剂的形式对果蔬造成伤害，导致细胞内蛋白水解酶活性增加。氨气进入果蔬机体内会通过影响碳供应消耗、破坏叶绿体结构、中断能量供应等影响正常的生理过程，致使正常的膜结构被破坏。伴随着膜结构的破坏，细胞中的多酚氧化酶与底物结合，使果蔬在采后贮藏过程中发生褐变。

第三节　微生物污染引起的褐变及控制

果蔬采后若有创口，则很容易受到微生物的污染而出现褐变。微生物感染引起的炭疽病、褐腐病等都会造成果蔬褐变。

一、炭疽病

水果采后容易遭受炭疽病菌的侵染而引发炭疽病，造成果蔬褐变甚至腐烂。炭疽病的诱因可能是采摘时果蔬中有病菌孢子存在。青果期炭疽菌附着细胞侵入，并以休眠状态潜伏于未成熟果皮上，待果实成熟且贮藏后才表现症状，果实成熟度越高病害越严重。也有学者认为，侵染源是携菌的花器和苞片，而有的学者认为携菌量高的假茎和叶（病残体）才是真正的侵染源（Alaniz et al.，2011）。在采后贮藏的过程中，如果贮藏环境通风条件不佳、缺少适当的光照、湿度温度过高（温度>20 ℃，相对湿度>85%），均会加快致病菌的繁殖，促进褐变的发生和扩展，从而导致病发率增加（Guerber et al.，2003）。当贮藏条件被破坏，被雨水浸湿或温湿差过大使孢子复苏等也会导致炭疽病的产生。在采后的杀菌过程中，一旦有腐败病果出现，会导致周围环境中菌群大量扩散繁殖，使果蔬在采后贮藏中发生大量的褐变。

在热带和亚热带地区，炭疽病极易发生在采后果实中。大多数炭疽菌在生物营养生长阶段侵染果蔬，然后在坏死组织中得到发展，最终导致果实表面出现褐色坏死病变。众所周知，病原体在宿主体内保持静止状态，直到果实成熟。在炭疽病的逆境胁迫下，果蔬细胞膜最先受到伤害，膜脂的水解、脂肪酸的不饱和比例降低及活性氧的累积等均会促进细胞膜结构破坏和病害发生，引起果实褐变。植物细胞膜磷脂水解关键酶活性升高是膜脂降解的主要原因。磷脂酶 C（PLC）和磷脂酶 D（PLD）可催化磷脂（PC、PI 和 PE 等）生成磷脂酸和胆碱等降解产物，致使磷脂发生降解。这使得细胞的膜结构被破坏，此条件下，多酚氧化酶与底物发生接触，发生褐变。

（一）常见果实中的炭疽病

1. 苹果的炭疽病

苹果发病的时间在近熟期，果实发病初期，其表面产生圆形的小斑点，病斑有清晰的边缘，外部红色晕圈明显（Guerber et al.，2003）。随着病情加重，病斑颜色加深、逐渐扩展，表面呈扁平或者稍向内凹陷。病情继续扩展，凹陷程度加剧，病斑呈近圆形或者圆形，果肉最后慢慢褐变直至腐烂。腐烂的果肉组织与未染病的果肉之间有明显的界线。当炭疽病病斑直径达 1～2 cm时，病斑中间产生分生孢子盘，外观会稍有隆起，排列方式呈同心轮纹状。初期颜色为浅褐色，随着病情加重颜色转为黑色，并逐渐破皮而出。如果遇到潮湿的气候条件，会有粉红色的分生孢子团产生，呈黏液状（Thomidis et al.，2012）。发生炭疽病后，果实上病斑数量不定，既可分散分布，也可融合在一起。在适合炭疽病的贮藏条件下，病斑在果实表面的分布范围可达 1/3～1/2，病斑连成一片时整个果实全部褐变直至腐烂，逐渐失水后成为僵果，病果口感较苦（Oo et al.，2018）。

2. 香蕉的炭疽病

香蕉炭疽病是由芭蕉炭疽菌引起的真菌性病害，是香蕉采后保鲜过程中的主要病害之一（Riera et al.，2018）。组织病理学方面的研究证实了香蕉炭疽病菌具有潜伏侵染的特点。深色附着胞是香蕉炭疽菌的主要潜伏形式。在青果期，果实表皮细胞壁检测到芭蕉炭疽菌的侵染丝，其深入侵染需要在果实成熟后完成。芭蕉炭疽菌潜伏侵染发生的生理基础可归纳为 3 方面。①寄主生理生化因素，如营养不足和存在抑制病菌的有毒物质等。②真菌侵入寄主后产生抗菌化合物，如植保素的影响。③寄主内物理因素，如病菌侵入后受到寄主组织木质部等阻碍而停止扩展（Zhou et al.，2016）。采后香蕉炭疽病的发病机理与果实后熟的生理生化进程密切相关。学者们认为病原菌从潜伏状态转变为致病状态的原因有两方面。一方面是因为随着香蕉的成熟，炭疽菌可利用的营养物质（可溶性糖和可溶性果胶）增加，而多巴胺等抗菌物质含量明显下降。另一方面由于果实的成熟和衰老导致生理代谢失衡，大量活性氧累积造成细胞膜结构破坏和功能丧失，导致果实的抗氧化能力减弱；细胞膜降解导致液泡中几丁质酶和 β -1,3 -葡聚糖酶释放，降解炭疽菌细胞壁，激活病原菌，使其从潜伏状态转为致病状态。细胞膜结构破坏和功能丧失以及细胞膜降解会造成果蔬生理代谢紊乱，最终会导致褐变的发生和扩展。

(二) 采后果实炭疽病的防治

1. 物理防治技术

采后防治炭疽病最常用的手段是温水处理，即温水浸泡果实后取出晾干，再用聚乙烯薄膜袋包装，放在木箱内保存 (Hurtado et al.，2018)。果实应该单独包装，以防止炭疽菌在果间传播。不同果蔬品种对温度的耐受程度不同，在批量处理前，应取少量果蔬进行试验，以确定浸泡温度和时间。

2. 化学防治技术

也可选择用药剂浸泡处理。有研究发现，用 1 000 mg/L 水杨酸或 1 000 mg/L 磷酸酯钾＋3％碳酸氢钠溶液浸泡 3 min，对采后防治炭疽病有较好效果；也可使用 45％咪鲜胺水乳剂 500～1 000 倍液浸泡 2 min (Rodrigues et al.，2020)。

3. 生物防治技术

除了使用药剂外，中草药提取物、壳聚糖等生物活性物质也可用于防治炭疽病。选用生防菌 5a - 9、6a - 3，酵母菌 M2、H1 与多菌灵和咪鲜胺锰盐组合后，对炭疽病有抑菌效果 (Zhimo et al.，2017)。与化学防治相比，生物防治不仅具有良好的效果，而且能够保证果实的安全性。综合考虑安全性和有效性，生物防治无疑会成为炭疽病防治研究的主要方向。

4. 其他防治技术

气调贮藏也是采后防治炭疽病的一种常见方法。炭疽病的诱发与高温高湿以及缺少空气流动的环境有关。有研究发现，用 NO 处理后，成熟期会明显缩短，且炭疽病的发病率也有所降低。表明 NO 可能激活了果实的抗病机制。将气调贮藏与 1 - 甲基环丙烯结合处理果蔬，可以有效抑制炭疽病，这表明气调可以作为防治病害的一种辅助，与 1 - 甲基环丙烯同时使用，起到了增强防病效果的作用 (Freeman et al.，1998)。

二、褐腐病

(一) 常见果实中的褐腐病

褐腐病，又称灰腐病、灰霉病、果腐病、菌核病等，是由链核盘菌和核果链核盘菌侵染所引起的。主要危害果实，从幼果期到成熟期均能发病，以接近成熟期和贮藏期的果实受害最重，可造成大量落果、烂果。在环境条件适宜时，果蔬在贮藏、运输、销售及消费过程中的褐腐病比采前更为严重。病原菌通常从伤口侵入，以伤口为中心，在果面形成浅褐色软腐状小斑，随后迅速向四周扩展，最后可扩及全果。在果面生出同心圆排列的白色或褐色绒球状颗粒，即病菌的分生孢子层。多发于苹果、梨、樱桃、辣椒等果蔬，是采后最严重的病害（Hilber et al.，2010）。

真菌穿透宿主细胞表皮层之后，通过细胞壁相关降解酶（果胶酯酶、原果胶酶、果胶裂解酶、聚半乳糖醛酸酶和纤维素酶等）分解果皮、果肉组织中的果胶和纤维素，最后导致二者的降解，胞外纤维素酶则通过与外层膜组分结合来降解纤维素（Umezawa et al.，2020）。病原真菌通过分泌果胶酯酶、原果胶酶、果胶裂解酶、聚半乳糖醛酸酶和纤维素酶等，降解组成宿主细胞壁的各种多糖物质，从而破坏细胞壁和胞间层，或导致细胞分离，组织溃散。最终，细胞膜结构和功能被破坏，多酚氧化酶能够与酚类底物结合，致使果蔬褐变。褐腐病发生时，病害部位出现褐色水渍状斑点，软腐状且表面附着一层灰白色霉菌；叶、茎受害后，会出现圆形溃疡斑，呈灰褐色状并伴有流胶现象，枝叶会萎蔫下垂，如霜害状（Thomidis et al.，2017）。果面初期呈褐色圆形病斑，随着时间推移延展至全果，果肉变褐软腐后病斑表面生出灰褐色至灰白色绒球状霉丛，最终导致整个果实腐烂。褐腐病病原菌的主要寄主有苹果、梨、油桃、樱桃、杏、葡萄等果实（Obi et al.，2018）。

（二）采后果实褐腐病防治

1. 物理防治技术

目前，控制采后果实褐腐病的物理方法主要有低温贮藏、气调贮藏、热处理、辐射处理、微波处理等。

（1）低温贮藏

低温贮藏不但可减弱果实的呼吸强度，延缓后熟衰老，而且也是果实褐腐病较为普遍的防治技术。研究表明，0 ℃低温条件可有效控制由病原菌引起的桃果实褐腐病。在此条件下贮藏亦可以显著减轻欧李果实褐腐病的发生，但对樱桃的控制效果不佳（Sommer et al.，2009）。目前，低温贮藏技术存在的问题是低温冷害，低于温控范围果实会产生低温伤害即冷害，利用低温贮藏控制褐腐病过程中对果蔬营养和品质造成的冷害影响还没有较好的缓解方法。

（2）气调贮藏

同比例浓度的 CO_2 和 N_2 气调贮藏，可减少邻近果实褐腐病发生率，进而减轻褐腐病的传播速度。将果实贮藏在气调环境（1.8% O_2＋2.5% CO_2）中80 d，亦能够显著地控制褐腐病的发生。从长远考虑，气调环境贮藏果实更能抑制褐腐病发生（Menniti et al.，2006）。另外，超低氧环境也可显著减少苹果果实褐腐病的发生。

（3）热处理

热处理是一种在贮藏前将果实置于热水、热空气或热蒸汽等热环境中处理一定时间，以延长果实贮藏期的技术。近年来，热处理以其无化学残留、安全性高、简便有效的特点，在果蔬采后病害控制中受到重视（Liu et al.，

2012）。研究发现，适当的热处理可以有效防治果实采后褐腐病的发生。将桃果实置于 40 ℃热水浸泡处理 5 min 或 10 min，可显著抑制桃果实褐腐病菌的孢子萌发及萌发管的伸长。李果实浸入 60 ℃的热水中处理 60 s，通过热激蛋白起作用，其腐烂率从 80% 降低到 2%。

（4）辐射处理

辐射处理技术中短波紫外线（UV‑C）具有杀菌消毒的作用，对控制采后果实褐腐病有一定作用。研究发现，低剂量的 UV‑C 辐射可以降低褐腐病的发生，而高剂量的 UV‑C 辐射则可能产生相反的作用。这可能是由于高剂量 UV‑C 辐射使机体中水或其他物质发生电离作用，产生自由基，从而影响机体的新陈代谢速度，甚至可能杀死机体细胞、组织和器官。UV‑C 辐射控制褐腐病的作用机理还有待进一步研究。

（5）微波处理

微波处理大都用于控制谷物病虫害。目前，关于微波技术在控制采后褐腐病方面的研究较少。有研究表明，用微波 17.5 kW 处理 50 s 或 10 kW 处理 95 s，均能够有效控制桃果实褐腐病的发生。

2. 化学防治技术

（1）化学杀菌剂

目前，用于采后果实褐腐病控制的化学杀菌剂成本低廉、操作简便。10 mg/L 的啶菌噁唑、腈苯唑、戊唑醇和多菌灵对褐腐病菌丝生长抑菌率达 100%，1 mg/L 的以上 4 种杀菌剂对菌丝生长抑菌率达 98% 以上。采用异硫氰酸烯丙酯熏蒸处理使褐腐病发病率降低了 86.2%。此外，还有大量研究表明，化学杀菌剂对采后果实褐腐病具有直接杀菌作用，但是长期使用化学杀菌剂会使果实产生抗药性，用药剂量不断增加，造成果实上化学杀菌剂的残留量增加。

（2）天然杀菌剂

随着人类对自身健康和环保意识的不断提高，天然杀菌剂受到人们的青睐。大量研究表明，天然杀菌剂可以有效控制采后果实的褐腐病。用厚朴提取物处理桃果实，有效抑制了桃果实褐腐病的发生，并且明显诱导了果实中苯丙氨酸解氨酸、几丁质酶和 β‑1,3‑葡聚糖酶等抗性相关酶的活性。对中草药处理后的褐腐病菌进行了扫描和透射电镜观察，发现褐腐病菌菌丝数量减少甚至断裂，细胞壁变薄或缺失，胞内物质发生变化。表明中草药处理可引起褐腐病菌形态学发生明显变化。浓度为 3.1～50 mg/mL 的柚皮提取物对桃果实褐腐病菌菌丝生长、果实褐腐病发病率及病斑直径扩展都有显著的抑制作用。另外，使用天然物质对果实进行涂膜处理以控制褐腐病的研究也取得了一定的效果，经热处理后的桃果实采用 1% 壳聚糖涂膜再处理，褐腐病发生率由 73% 降低到 10%（Teixidó et al.，2012）。利用酵母甘露聚糖浸泡李果实，能有效抑制李果实褐腐病病斑的扩展。

植物的多种次生代谢物和精油具有生物调控和抗氧化等特性。这类植物衍生物统称为生物农药，包括植物杀菌剂。一些生物活性物质也经试验证明了其对褐腐病有足够的抑制作用。在收获后使用巴西棕榈蜡可控制李和油桃中的褐腐病和根霉病。百里香油作为桃的生物熏蒸剂，用于收获后处理，因为百里香油的蒸汽可有效降低由松果蝇引起的褐腐病的发生率（Gonc et al.，2010）。然而，植物杀菌剂存在一些局限性，可能会影响果蔬中的挥发性化合物。

3. 生物防治技术

除了天然杀菌剂的开发受到越来越多学者的关注外，生物防治技术也成为采后果实褐腐病防治的研究热点。拮抗菌对念珠菌属引起的褐变有较好的控制效果，因此，利用生物防治可有效控制采后病害的发生。使用生物防治剂 EPS125 可有效控制核果作物的褐腐病。生物防治的机理主要是以菌治菌。生物防治拮抗菌主要有细菌、酵母菌和小型丝状真菌。细菌主要是通过产生抗生素来控制褐腐病；而酵母菌主要通过拮抗作用，与褐腐病竞争，进而抑制其生长，以及诱导果实中相关酶的活性，增强果实抗病性。芽孢杆菌属是最推荐用于对抗植物病害的细菌，可使用枯草芽孢杆菌（CPA - 8）菌株控制念珠菌属。目前，其他细菌也被用于控制果实的褐腐病。其中格氏沙雷氏菌可以抑制褐腐菌的生长，从而控制油桃褐腐病的发生。另外，采用酵母菌控制褐腐病也是一种非常有效的生物防治技术。发酵毕赤酵母可以形成一层薄的生物膜，从而可达到控制果实褐腐病的效果（Yao et al.，2005）。目前，拮抗菌进行商业化应用的并不多，因此生物防治技术应用于生产还存在一定的局限。

4. 复合防治技术

由于单一的防治褐腐病技术均存在不足，因此，将物理防治技术与化学防治技术结合控制采后果实褐腐病，在一定程度上填补了单一技术的缺陷。目前，研究多集中将热处理与化学试剂结合使用控制果实褐腐病。将 225 μg/g 的 2,6 -二氯- 4 -硝基苯胺（DCNA）与 51.5 ℃热水混合处理浸泡桃、李和油桃果实 1.5min，二者发生增效作用，复合防治处理果实的腐烂率仅为 7.8%，低于单独处理（51.5 ℃）下果实褐腐病的发生率。另外，将果实浸泡在40 ℃、200 mg/mL 过氧乙酸中 40 s 后，果实褐腐病发生率降低至 10% 以下，这表明过氧乙酸与 DCNA 一样，可与热处理结合增效，增强果实抗病性，可较好控制褐腐病（Teixidó et al.，2013）。当然，将化学防治技术与生物防治技术结合控制采后果实褐腐病，也可填补单一技术的缺陷。膜醭毕赤酵母与 2% 硫酸氢钠或 5 mmol/L 钼酸铵复合处理可抑制甜樱桃果实的褐腐病，其控制褐腐病的原因主要在于化学试剂可以直接抑制菌丝生长和孢子的萌发，而对膜醭毕赤酵母的活性影响很小（Qin et al.，2006）。另外，罗伦隐球酵母与低剂量

（15 mg/L）的噻菌灵复合处理也可控制甜樱桃褐腐病的发生，效果比单独采用 15 mg/L 的噻菌灵好。

三、其他微生物引起的褐变

其他微生物引发的褐变主要分为由真菌引起的褐变和由细菌引起的褐变。疫霉属引起的褐变会使果蔬产品病变部位出现水渍状，局部发生褐变，直至整个产品腐烂。霜疫霉属引起的褐变会使果蒂开始出现无明显边缘的褐变病斑，并且在潮湿时长出霉层，病斑迅速扩展为全果变褐。毛霉属在采后果实的伤口处入侵，果皮变为深褐色，焦干状，病斑果肉变为褐色或白色，并且质地变软水化。交链孢菌属引起的褐变症状为病变部位呈褐色圆斑，果肉变为黑褐色。

第六章　果蔬加工制品的褐变

第一节　鲜切果蔬的褐变

一、概述

鲜切果蔬起源于 20 世纪 50 年代的美国，由于其食用方便、营养、干净等特点，鲜切果蔬产品在欧美等发达国家的销售份额迅速扩大。在我国，鲜切果蔬行业自 20 世纪 90 年代末开始逐步发展。GH/T 1341—2021 定义，鲜切果蔬是指以新鲜果蔬为原料，在清洁环境中经预冷、挑选、分级、清洗、去皮、切分、去除表面水分、包装等处理后，使其改变物理形状但仍能保持新鲜状态，采用冷链进行贮运销的定型包装果蔬制品。鲜切果蔬可分为即食和即用 2 种类型。其中，即食指的是可直接入口食用的产品，通常是鲜切水果。即用是指无须进一步清洗即可用来烹调加热的产品，通常是鲜切蔬菜。

随着经济水平的提高和生活节奏的加快，鲜切产品逐渐受到消费者及餐饮业的欢迎。鲜切果蔬有新鲜水果蔬菜具有的生物活性物质和微量营养元素，且具有自然、新鲜、卫生和食用方便等特点，受到消费者的喜爱。除此之外，鲜切果蔬可以直接烹调，节省时间，在运输与处理中的费用较少，符合高效、优质、环保、绿色等食品行业的发展要求。近年来，随着冷链物流速递业的快速发展，中式快餐、火锅等餐饮业对鲜切蔬菜的需求逐渐增加。

鲜切果蔬虽然具有营养、方便、新鲜等优点，但在切割加工后其组织结构受到破坏，切面直接暴露在空气中。在贮运、销售过程中，鲜切果蔬会发生一系列的生理生化反应，造成品质变化，如呼吸作用加强等，导致产品发生颜色改变、衰老进程加快、腐烂加剧等品质劣变现象（Ergun et al.，2007）。果蔬切面组织的颜色劣变，会严重影响鲜切果蔬的外观品质、营养成分和风味，明显缩短产品货架期并降低产品的商业价值。因此，揭示组织褐变机理和控制组织褐变是鲜切果蔬研究中的重要内容。

二、鲜切果蔬的褐变相关生理变化

(一) 次生代谢物的积累

在遭受损伤胁迫时，果蔬受伤部位会产生茉莉酸等信号分子，诱导内部组织中苯丙烷代谢起始酶——苯丙氨酸解氨酶活性的增强，进而合成一系列低分子质量的次生代谢物，如多酚、萜类、木质素、生物碱、有机酸等。这些次生代谢产物对受伤部分进行防御调控，一方面可以增强组织的抗氧化能力，另一方面也可以产生愈伤组织以促进伤口愈合。除了修复伤害外，合成的酚类物质又会促进褐变的发生。除了作为底物参与酶促褐变外，部分有色酚类的积累，会直接造成鲜切果蔬切面组织的颜色劣变。例如，发生在鲜切荸荠表面的黄变，是由于苯丙烷代谢途径所生成的黄酮类物质圣草酚和柚皮素的积累而导致的。在鲜切山药中也有类似的黄变现象。

(二) 酚类物质的氧化聚合

目前，大多数研究认为，鲜切果蔬中发生的褐变主要是酶促褐变。关于其发生机制，普遍认同的是酚-酶区域化分布学说。在完整的果蔬组织中，酚类物质和多酚氧化酶分别存在于液泡和细胞质中，但当果蔬遭受切分处理后，完整的果蔬细胞受到伤害导致液泡破裂，酚与多酚氧化酶的区域化分隔被打破，使切面组织迅速发生酶促褐变。参与酶促褐变的酚类物质既包括果蔬组织内已存在的酚类物质，又包括组织响应损伤胁迫后新合成的酚类物质。

在酶促褐变过程中，酚类物质在多酚氧化酶的催化作用下被氧化成邻醌，形成抗营养机制的保护性屏蔽。但邻醌类物质具有很高的活性，可进一步发生氧化聚合生成黑色素，也可与其他酚类或蛋白质等物质结合形成褐色色素，最终导致果蔬褐变。在过氧化氢存在的情况下，过氧化物酶也可参与催化酚类的氧化聚合反应。Shen 等（2006）研究发现，采后竹笋在贮藏期间，酚类含量持续下降，而褐变指数持续上升，二者存在较强的相关性。酚类物质的氧化聚合（或酶促褐变）不仅发生在切割部位，部分鲜切果蔬产品（如鲜切茄子、甘薯）在远离切面的内层组织也会发生酶促褐变（Zhou et al.，2019）。这可能是由损伤胁迫产生的刺激信号转导所引起的组织整体协同伤害防御反应而造成的。

(三) 细胞壁和细胞膜的降解

细胞膜的完整性与植物组织的正常生理功能和代谢密切相关。切割处理会直接破坏果蔬组织的细胞壁和细胞膜。除了直接破坏外，切割作用还会诱导细胞膜的降解。脂质作为细胞膜的主要生理成分，其组成决定了细胞膜的生理生化特性。在遭受机械损伤后，果蔬组织中磷脂酶 D 和脂氧合酶的活性增加。在这两种膜脂代谢关键酶的催化作用下，膜磷脂被转化为磷脂酸，不饱和脂肪酸被转化为饱和脂肪酸，膜脂饱和程度逐渐增加，细胞膜的流动性逐渐降低。同时，膜脂过氧化最终分解产物——丙二醛可与蛋白质的氨基酸残基发生反应，产生氧化自由基，破坏细胞磷脂双分子层结构。细胞膜系统完整性的丧失，会导致单酚、多酚类底物与多酚氧化酶和过氧化物酶的接触，最终发生酶促褐变。

（四）活性氧的产生与积累

鲜切果蔬所遭受的机械损伤会导致组织内活性氧的产生（Pan et al.，2020）。活性氧是一系列氧化能力强、化学性质活泼的含氧化合物的总称。常见的活性氧有超氧自由基、羟基自由基、过氧化氢等。这些活性氧的产生与积累会诱导组织的氧化应激反应，攻击脂质、蛋白质、DNA 等物质，导致细胞膜脂过氧化，破坏细胞膜的完整性，加速褐变的产生。

除了通过直接破坏细胞膜来诱导酶促褐变的发生外，活性氧在促进果蔬酚类物质的积累中也起着至关重要的作用。活性氧可以诱导苯丙烷代谢关键酶的活性，进而增强酚类化合物的产生和积累。活性氧诱导合成的有色酚类物质可直接导致果蔬组织的变色，或作为底物参与酶促褐变。

（五）乙烯的合成与呼吸作用的增强

乙烯不仅是一种调节植物组织后熟衰老的植物激素，还是介导果蔬产生抗病防御反应的第二信使。在受到机械损伤后，大部分果蔬所产生的乙烯含量大幅增加，俗称为伤乙烯。乙烯可以通过促进苯丙氨酸解氨酶和过氧化物酶活性的升高来提高植保素和木脂素的合成速率，进而提高植物的抗病能力。除此之外，乙烯的产生还会促使细胞代谢加快，呼吸作用增强，为次级代谢产物的合成过程提供能量。

但鲜切果蔬组织中呼吸作用的增强，会伴随着营养物质的快速消耗，最终出现能量亏缺的情况。若细胞供能不足，细胞膜脂合成速率会降低，同时使果蔬组织对细胞膜脂过氧化的修复能力减弱，从而导致细胞膜透性的增大。细胞膜透性的增大，会打破酚类和多酚氧化酶的区域化分隔，最终导致酚类物质的氧化聚合，引起组织褐变。

三、影响鲜切果蔬褐变的因素

（一）果蔬种类与品种

不同种类鲜切果蔬之间的褐变差异很大，主要是由于不同种类果蔬之间的多酚氧化酶活性及酚类物质含量不同所致。例如，香蕉在经切割加工后会迅速发生褐变，而鲜切杧果不易褐变（Gonzalez et al.，2008；Vilas et al.，2006）。

即使同一种类不同品种的果蔬之间的褐变差异也很大。例如，"Agata"

"Agria""Almera""Marabel"和"Vivaldi"5个品种的马铃薯经鲜切后的褐变程度完全不一样（Cabezas et al.，2009）。其中，"Marabel"品种马铃薯的酚类物质含量和多酚氧化酶活性均最低，因此其鲜切后的褐变程度最小。

（二）切割工艺

切割工艺包括切割方式、切割程度、刀具等。切割方式会导致鲜切果蔬发生不同程度的褐变。对于凤梨、木瓜和冬瓜等果实，纵切果蔬的褐变程度均低于横切果蔬。这主要是因为纵切造成的损伤面积较横切小，酚类物质、多酚氧化酶与空气接触的机会也较小，酶促褐变的程度便较低。切割程度同样通过影响损伤面积来影响果蔬组织酶促褐变的程度。此外，采用锋利的刀具切割可以降低果蔬细胞的切割面损伤程度，也不易导致鲜切产品褐变和其他品质的劣变。

（三）清洗方式及时间

清洗方式也会影响鲜切果蔬产品的褐变程度。例如，使用弱酸性电解水（pH 5.65）清洗的鲜切莲藕片的褐变程度小于使用强酸性电解水、次氯酸钠和去离子水清洗的鲜切莲藕片的褐变程度。清洗时间长短也会影响鲜切果蔬的褐变程度。例如，鲜切茄子经超氧水清洗5 min比清洗2 min和10 min更能有效抑制多酚氧化酶活性，因此褐变程度更轻。

（四）贮藏温度

温度是控制鲜切果蔬品质的主要因素之一。贮藏温度显著影响产品的呼吸强度，并通过影响酶活性来调节各种生理生化反应的速度。切割后低温贮藏可以最大程度减少加工带来的物理损伤。同时，低温还可以抑制微生物的活动，从而维持鲜切果蔬的良好品质。但当温度低于某一程度时会发生冷害，出现褐变等代谢失调现象，缩短鲜切产品的货架期。

四、典型案例

（一）鲜切荸荠黄变

荸荠，又称马蹄，皮紫黑色，果肉洁白，含有丰富的淀粉、蛋白质、维生素和矿物质，具有重要的食疗价值。荸荠的表皮结构复杂，适宜加工制成鲜切产品后进行销售和食用。因其具有口感独特和食用方便等特点，鲜切荸荠受到众多消费者的青睐。但是荸荠经过切割处理后，呼吸作用和代谢反应急剧加速，切面组织在短期内会发生颜色劣变，严重影响鲜切产品的外观品质和经济价值。

鲜切荸荠的表面黄化不是由多酚类物质的酶促褐变引起的（Teng et al.，2020）。Pan等（2015）对鲜切荸荠表面的黄化物质进行分离、提纯，鉴定出圣草酚、柚皮素等黄酮类化合物。Li等（2016）的研究发现，鲜切荸荠表面组织中的苯丙氨酸通过苯丙烷代谢和类黄酮合成途径生成了一系列泛黄的黄酮类物质，如二氢槲皮素、芹菜素、木犀草素等。

（二）鲜切马铃薯褐变

马铃薯含有丰富的维生素 C、矿物质、蛋白质和糖类等营养物质，被称为"营养之王"。马铃薯作为块茎类食物，适宜加工为鲜切产品。这不仅能够提高马铃薯的经济价值，还极大地方便了人们的生活。但鲜切马铃薯在去皮、切分过程中所遭受的机械损伤，会使产品失水过多，加速组织褐变和衰老等问题的出现，导致鲜切产品感官品质的下降以及货架期的缩短。

鲜切马铃薯发生的褐变可分为酶促褐变和非酶褐变。一方面，由于受到机械损伤，马铃薯组织细胞被破坏，在氧气大量进入组织的情况下，酚类物质在多酚氧化酶的催化作用下转化为醌类，醌类再氧化聚合生成大分子褐色物质。另一方面，马铃薯内部的还原糖与氨基酸发生美拉德反应，导致非酶褐变。有报道称，马铃薯中发生的褐变主要以酶促褐变为主。

五、鲜切果蔬的褐变控制

目前，针对鲜切果蔬的保鲜技术较多，可分为物理保鲜法和化学保鲜法。物理保鲜法主要有气调包装和低温贮藏等。化学保鲜法主要有护色剂处理等。

（一）气调包装

气调包装又称为气体置换包装，通过使用具有气体阻隔性能的包装材料，改变鲜切果蔬组织周围环境气体成分比例，来保鲜鲜切果蔬产品。由于呼吸过程，鲜切果蔬消耗氧气并产生二氧化碳，包装内氧气和二氧化碳浓度分别降低和升高。当包装内消耗的氧气和产生的二氧化碳含量等于通过薄膜渗透的氧气和二氧化碳含量时，袋内气体组成达到稳定状态。平衡时特定的气体成分可以最大限度地降低鲜切果蔬组织内的酚类氧化等生化反应的速度，从而起到控制色变、延长产品货架期的效果。然而，气调包装对鲜切果蔬产品质量的有益影响受许多不可控因素和可控因素的影响。

具体而言，气调包装技术保鲜鲜切产品的原理主要体现在两方面。一方面，气调包装技术抑制呼吸。鲜切果蔬的变质主要是由于果蔬受外部贮藏环境（环境温度、水分含量、气体组成及比例）的影响，出现水分蒸发、呼吸作用变强和氧化反应而引发褐变。而气调包装通过调节果蔬贮藏环境的湿度和气体成分，将产品置于可以抑制果蔬呼吸作用的环境中，从而达到保鲜效果。另一方面，气调包装技术抑制微生物繁殖。由于大多数微生物属于好氧性微生物，因此，果蔬在氧气充足的情况下的品质劣变速度较快。通过气调包装保证低氧的气体环境，有助于果蔬组织内抑菌类物质的积累，从而抑制微生物繁殖，使产品品质得到充分保障。应用于鲜切果蔬的气调包装可分为低氧气调包装、高氧气调包装。

1. 低氧气调包装

低氧气（1~5 kPa）和高二氧化碳（5~10 kPa）条件的气调包装广泛应用于鲜切果蔬的褐变控制。在贮藏期间，低氧气调包装减少鲜切产品质量劣变的效果与呼吸速率、乙烯生物合成、水分损失、酚氧化程度和需氧微生物数量的降低程度有关。对于鲜切梨和甜瓜而言，2.5 kPa O_2 和 7 kPa CO_2 水平的气调包装能够有效抑制乙烯的合成，从而延长产品货架期（Oms et al.，2008；Soliva et al.，2007）。2.5 kPa O_2 和 7 kPa CO_2 的气体组成还能够有效抑制山楂中的细菌生长、酵母和霉菌增殖（Oms et al.，2009）。除此之外，低氧气调包装可以有效控制鲜切羽衣甘蓝和凤梨的酶促褐变，从而有效保持其视觉外观并延长货架期（Fonseca et al.，2005；Marrero et al.，2006）。然而，对于富含抗氧化物质的产品，如香蕉、杧果和油桃，仅使用低氧气调包装不足以防止褐变，通常会结合柠檬酸、抗坏血酸等抗褐变剂进行联合处理（Cefola et al.，2014；Gonzalez et al.，2000；Vilas et al.，2006）。

O_2 浓度越低，不代表气调包装的保鲜效果越好。例如，3 kPa O_2 和 6 kPa CO_2 的气调贮藏可以有效地维持鲜切波罗蜜的外观品质（Saxena et al.，2013）。但鲜切产品暴露于过低的 O_2 和过高的 CO_2 水平可能导致厌氧呼吸和发酵，产生不良代谢产物并造成其他生理紊乱。根据 Tudela 等（2013）的报道，当暴露于 1 kPa O_2 和 11 kPa CO_2 环境中 10 d 后，菠菜中胺的积累导致严重的异味，影响产品的商业价值。然而，Gunes 等（2001）报道称，1 kPa O_2 和 15 kPa CO_2 的气体环境对鲜切苹果的发酵产物的积累有抑制作用；与仅 1 kPa O_2 的气体环境相比，其乙醛、乙醇和乙酸乙酯浓度降低约 50%。因此，包装中氧气和二氧化碳的比例必须根据每种产品和处理/加工特性（如加工形式、包装形式和贮藏条件等）确定。

除了将鲜切产品置于低氧环境中，将鲜切果蔬短时间置于无氧环境中，也会产生相同的效果。例如，鲜切荸荠在纯氮气中进行短期厌氧处理之后，组织内酚类物质水平得到了维持，多酚氧化酶活性得到了抑制，最终使褐变现象得到了控制（You et al.，2012）。

2. 高氧气调包装

据报道，使用惰性气体或高浓度氧气（>70 kPa）等条件的气调包装也可通过控制好氧微生物生长、防止厌氧发酵和抑制酶促褐变，有效延长鲜切果蔬的货架期。高氧气调包装抑制微生物生长的效果与其对可损害细胞成分的活性氧积累的抑制程度有关。高氧（100 kPa）气调包装可以抑制红甜菜中嗜冷微生物的生长，使其在 5 ℃下可贮藏 8 d（Tomás et al.，2011）。高浓度 O_2 或惰性气体的气调包装还可以有效防止鲜切甜瓜、菠菜、花椰菜和莴苣等的微生物腐败和厌氧发酵情况发生，从而有效维持这些鲜切果蔬产品的感官品质。总而言之，高氧气调包装对微生物生长的抑制效果很大程度上取决于果蔬种类、品种、生理阶段和贮藏条件。

除了对微生物生长有显著抑制效果之外，高氧气调包装还可以通过阻止二氧化碳和乙醇的生成来防止鲜切产品发生厌氧发酵。Escalona 等（2006）发现，应用 $70 \sim 80$ kPa O_2 和 $10 \sim 20$ kPa CO_2 成功降低了鲜切莴苣的呼吸速率，并阻止了厌氧发酵。同样，高氧气调包装对在 5 ℃下贮藏 10 d 的鲜切马铃薯中厌氧挥发物的产生有抑制作用，并有助于维持石榴假种皮在 5 ℃贮藏 18 d 期间的整体感官质量。此外，惰性气体和高氧包装在抑制酶促反应和保持鲜切蘑菇、马铃薯、苹果和西瓜的硬度方面也十分有效。高氧气调包装抑制酶促褐变的机理可能是高水平氧会导致多酚氧化酶的底物抑制。相较于低氧气调包装，高氧气调包装（$70 \sim 95$ kPa）对抑制鲜切蘑菇和甜瓜的酶促褐变十分有效（Jacxsens et al.，2001；Oms et al.，2008）。80 kPa O_2 和 20 kPa CO_2 的气调包装条件可以抑制多酚氧化酶活性并控制鲜切莴苣的酶促褐变。

3. 气调包装材料

气调包装技术的原理就是气体置换，因此，要达到理想的包装保鲜效果，必须选择质量过关的包装材料，保证包装内部混合气体不外泄，达到气体阻隔的效果。目前最常见的气调包装材料主要有聚氯乙烯、聚乙烯、聚苯乙烯等，都属于高分子薄膜材料。针对鲜切果蔬的气调包装而言，常用的包装材料有低密度聚乙烯、高密度聚乙烯、聚氯乙烯等。影响气调包装效果的因素除了气体组成及比例外，还包括包装材料类型及其气体渗透性等因素。Jayathunge 等（2014）采用聚氯乙烯包装鲜切番木瓜，发现其在 4 ℃温度下可以贮藏 19 d，且较好地保持了感官品质。

（二）低温贮藏

低温贮藏能有效抑制果蔬的呼吸强度和褐变相关酶活性，从而抑制褐变反应的发生，延长鲜切果蔬的货架期。同时，低温也能抑制微生物的生理代谢，从而抑制微生物的生长与繁殖。鲜切紫洋葱在 15 ℃下贮藏 2 d 就会发生褐变，而贮藏在 0 ℃下不易发生褐变（Berno et al.，2014）。在鲜切洋蓟中也观察到了类似的现象。低温贮藏是维持鲜切果蔬品质的最有效、最常用的措施。因此，加工场所的温度控制，贮藏、流通及销售过程中的冷链控制是保证鲜切果蔬品质的关键因素，也是目前应用最成熟的鲜切果蔬保鲜技术。

（三）护色剂处理

化学保鲜法主要是使用化学保鲜剂来维持鲜切果蔬品质。常用于防止鲜切果蔬褐变的化学试剂有柠檬酸、抗坏血酸、亚硫酸盐等抗氧化剂。这些保鲜剂的种类较多，根据作用机制可以分为以下几类，其中部分试剂有多种作用机制。

1. 直接控制相关酶活性的护色剂

这类护色剂主要是通过螯合氧化酶的活性辅基或是替代酶活性位点的氨基酸残基、改变 pH 等达到抑制相关酶活性的目的，从而控制鲜切果蔬的颜色劣变现象。此类护色剂主要有抗坏血酸及其盐类、4-己基间苯二酚、柠檬酸和含巯基化合物等。其中，抗坏血酸是目前易褐变鲜切果蔬最理想的褐变抑制剂。据报道，使用 0.2% 的抗坏血酸溶液浸渍桃切片可以显著抑制褐变相关酶（包括多酚氧化酶和过氧化物酶）活性，从而有效阻止褐变现象的发生（Li et al.，2009）。除此之外，含巯基化合物（如半胱氨酸）可以有效控制鲜切洋蓟的褐变现象。

2. 直接作用反应物的护色剂

这类化学试剂可以通过去除鲜切果蔬表面的氧气和导致颜色改变的反应底物达到护色目的。例如，具有抗氧化性的抗坏血酸可以直接与氧气发生反应，避免氧气参与酶促褐变。

3. 直接作用生成物的护色剂

典型物质是抗坏血酸、氨基酸等，其中抗坏血酸既可以直接控制相关酶活性，又可以直接作用于生成物。它们可以还原醌类物质，或与其形成无色的复合物，中断醌类物质聚合形成色素物质，从而抑制褐变。例如，采用乙酰半胱氨酸、异抗坏血酸或抗坏血酸溶液处理鲜切凤梨，都有效地抑制了褐变的发生。

但化学保鲜法对使用条件和浓度要求高，还可能损害果蔬风味、品质，存在食品安全隐患。基于此，许多天然防腐剂，如茶多酚、植物精油等植物提取液，也被应用于鲜切果蔬产品的保鲜中。这些天然植物提取液中所含有的某些生物活性物质，能够降低鲜切果蔬中褐变相关酶的活性，从而有效地控制其变色。例如，含有甲基松柏苷和阿魏酸-β-D-葡萄糖苷活性成分的松针提取液，可以显著抑制单酚酶和双酚酶的活性，从而有效控制鲜切苹果片的褐变（Yu et al.，2014）。

第二节　果蔬汁的褐变

一、概述

果蔬中富含各种营养成分，其中包括维生素、可溶性糖、膳食纤维等人体所必需成分。但果蔬属于易腐食品，具有很强的季节性，不易贮藏运输。将果蔬原料深加工为饮料产品，以转换产品形式的方法解决了果蔬不易贮藏的问题，使果蔬得到更充分的利用。果蔬汁是以新鲜或冷藏水果、蔬菜（可食的根、茎、叶等）为原料，经过物理化学方法（如压榨、离心、萃取等）处理得到汁液，并经过进一步加工所制成的饮品。其中以果汁产品居多，其次为蔬菜汁。

果蔬汁的加工工艺流程一般为：原料→清洗→破碎→热/酶处理→取汁→调配→杀菌、罐装→冷却→成品。根据加工工艺的不同，果蔬汁又可进一步分为澄清果蔬汁和混浊果蔬汁。相比于混浊果蔬汁，澄清果蔬汁的加工过程多了澄清和过滤步骤。而混浊果蔬汁在罐装杀菌前，需要经过均质处理。澄清果蔬汁外观呈清亮透明的状态，稳定性较高。但由于澄清和过滤步骤除去了组织微粒和果胶质等成分，其营养价值及风味、色泽等方面均不如混浊果蔬汁。

果蔬汁褐变是指果蔬汁在加工以及贮藏过程中所发生的颜色由明亮变为暗褐色的现象。褐变不仅会导致果蔬汁的外观和风味受到直接影响，还容易使果蔬汁丢失营养物质，严重时甚至引发产品变质风险。根据褐变机理，可将果蔬汁褐变分为酶促褐变和非酶褐变。其中，酶促褐变是指果蔬汁中酚类物质在多酚氧化酶和过氧化物酶的作用下与氧结合形成醌类物质，醌类物质再聚合形成褐色色素的过程。非酶褐变是指在无酶存在的条件下所发生的褐变反应，根据机理又可进一步分为美拉德反应、焦糖化反应、抗坏血酸氧化以及多酚的自动氧化缩合。果蔬汁在加工破碎过程中发生的褐变多为酶促褐变，而在贮藏销售过程中发生的褐变则以非酶褐变为主。

二、果蔬汁加工的致褐变环节

（一）破碎过程

果蔬汁在破碎过程中发生的褐变主要是由多酚氧化酶或过氧化物酶作用引起的酶促褐变。在破碎之前，酚类物质与多酚氧化酶分别位于果蔬组织细胞的不同区域。一般情况下，酚类物质位于液泡中，而多酚氧化酶则位于叶绿体和线粒体中。在破碎过程中，果蔬组织细胞壁和细胞膜破碎，细胞完整性遭到破坏，原本位于不同区域的酚类物质和多酚氧化酶便会发生接触，同时环境中大量的氧气进入组织内。在氧气存在的条件下，酚类物质会被多酚氧化酶催化成醌类，而醌类物质则进一步与蛋白质或氨基酸等物质经过复杂的反应聚合，最终形成黑色素。此外，酶促褐变还伴随着营养价值的降低以及异味的产生。有报道称，多酚氧化酶和过氧化物酶催化的酶促褐变是造成甘蔗汁颜色劣变的主要原因（Hithamani et al.，2018）。

考虑到在破碎过程中极易发生褐变，破碎方式是影响果蔬汁稳定性与整体品质的主要因素之一。通常情况下，依据不同果蔬的大小、外观及其他特性，选择适合的设备与工艺对果蔬进行破碎。主要工艺可分为热破碎和冷破碎，其中热破碎的应用较广泛。热破碎是指破碎前进行加热处理或在破碎后立即加热。热破碎可以通过抑制氧化酶活性来有效抑制酶促褐变的进行程度，同时还可软化果肉，降低汁液黏稠度。冷破碎则可在破碎过程中有效避免营养物质的损失，尤其是维生素 C 的损失。

(二) 贮藏过程

1. 非酶褐变

在贮藏过程中，果蔬汁的颜色改变多是由非酶褐变导致的。非酶褐变是指在没有酶参与的情况下发生的褐变。果蔬汁在贮藏期间发生的非酶褐变主要是美拉德反应、多元酚氧化缩合反应和抗坏血酸降解反应。其中，美拉德反应的产生是由于果蔬汁中的还原糖类和氨基酸化合物发生羰氨缩合反应，从而形成黑褐色物质。多元酚氧化缩合反应是由于多元酚容易被氧化为醌类，经酚类物质自身的聚合、酚类与蛋白质反应以及金属离子参与酚类的聚合引发的共呈色作用导致果蔬汁的褐变及混浊。抗坏血酸降解反应是指果蔬汁中含量较低的抗坏血酸极易发生氧化降解生成脱氢抗坏血酸。脱氢抗坏血酸既能够在酸的催化下开环脱羧形成糠醛，又可直接与游离氨基酸发生羰氨反应，进而形成黑色素等褐色物质。

L-抗坏血酸的降解被认为是食品加工过程中质量变化的主要原因，其会直接或间接影响食品颜色，并生成风味物质和褐色物质，在果蔬汁中发生较多。Zerdin 等（2003）认为抗坏血酸降解反应是柑橘汁贮藏过程中质量劣变的最重要的反应。有研究发现，复合果汁的褐变主要是由抗坏血酸降解引起的，且非酶褐变的进程随着温度升高而加快。

贮藏过程中的光照会加快果蔬汁中抗坏血酸、类胡萝卜素和花青素等物质的降解，导致果蔬汁颜色发生劣变。包装材料的厚度和颜色会影响其对光照的阻隔效果，进一步影响包装内产品非酶褐变的程度和感官指标的变化。

2. 酶促褐变

果蔬汁在贮藏过程中也存在酶促褐变的现象。具有多羟基结构的多酚有较强的亲水能力，可直接与富含脯氨酸的蛋白质通过氢键及疏水相互作用缔合。除了直接相互作用外，多酚被多酚氧化酶氧化后产生的具有亲电性的醌类物质，也可与蛋白质侧链的亲核性氨基酸残基（如甲硫氨酸和半胱氨酸）发生反应，最终产生多酚-蛋白质加合物。据报道，在马铃薯汁的贮藏过程中，大多数游离绿原酸与蛋白质发生共价结合，最终产生棕色可溶性复合物，造成产品的颜色劣变（Narváez et al.，2013）。除此之外，Siebert（1999）证实了苹果浊汁中多酚与蛋白质的相互作用。苹果浊汁中的儿茶素和原花青素发生自身聚合或氧化反应，聚合体或者醌类物质再与蛋白质发生相互作用使其发生褐变。

三、影响果蔬汁褐变的因素

（一）影响酶促褐变的因素

1. 酚类组成

酚类物质作为酶促褐变和非酶褐变反应的底物，是引起果蔬褐变的物质基础。酚类物质组成因品种、栽培条件及部位等的不同而不同。此外，由于多酚氧化酶具有底物特异性，所以不同果蔬品种中多酚氧化酶的最适酚类底物不同。换言之，不同品种果蔬中致褐变的酚类物质也存在差异。因此，果蔬中不同的酚类物质被多酚氧化酶氧化后会产生不同的氧化产物，并导致不同的颜色变化。例如，苹果中主要的酚类化合物是表儿茶素或绿原酸，其氧化产物呈暗橙色；香蕉中主要的酚类化合物是多巴胺，氧化产物呈亮黄色；葡萄中主要的酚类化合物是儿茶素，其氧化产物是粉红色；马铃薯中主要的酚类化合物是酪氨酸，其氧化产物呈深棕色。

2. 多酚氧化酶活性

多酚氧化酶是植物体内普遍存在的一种含铜离子的膜结合蛋白酶。在有氧条件下，多酚氧化酶催化酚类物质转变为红褐色醌类物质，再与氨基酸氧化缩合生成黑褐色聚合物。影响多酚氧化酶活性的因素有温度、pH、果实成熟度等。多酚氧化酶自身具备的耐热性较弱，其最适温度为 20 ℃。但香蕉、苹果、梨中多酚氧化酶热稳定性较高，加工过程中不易失活，易引起较大程度的褐变。果蔬中多酚氧化酶的最适 pH 为 5.1～7.1。多酚氧化酶的活性随着 pH 的下降而直线下降。特别是当 pH＜3.0 时，高酸性环境会使酶蛋白上的铜离子解离下来，导致多酚氧化酶逐渐失活，酶活性趋于最低。

（二）影响非酶褐变的因素

1. 温度

非酶褐变受温度的影响较大。温度相差 10 ℃，褐变速度可相差 3～5 倍。例如，美拉德反应一般在 30 ℃以上发生较快，而在 10 ℃条件下几乎不发生。通常情况下，果蔬汁贮藏温度越高，贮藏时间越长，则非酶褐变反应越严重，且褐变速度加快。另外，温度的稳定性对褐变也有一定影响。在恒温条件下贮藏的果蔬汁的实际褐变速度及酚类物质的损失也远远小于变温贮藏。

2. pH

一般来说，pH 过大或过小（相对于最适 pH），即酸、碱值越高，非酶褐变反应越严重。果蔬汁 pH 在 3.0 左右时的非酶褐变程度较轻，pH 升高或降低都会导致非酶褐变的发生。当 pH＞3.0 时，抗坏血酸的稳定性欠佳，容易发生分解并导致非酶褐变。此外，多酚的氧化聚合在碱性条件下极易进行，在酸性条件下也可以进行。

3. 氨基酸含量

氨基酸是参加美拉德反应和焦糖化反应的主要反应物，因此氨基酸类别及含量也是影响果蔬汁非酶褐变的重要因素。一般而言，碱性氨基酸的羰氨反应活性要高于酸性氨基酸；带羟基氨基酸的反应活性高于非极性氨基酸。贮藏过程中，氨基态氮和多酚的交互作用是决定梨浓缩汁以及橙汁褐变的主要因素（Shinoda et al.，2004）。

四、典型案例

（一）苹果汁褐变

苹果作为人们日常生活中最普遍食用的水果，除鲜食外，最主要的用途就是加工成（浓缩）苹果汁。苹果汁中富含维生素 C、膳食纤维、有机酸、矿物质及生物活性成分，具有抗氧化衰老、防辐射、润肺等功效，深受消费者喜爱。但在加工、贮藏、运输（浓缩）苹果汁的过程中也存在较大难题，其中最复杂、最难控制的就是苹果汁的褐变问题。有报道称，由于褐变的影响，传统苹果汁加工过程中酚类化合物含量损失达到 58%，抗氧化能力与新鲜苹果相比也降低 90%。

发生在苹果汁中的褐变主要包括酶促褐变和非酶褐变，其中酶促褐变更易发生。根据 Espley 等（2019）的报道，相比于澄清苹果汁，酶促褐变更易在混浊苹果汁中发生，并对苹果汁颜色、风味和营养价值造成很大的负面影响。抗坏血酸降解反应是苹果汁非酶褐变的主要反应机制。抗坏血酸发生热降解反应产生糠醛，或转化为 L-脱氢抗坏血酸与氨基酸一起参与 Strecker 降解过程，最终导致苹果汁的颜色劣变。

（二）梨汁褐变

梨果肉酥脆多汁、酸甜爽口，富含水分和糖类，因此更易加工成梨汁。此外，将梨加工成梨汁，其营养价值并无较大损失，仅纤维素含量有所降低。但类似于苹果汁，梨汁在加工贮藏过程中也极易发生褐变，主要包括酶促褐变和非酶褐变。梨汁的酶促褐变程度主要与梨果实的相关氧化酶活性和总多酚含量有关，且与梨果实的 pH 显著相关。梨汁的非酶褐变也与梨果实的总多酚含量密切相关。梨果实中的酚类物质有绿原酸、熊果苷、儿茶素、槲皮素、表儿茶素、芦丁、没食子酸等。其中，绿原酸和熊果苷的含量占总酚含量的 85% 以上，是梨果实中主要的酚类物质。已有研究认为，梨果实中主要的褐变底物为绿原酸，其次为表儿茶素和儿茶素。

梨果实中酶促褐变相关酶类的活性、酚类物质含量和组成以及对梨汁褐变的影响程度也因品种的不同而存在差别。通过对梨不同品种制汁性能的研究，初步筛选出一些适合制汁的品种，如"锦香""黄金""安梨"。使用这些品种的梨果实所制得的果汁在贮藏期间能保持良好的色泽。

五、果蔬汁的褐变控制

在果蔬破碎加工过程中采用热处理，是抑制果蔬汁褐变最常用、最有效的方法。热处理包括热水、热蒸汽、热空气处理。因为参与酶促褐变的氧化酶是蛋白质，其活性受温度的影响而变化。高温可使蛋白质变性而失去活性，从而抑制酶促褐变的发生。但热处理在抑制氧化酶（包括多酚氧化酶和过氧化物酶）活性的同时，也对果蔬汁中的热敏性成分（特别是抗氧化物质）造成了一定的损失。Murtaza 等（2018）研究发现，在 90 ℃条件下，加热 30 s 的热处理可以导致苹果汁中挥发性风味化合物的破坏。

随着人们对健康、低加工食品需求的增加，新兴的食品非热加工技术，例如超高压技术、超声技术或脉冲电场技术等，逐渐被应用到果蔬汁抗褐变研究中。研究发现，苹果汁经超高压（压强 450 MPa，温度 50 ℃）处理 5 min 后，多酚氧化酶的残余活力为（9±2.2）%，褐变也得到了较好的抑制（Bayindirli et al.，2006）。Sulaiman 等（2017）使用超声技术和脉冲电场技术处理苹果汁，发现这 2 种技术均可有效抑制苹果汁中褐变物质的产生，从而改善苹果汁的亮度。他们还发现，经超声和脉冲电场技术处理得到的苹果汁的风味优于热处理后的苹果汁。

除了热处理和非热加工技术等物理方法外，添加护色剂也是抑制果蔬汁褐变的常用方法。常用的护色剂有抗坏血酸及其衍生物、酸类试剂（如柠檬酸、苹果酸）、亚硫酸盐、L-半胱氨酸等。单一护色剂的褐变抑制效果有限，在实际应用过程中常使用复合抑制剂。Ozolu 等（2002）研究发现，通过添加 0.49 mmol/L 抗坏血酸、0.42 mmol/L L-赖氨酸和 0.05 mmol/L 肉桂酸可以有效抑制混浊苹果汁的褐变。

第三节　其他果蔬制品的褐变

一、果酱的褐变

果酱是在新鲜水果或中间产品中添加糖和其他成分（凝胶剂、淀粉糖浆和酸）而制成的产品。据报道，生产或贮藏期间不合适的热处理会导致水果和热带水果混合物等果酱中的糠氨酸含量升高（Kwak et al.，2004）。糠氨酸是美拉德反应初期的标志性产物，其含量随着温度和时间的增加而增加。糠氨酸含量较低的果酱样品可能是在温和的条件下处理的，而糠氨酸含量较高的果酱样品可能是在温度较高的热处理条件下处理的。

浆果中的抗坏血酸在贮藏过程中更加敏感，贮藏温度对其有显著影响。

Patras 等（2011）研究了贮藏时间和温度对草莓酱抗坏血酸降解的影响。结果表明，抗坏血酸损失率与褐变呈正相关，其降解遵循一级反应动力学，速率常数随温度的增加而增加。Mazur 等（2014）研究发现，高糖浓度对树莓果酱中的抗坏血酸有保护作用，其保留率可达 89%。

二、果粉/果干/果脯的褐变

果粉、果干和果脯在加工中必然要经过干燥的过程。无论何种干燥方式，都会降低水分活度。Malaikritsanachalee 等（2018）研究发现，凤梨褐变是在凤梨干燥过程中气流引起的美拉德反应导致的。Li 等（2022）报道称，热风干燥温度从 50℃增加到 90℃，干燥时间可从 30.1 h 下降到 10.3 h，秋葵果饼的褐变指数从 26.40 增加到 39.33,5 - HMF 含量增加，抗坏血酸含量下降。皮尔逊相关性分析结果表明，美拉德反应是导致秋葵果干褐变的主要原因。

Michalska 等（2016）采用不同方式（包括冷冻干燥、真空干燥、对流干燥、微波真空干燥以及对流预干燥和微波表面干燥结合）对全果李粉进行干燥，发现无论采用哪种干燥技术，全果李粉都会出现不同程度的褐变。当在 70℃高温下干燥时，李粉中 HMF 含量为 3.24～70.01 mg/(kg·dm)，而冷冻干燥后没有发现 HMF，表明高温引起的褐变主要与美拉德反应有关。除了加工会导致阿马道里重排产物的生成，Sanz 等（2001）发现，葡萄干等一些干果制品在贮藏过程中也会形成阿马道里重排产物。因此，通过改善干果制品的贮藏条件也可以调控干果中阿马道里重排产物的含量。

三、蔬菜干制品的褐变

除了果汁、果酱、果粉、果干和果脯在加工及贮藏过程中会发生美拉德反应外，一些蔬菜干制品也会发生美拉德反应。阿马道里重排产物作为美拉德反应的初期产物，已经在一些蔬菜干制品中被检测到，比如番茄粉/酱、辣椒粉和干制的洋葱等（Meitinger et al.，2014）。例如，在番茄粉中，总阿马道里重排产物的含量高达其干物质的 8%（Davidek et al.，2005）；洋葱粉中总阿马道里重排产物的含量达到干物质的 5%（Javier et al.，2006）。分析胡萝卜加工制品中的美拉德反应产物发现，在干制胡萝卜制品中，阿马道里重排产物是主要反应产物，美拉德反应后期产物较少（Wellner et al.，2011）。

果蔬干制品的褐变主要发生在干燥阶段，果蔬干制技术的选择对其褐变控制有重要意义。与传统干燥相比，真空冷冻干燥可以抑制褐变，更好地保护产品颜色。由于真空冷冻干燥是将物料中水分直接由冰升华为水蒸气，适用于热敏性及易氧化物料的干燥，对品质的影响较小。冷冻干燥后的枣干产品中维生素 C 保留率达 99.58%，且有效控制了其褐变（Hao et al.，2018）。

第四篇　其他色变篇

第七章 其他色变

第一节 红　　变

一、红变类型

(一) 花青素变化引起的红变

一些水果（例如梨和桃）在加工过程中会发生红变，通常是由花青素的变化所引起，红变包括粉变、粉红色变色等。花色苷的颜色是化合物结构、浓度、pH、温度、金属离子、溶剂类型以及非花青素酚类化合物和其他辅色素的复杂相互作用所决定的。花色苷的颜色与 A 环和 B 环的结构有关，羟基的增加会导致蓝紫色增强（红移，波长向长波方向移动），甲氧基增加则导致红色增强（蓝移，波长向短波方向移动）。花色苷的颜色与糖基的数目、类型及位置有关，同时酰基的数目和类型也影响着花色苷的颜色。花色苷的颜色会随pH 的变化发生明显改变，在强酸条件时，花色苷呈现鲜艳的红色。原花青素转化生成有色花青素，发生粉变。例如，关于梨罐头的研究发现，变粉的一种可能机制是原花青素在热酸催化下裂解，然后以半缩酮的形式进行花青素部分的亲核加成（图 7-1），得到第 4 位碳正离子，这些碳正离子活性很强，可以通过自氧化生成花青素（Bourvellec et al.，2013）。原花青素的转化同样也是花椰菜小花在热处理后发生粉变的原因。

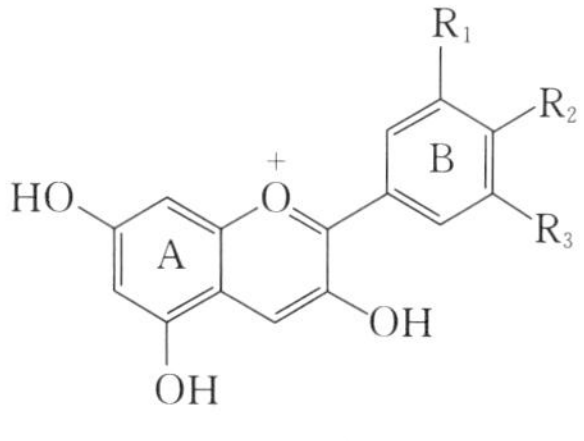

图 7-1　花青素母体结构

除花青素本身的颜色外，花青素与金属离子反应也会引起粉变。粉红色变色的出现取决于各种因素，如 pH、温度、处理时间、罐头类型和贮藏，主要的加工因素是过度加热和延迟冷却。例如苹果、香蕉、番石榴、桃和梨等水果在未上漆的锡罐中热处理时会出现粉红色变色。红变过程的第一步是原花青素氧化形成相应的醌甲基化合物，在加热条件下，该化合物通过共轭脱水碱转化成红色花青素。在无还原剂存在下，共轭脱水碱能够螯合亚锡离子形成粉紫色复合物（Adams et al.，2007）。研究发现，加热的香蕉和豆类形成的粉红色色素是含有醌环和黄嘌呤核的有色苯类聚合物。该过程中氯化锡可沉淀原花青素，对沉淀物进行热处理后就会产生紫色素。

（二）含硫化合物引起的红变

洋葱在匀浆过程中会产生红色素使其颜色变为粉红色或红色。洋葱的红变与 S-（1-丙烯基）-L-半胱氨酸亚砜（1-PeCSO）和含 1-丙烯基的硫代亚磺酸盐密切相关。先前的研究认为红色素的形成有 3 个步骤。第 1 步是蒜氨酸酶作用于 1-PeCSO 形成一种醚溶性的无色有机硫化物，该硫化物可能是 2-（1-丙烯基）-硫代亚磺酸盐或含 1-丙烯基的硫代亚磺酸盐，且研究发现只有含 1-丙烯基的硫代亚磺酸盐才能产生色素（Kubec et al.，2004）。第 2 步是硫代亚磺酸盐和蛋白质氨基酸（如甘氨酸）反应产生色素前体（含硫吡咯衍生物，PP），该反应为非酶反应。第 3 步是 PP 与天然存在的羰基（如甲醛）反应，形成粉红色或红色色素。最近的研究表明，PP 可与蛋白质氨基酸（如丙氨酸或缬氨酸）反应生成红色素（3,4-二甲基吡咯低聚物）（Imai et al.，2006）。

Dong 等（2010）提出了一种洋葱变红的新途径，并强调蛋白质氨基酸和蒜氨酸酶并不是该过程所必需的。该途径的第 1 步是 1-PeCSO 在酸性条件下生成 2-（1-丙烯基）-硫代亚磺酸盐，并伴有丙酮酸和铵的生成，该反应与蒜氨酸酶作用 1-PeCSO 的催化转化基本相同。第 2 步是 2-（1-丙烯基）-硫代亚磺酸盐与 1-PeCSO 反应生成色素前体 PP，与上述途径中显色剂与缬氨酸和丙氨酸之间的反应类似，但由于 1-PeCSO 与蛋白质氨基酸结构高度相似，所以由 1-PeCSO 代替了蛋白质氨基酸。第 3 步是 PP 与未知化合物反应生成红色色素，并推测该未知化合物是甲醛。

1-PeCSO 是洋葱红变的主要前体物质，只有当洋葱中含有足量的 1-PeCSO 时，才会出现红变现象（Dong et al.，2010）。而含 1-丙烯基的硫代亚磺酸盐是整个反应的关键物质，被称为显色剂（CD），洋葱形成的颜色主要取决于硫代亚硫酸盐的结构。硫代亚硫酸盐的丙基、1-丙烯和甲基衍生物分别形成浅粉色、粉红色和洋红色化合物。

（三）其他红变

在野甘蓝和甘蓝中也发现了红变现象。野甘蓝中的红变是由抗坏血酸和氨基酸降解产物的非酶相互作用导致的，且该红色色素往往是褐变过程的中间体（图 7-2）。氨基酸通过 Strecker 降解过程形成醛类，然后与脱氢-L-抗坏血酸（DHA）和 2,3-二酮古洛糖酸（DKG）反应。甘蓝中的红色素是 DHA 与氨基酸反应生成了抗坏血酸，抗坏血酸随后再与 DHA 的二级分子反应生成红色素（Adams et al.，2007）。烫漂会加速抗坏血酸的氧化，促进红色素的形成。

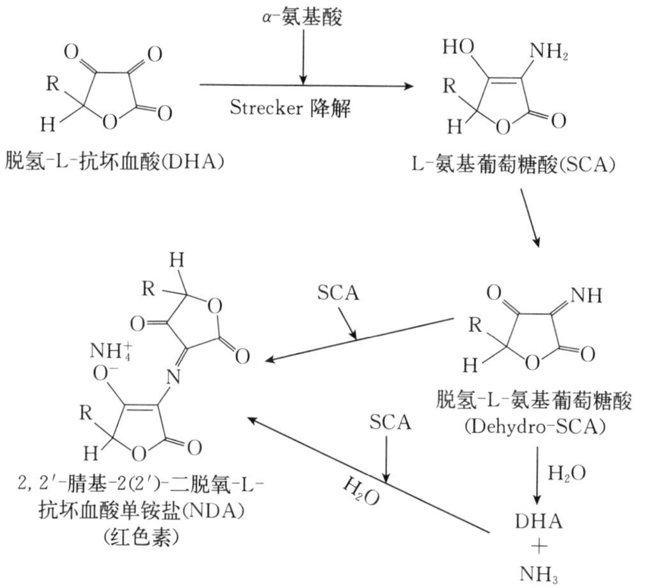

图 7-2 野甘蓝粉变的可能机制

菊苣的头部也有红色色变的出现，且变色随贮藏时间的增加而增加。红变现象与细胞壁被破坏引起的生理紊乱有关，由细胞损伤和随后的酚类化合物氧化引起，但红变途径及该过程中涉及的具体化合物尚不清楚。

二、红变的控制

（一）花青素引起的红变的控制

水果中的花青素含量是影响红变的重要因素。花青素含量高的水果在罐头加工处理过程中更容易发生粉变，因此可采用花青素含量较少的加工专用品种作为罐头的原料。粉变是由于过度加热或延迟冷却所造成的，因此控制加热时间或者加工后立即冷却能够有效抑制粉变。

添加 0.15% 的柠檬酸将 pH 降低到 4.6 以下，可以防止罐装梨中的粉红色变色。在加工过程中添加过量糖浆会因高渗透压破坏组织结构而加速粉变，加入适量的糖浆可抑制粉变。添加与果肉糖度相同的糖浆有利于减少罐头梨的粉变。

添加适量的亚锡离子（例如氯化亚锡）会增强变色，但当添加量超过某临界水平（该添加量取决于花青素的含量），能起到抑制粉变的作用。亚锡离子起到还原剂的作用，其他强还原剂（如二氧化硫、硫化氢和抗坏血酸）也能有效地抑制变色，但弱还原剂（如草酸）则不能。二氧化硫和氯化亚锡不会直接减少原花青素降解所形成的色素，但可以通过减少分解过程中的中间体来防止或逆转这种降解。即还原剂通过逆转或抑制原花青素氧化为醌甲基化合物来减少加热梨的粉红色变色（Chandler et al.，1970）。

（二）含硫化合物引起的红变的控制

1. 调节 pH

pH 对洋葱变红过程中蒜氨酸酶的活性以及非酶褐变产生影响。洋葱泥制成的第一时间用醋酸将 pH 迅速降低至 3.5 会抑制某些组分转化为活性前体（1-PeCSO），从而抑制红变。研究发现，室温条件下红变通常发生在 pH 2.5～5.5，且在碱性条件下色素不稳定（Joslyn et al.，1958）。

蒜氨酸酶在酸性条件下很不稳定，且非酶褐变在 pH 为 4～5 时更加活跃。用盐酸或乙酸将 pH 调节至 2.5 以下，能够显著降低蒜氨酸酶的活性，并在一定程度上减缓非酶褐变的进行从而抑制红变。其中盐酸不仅能够降低红色素沉着的速度和程度，还可以加快红色素的分解。

2. 调节温度

在洋葱切片后进行蒸汽处理也能够抑制红变。短时间的蒸汽处理会加快色素形成，但蒸汽处理 50 s 或更长的时间则能够完全抑制色素的形成。洋葱泥在低于 20 ℃的温度下贮藏，能够降低其变红的速度和程度。蒜氨酸酶和硫代亚磺酸盐都是热敏性的。有研究发现，洋葱汁热处理后红变减少。因此，可以通过提高温度来防止红变，在浸渍前进行热处理也可以防止红变（Joslyn et al.，1958）。

3. 其他方法

在洋葱泥中添加 5%～25%的氯化钠可抑制其发生红变，抑制效果与添加氯化钠的浓度成正比（Joslyn et al.，1958）。

过氧化氢在 0.1%的水平上能够抑制红变，而在更高的水平上，则完全防止了红变（Joslyn et al.，1958）。添加还原剂（抗坏血酸、半胱氨酸、亚硫酸氢盐等）对洋葱泥的红变有抑制作用。半胱氨酸能够通过与色素前体中的吡咯核反应，起到防止粉红色变色的效果（Shannon et al.，1967）。在粉碎的白洋葱中加入半胱氨酸，并将混合物加热到 71.1～87.8 ℃，可有效防止粉碎的白洋葱红变。

（三）其他红变的控制

甘蓝在 pH<3.5 时不发生变色（Ranganna et al.，1968），因此可通过调控 pH 的方式防止甘蓝的红变。

对菊苣红变的研究发现，CO_2 浓度升高和 O_2 浓度降低的气调条件有利于避免菊苣的红变，其中 10% O_2 和 10% CO_2 的气调组成与 5 ℃的贮藏温度相结合，对于防止红变和其他负面品质效果最佳。同时，研究还发现热休克（46 ℃，120 s）处理能够通过降低 *PAL1* 基因转录的水平，抑制创伤诱导的苯丙氨酸解氨酶活性的增加，从而抑制鲜切菊苣红变（Salman et al.，2008）。

第二节　黑　　变

一、黑变类型

（一）酶促氧化黑变

由于环境胁迫，部分水果和蔬菜中会发生黑变，酶促黑变反应与酶促褐变反应相似，通常认为该变色是由酚类化合物的酶促氧化所引起。酚类化合物结构的差异会导致生成色素颜色的不同。例如，酪氨酸和多巴被氧化成黑色素，而非含氮酚类化合物，儿茶素和绿原酸的氧化则产生棕色色素。

马铃薯的黑斑、去皮前变黑和黑心等现象中存在的黑色素即是多酚氧化酶（酪氨酸酶）催化氧化酪氨酸的结果。整个反应可分为酶反应和非酶反应。在氧气存在的情况下，酪氨酸酶将酪氨酸氧化为 3,4 - 二羟基苯丙氨酸（多巴），然后多巴再被酪氨酸酶迅速氧化为多巴醌。多巴醌在非酶反应中环化成 5,6 - 二羟基吲哚衍生物，再被氧化成红橙色的多巴色素，多巴色素形成后，经过一系列非酶聚合、氧化以及与蛋白质的反应，从棕色变成紫色，最后形成黑色素（Paul et al.，1981）。

（二）络合物引起的黑变

果蔬表皮呈酸性时，铁离子能与桃和油桃表皮中普遍存在的花青素、绿原酸、儿茶素、表儿茶素和咖啡酸等形成复合物（Cheng et al.，1995），且与不同酚类化合物形成金属酚类络合物的变色强度差异很大。

1. 铁-绿原酸络合物

不同品种马铃薯煮熟后，在贮藏时会出现深灰色到黑色的变色，该现象还发生在烫漂马铃薯（如冷冻薯条）以及罐头和脱水马铃薯制品中，被称为烹饪后变黑（After - cooking darkening，ACD）。该变色由非酶氧化引起，在加热的过程中，马铃薯中含有的亚铁离子和绿原酸会形成一种无色的亚铁-绿原酸络合物，该络合物在静止状态下会慢慢氧化成黑色的铁络合物（Hughes et al.，1969），该络合物中铁与绿原酸的配合比为 1 : 2。

煮后变色的程度受多种因素的影响，例如柠檬酸的存在以及 pH 的变化等。马铃薯块茎中绿原酸与柠檬酸的比值决定了马铃薯块茎变暗的程度，较高的比率通常导致颜色更深的块茎（Wang et al.，2004）。因为柠檬酸螯合铁的能力比绿原酸强，所以马铃薯中柠檬酸的存在会抑制变色，在烹调的水中加入柠檬酸也可以减少变色。绿原酸和柠檬酸在块茎中的分布不同，绿原酸在茎端的浓度较高，而柠檬酸在芽端的浓度较高，所以块茎末端的发黑现象往往更为普遍。总绿原酸含量也起着关键作用，且不受绿原酸异构体的相对浓度的影响。收获后造成的瘀伤或在冷藏和光照下贮藏会导致绿原酸水平的增加，从而增加烹调后变黑的发生率。pH 会影响铁与绿原酸形成的络合物的类型。pH＜6.5 时，铁与绿原酸的络合物配合比为 1∶1；pH 为 6.5 时，生成 1∶2 的铁-绿原酸络合物；pH 为 8 时，生成 1∶3 的铁-绿原酸络合物。铁-绿原酸络合物的颜色从绿色（pH 5.5）到灰蓝色（pH 6.5～7.0），并会进一步氧化黑变，在较高的 pH 下，络合物呈棕黑色。烹调后的发黑还受到农艺因素的影响，如品种、土壤、肥料和季节等（Wang et al.，2004）。

2. 花青素络合物

在包装、运输和贮藏过程中，桃和油桃表面会发生变黑的现象，该变色表现为黑色的斑点或条纹（Phillips，1988）。果皮磨损损伤和重金属污染是桃和油桃果皮变色的必要条件，且极低强度的物理损伤就会导致表皮和皮下组织细胞破裂，从而导致黑变。外源污染物在表皮变色中有重要作用。研究发现，桃在自然条件下不会产生金属离子，因此只有外源性金属污染才能导致变色。其中，铁和铝在果实上的积累受收获前的喷药、灰尘、喷药时间以及收获前的降水量等影响（Cheng et al.，1994）。

研究发现，变色与 pH 也有一定关系，果皮与高 pH 溶液（pH＞8.0）接触会变黑（Cantín et al.，2011）。果皮细胞受损会导致酚类色素的释放，当暴露在高 pH 下时，这些色素会引发深色变色，且随时间的延长变色加深。花青素和酚类化合物位于表皮细胞的液泡内，桃中含量最丰富的红色素是花青素-3-葡萄糖苷（Crisosto et al.，1993），当环境 pH 改变时，这种化合物会改变颜色，该花色苷溶液在 pH 1～3 时呈红色，在 pH 4～5 时无色，在 pH 6～7 时呈紫色。

表皮细胞受到伤害后，其液泡释放花青素和其他酚类物质，金属离子和花青素形成金属络合物导致桃和油桃产生黑变，在所研究的金属离子中，铁表现出最大的诱导变色（Cheng et al.，1994）。由于表皮组织中存在花青素和酚类化合物，所以铁引起的变色主要取决于磨损的表皮组织周围重金属的有效浓度。

除此之外，色变的另一个潜在机制是花青素和其他有机化合物之间的反应（共着色），此过程不需要金属参与，且会使变色强度增加（Cheng et al.，1997）。其辅色素可以是类黄酮、生物碱、氨基酸、有机酸、核苷酸、多糖或其他花青素，当它们与花青素溶液混合时，会发生相互作用，导致体系在紫外光和可见光区域的吸收强度增加。因此，特定酚类物质的浓度、相对数量以及水果表皮细胞中其他色素的存在，都会影响色素相互作用的发生，从而导致水果表皮变黑，且色素沉着效应的大小取决于 pH（Cantín et al.，2011）。

二、黑变的控制

（一）酶促黑变的控制

pH 能够影响酶的活性，当 pH 为 4.0 时，能够有效抑制酶的活性，而当 pH 为 5.0 或更高时，对酪氨酸氧化的抑制作用较弱。因此，可将 pH 调节至 4.0 以下来抑制酶促发黑。

亚硫酸氢盐对酶促发黑反应中酪氨酸氧化的抑制效果与 pH 有关，在 pH<5 时，亚硫酸氢钠是一种非常有效的酪氨酸酶抑制剂。在亚硫酸氢盐溶液中加入 pH 为 5.0 左右的酸缓冲溶液是抑制马铃薯酶促发黑的有效方法，食品工业中使用的 pH 接近 5.0 的有机酸可作为缓冲溶液使用（Muneta et al.，1977）。焦磷酸二钠（SAPP）是一种有效的缓冲溶液，与亚硫酸氢盐混合能够极大地抑制酪氨酸的氧化。

二次浸泡法可有效抑制马铃薯的酶促变黑。在 pH 接近 4.0 的缓冲亚硫酸氢盐中浸泡可使多酚氧化酶迅速失活，然后用水冲洗除去缓冲亚硫酸氢盐，再用亚硫酸氢盐溶液进行处理，以抑制残留酶活性。这可以有效地控制酶促变黑，并减少由于亚硫酸氢盐的存在而可能出现的风味问题（Muneta et al.，1977）。

巯基化合物（例如半胱氨酸）也是酪氨酸氧化的有效抑制剂，能够通过抑制酪氨酸的氧化来抑制酶促发黑。与亚硫酸氢盐不同的是，巯基化合物不会使酶失活（Muneta，1981）。半胱氨酸能与氧化的多巴（多巴醌）形成加成产物，浓度较高的加成产物会产生酶抑制，半胱氨酸对酶促黑变第一步（即酪氨酸氧化成多巴）的抑制效果更好。

（二）络合物引起的黑变的控制

1. 铁-绿原酸络合物引起的黑变的控制

螯合剂，例如酸性焦磷酸钠（SAPP）、乙二胺四乙酸（EDTA）、葡萄糖酸、葡萄糖酸钠、柠檬酸钠、葡萄糖酸铵和亚硫酸氢钠等（Wang et al.，2004），能够通过形成水溶性络合物而使铁或其他金属离子失活，从而防止马铃薯在烹饪后的变色。螯合剂使金属离子成为内环结构的组成部分使其失活，其中金属以不可电离的形式存在，并且不能参与邻苯二酚的反应，从而阻止深色色素的正常形成。在煮前 24 h 或更长时间，将去皮的马铃薯浸泡在稀的螯合剂溶液（例如 EDTA）中能够减少或防止变黑。柠檬酸也是一种螯合剂，是目前公认的控制马铃薯块茎烹饪后变黑严重程度的关键因素。柠檬酸螯合铁的能力比绿原酸强，因此可以与绿原酸竞争铁，并与铁结合形成无色的铁-柠檬酸复合物。

SAPP 能与黑色素中的铁复合，从而减少马铃薯烹饪后的发黑（Muneta et al.，1977）。然而，在加工过程中，温度和 pH 都会影响 SAPP 的效果。研究表明，SAPP 在 pH 为 5.0 以及温度为 20~25 ℃时，对 ACD 的控制效果最好，但 SAPP 在水解后会产生一种苦涩的味道，从而影响经 SAPP 处理的马铃薯的风味。

Mazza 等（1991）用阿拉伯胶、明胶和氯化钙的混合物喷洒水焯过的马铃薯薯条，有效地预防了 ACD 的发生，且对 ACD 的抑制作用与 0.5% SAPP 在 pH 为 5.0 和温度为 20 ℃处理的效果相当。其中，阿拉伯胶能够防止亚铁-绿原酸络合物的氧化，钙离子则与绿原酸竞争 Fe^{2+}，减少有色的铁-绿原酸络合物的形成。研究发现，马铃薯在 1% 亚硫酸氢钠和 1% 螯合剂（乙二胺四乙酸的二钠盐或四钠盐）的混合物中浸泡 60 s，当处理时间和烹饪时间间隔 24 h 以上时，可有效防止去皮马铃薯烹饪后变黑（Greig et al.，1955）。

酸调节也能有效抑制 ACD 现象，在酸性水中煮熟的马铃薯不会变黑。例如，马铃薯在含有少量醋酸的水中烹调比在自来水中烹调的效果更好。用 pH 4.5 的 NaH_2PO_4 缓冲溶液也能防止马铃薯的变黑（Smith et al.，1942）。

2. 花青素络合物引起的黑变的控制

桃表皮的黑变是由物理磨损和外源金属离子的污染引起的。为了减少磨损，应轻拿水果以及避免长途运输。为了减少外源金属的污染，应保持收获设备的清洁、避免灰尘污染水果、检查水质的重金属（铁、铝和铜）污染以及在收获前 22 d 内避免喷洒含有重金属的叶面营养喷雾（Crisosto et al.，1999）。

与高 pH 溶液接触的时间对表皮的变色强度有影响。因此，在采后洗蜡过程中应尽量减少桃暴露在高 pH 溶液中，以减少表面黑变的发生。柠檬酸是一种强铁螯合剂，与铁螯合后，对花青素产生竞争性抑制作用，延缓和逆转铁-花青素络合物的形成（Cheng et al.，1997）。

第三节　褪　　绿

一、褪绿类型

对于大部分绿色果蔬而言，其绿色主要来源于叶绿素。叶绿素在果蔬加工以及贮藏的过程中容易发生降解，导致果蔬的颜色褪绿变黄。绿色果蔬在加工过程中会因 pH 以及加热的影响导致叶绿素被破坏发生变色。该过程主要有 2 种途径。①叶绿素在酸或热的处理下会变为脱镁叶绿素（橄榄绿），并在进一步热处理下变为焦脱镁叶绿素（褐色）。②叶绿素在叶绿素酶作用下变为脱植叶绿素，在酸或热的处理下会变为脱镁脱植叶绿素（橄榄绿），最终在热处理下变为焦脱镁脱植叶绿素（褐色）。

（一）叶绿素的酶促分解

果实通常在未完全成熟时（呈绿色）采收，在贮藏过程中会发生自然褪绿。在叶绿素酶和脱镁叶绿素酶的作用下，叶绿素 a 分别脱去植基和镁离子，形成具有环状结构的脱镁叶绿酸 a，它是无色产物的直接前体。脱镁叶绿酸 a 的生成有 2 种方式，一种是叶绿素酶直接作用于叶绿素 a 生成脱植基叶绿素 a，再经脱镁叶绿素酶转化为脱镁叶绿酸 a（Heaton et al.，1996）；另一种是脱镁叶绿素酶先作用于叶绿素 a 生成脱镁叶绿素 a，再经叶绿素酶生成脱镁叶绿酸 a（Matile et al.，1999）。脱镁叶绿酸 a 在脱镁叶绿酸氧化酶（PAO）作用下使卟啉环上 4 位和 5 位碳的共价键断裂，裂解成红色叶绿素降解产物（RCC）（Rodoni et al.，1997），RCC 随后被运输到叶绿体外，进入细胞质中，进一步降解为具有蓝色荧光的物质，随后在酸性条件下转变为无荧光物质（NCCs）（Berghold et al.，2002）。

（二）氧自由基介导的分解

氧自由基介导的叶绿素分解有几种可能的机制。第 1 种潜在的机制涉及脂肪酸以及叶绿素氧化酶或脂氧合酶，这 2 种酶氧化其脂质底物时形成过氧自由基，过氧自由基可以直接氧化叶绿素分子，造成结构和颜色的变化（Thomas，1986）。第 2 种可能的机制与过氧化物酶相关的反应有关。在过氧化氢存在下，过氧化物酶氧化酚类化合物（需在 P 位有羟基）生成苯氧自由基，该自由基再氧化叶绿素分子，过氧化物酶催化反应中形成的超氧阴离子也可氧化叶绿素分子（Toivonen et al.，2008）。西兰花、菠菜叶片以及野甘蓝中叶绿素的损失与该途径密切相关。

二、褪绿的控制

（一）调节 pH

起始物料以及加工和贮藏过程中 pH 的变化是叶绿素降解的决定因素。因此，在加工和贮藏过程中控制 pH 是保持热加工中含叶绿素食品颜色的较好方法。叶绿素降解需要在酸性条件下进行，例如菠菜、青豌豆等蔬菜的叶绿素 a 在 pH 6.7～7.0 时较稳定，而球芽甘蓝的叶绿素 a 则在 pH 6.0～6.3 时较稳定，所以将 pH 保持在 6.0～7.0 能够有效护绿（Gross，2012）。可通过加入碳酸镁、氧化钙以及磷酸二氢钠等碱化剂来调节 pH 达到护绿的效果。例如在菠菜泥中，用碳酸镁调节 pH，可以提高叶绿素的保留率，但在贮藏过程中效果并不稳定（Gupte et al.，1964）。

（二）调节温度

温度对采后果蔬叶绿素降解具有显著影响，果蔬暴露在高温或低温环境中可能引发褪绿变黄。通常认为温度通过影响相关酶的活性（例如叶绿素降解酶等）来影响叶绿素的降解。热处理会加速叶绿素的降解，适当的低温则会抑制酶活性，延缓叶绿素降解，但在某些果蔬中，适当的热处理会钝化相关酶从而延缓叶绿素降解。例如，50 ℃的热处理能够抑制微粒体和细胞质中过氧化物酶的活性从而控制西兰花中叶绿素的损失；50 ℃热处理降低了酸橙果实中叶绿素酶、叶绿素降解中过氧化物酶和脱镁叶绿素酶的活性以及镁的脱螯活性，从而延缓了叶绿素降解。

高温瞬时灭菌是一种良好的护绿手段，能够最大限度地减少热暴露，使生产的食品叶绿素保留率更高，品质量更好（Tan et al.，1962）。该方法通过对果蔬进行短时高温处理，破坏酶的结构，达到灭活效果，并杀灭微生物，防止其产酸，进而防止叶绿素的降解。高温蒸汽热烫已用于生产高质量的冷冻蔬菜，其质量取决于蔬菜以及高温蒸汽漂烫的压力和持续时间（Drake et al.，1981）。

（三）气调贮藏

采用气调保鲜包装技术、真空包装或充氮包装可以达到对贮藏过程中的果蔬护绿的目的，如西兰花、番茄、香葱、豌豆、甘蓝和芦笋等。在没有二氧化碳的情况下，含有 $1\%\sim10\%$ O_2 的气调环境能够通过减少细胞呼吸作用从而延缓叶绿素的降解（Lyons et al.，1962）。

高 CO_2 水平的短时处理也能延长果蔬的贮藏期和保持品质。这项技术的有效性需要对每种作物单独评估，因为不同果蔬的反应具有差异性。例如，番茄在经过 3% O_2 和 20% CO_2 气调贮藏 3 d 后，其叶绿素含量显著高于对照处理。CO_2 在处理过程中和处理后都延缓了叶绿素的降解，既有初始效应，也有残留效应，CO_2 的这种作用可能与 CO_2 抑制乙烯的产生和作用有关（Gross，2012）。

（四）化学处理

1-甲基环丙烯（1-MCP）是一种乙烯抑制剂（Blankenship et al.，2003），已被证实能够阻止或延迟多种果蔬中叶绿素的降解，如鳄梨、柚、香菜。通过对柚果皮褪绿的研究发现，1-MCP 不仅能够有效抑制叶绿素的降解，还能抑制叶绿素酶和 ACC 合成酶的表达（Mccollum et al.，2007）。即使有外源乙烯存在，1-MCP 仍能够抑制西兰菜的黄化，这可能是因为 1-MCP 能够同时抑制叶绿素酶和过氧化氢酶的活性（Gong et al.，2003）。通过对梨的研究发现，1-MCP 在抑制乙烯的同时，还能够抑制与叶绿素分解代谢途径密切相关的基因的表达来延缓叶绿素降解。

（五）其他方法

除上述方法外，还能通过降低水分活度、加入铜盐或者锌盐等方法延缓叶绿素降解。降低水分活度会使氢离子难以迁移，从而使叶绿素不易脱镁，同时还能够降低酶活和微生物活性，如脱水蔬菜。叶绿素的脱镁衍生物能够螯合铜离子、锌离子，生成的物质色泽鲜艳且稳定，如叶绿素铜钠盐。

第四节 黄 变

一、黄变类型

(一) 类黄酮合成

不同于陆生植物，水生蔬菜荸荠的初始酚类化合物较少，多酚氧化酶活性偏低。因此，鲜切后出现褐变的时间有一定的滞后性，这可以解释为多酚（黄酮）类化合物的从头合成。现有的研究表明，鲜切荸荠的黄化是由一系列呈黄色的黄酮类物质（主要来源于类黄酮生物合成途径）的生成所导致（Li et al.，2016）。对于荸荠而言，其所生长的水生环境中的含氧量远低于陆生环境，鲜切损伤后，不易发生氧化褐变，而更倾向于从头合成类黄酮化合物（导致黄变）来应对损伤胁迫，最终表现为典型的黄变。

褐变底物（酚酸类化合物）与黄变产物（类黄酮化合物）是莽草酸-苯丙烷代谢途径产生的次生代谢产物，二者有着共同的前体物质——苯丙氨酸。通过莽草酸途径生成的苯丙氨酸在苯丙氨酸解氨酶催化下生成肉桂酸，随后在肉桂酸 4-羟化酶（C4H）作用下生成对羟基肉桂酸，对羟基肉桂酸通过 4-香豆酰-辅酶 A 连接酶（4CL）生成对香豆酰辅酶 A，对羟基肉桂酸和对香豆酰辅酶 A 可以形成绿原酸和咖啡酸等酚酸类化合物，在多酚氧化酶的作用下发生氧化褐变。而对香豆酰辅酶 A 还可以形成第 1 个具有典型黄酮结构的化合物——柚皮素，从而进入类黄酮生物合成途径。

类黄酮生物合成途径的第 1 步是将对香豆辅酶 A 在查耳酮合酶（CHS）作用下转化为柚皮素查耳酮，并使柚皮素查耳酮在查耳酮异构酶（CHI）催化下转化为柚皮素。之后柚皮素进入 3 种不同的途径：①柚皮素转化为芹菜素及其衍生物，并进一步生成木犀草素；②柚皮素可在类黄酮 3′-羟化酶（F3′H）作用下转化为圣草酚及其衍生物，圣草酚又可生成二氢槲皮素、花青素、木犀草素、杨梅素；③柚皮素在黄烷酮 3-羟化酶（F3H）作用下转化为二氢山奈酚，进一步生成二氢槲皮素和槲皮素，并由槲皮素转化为杨梅素。代谢途径中，除柚皮素和圣草酚这 2 种主要黄色物质外，槲皮素、杨梅素、芹菜素、木犀草素等物质也呈黄色，因此黄化是由几种黄色物质共同引起的。黄酮的色原酮部分无色，在 2 位上引入苯环后，即形成交叉共轭体系，使共轭链延长，因而呈现出黄色，在 7 位及 4′位引入羟基、甲氧基等供电基（助色团）后，黄色加深。

同时黄化还与活性氧代谢以及膜脂代谢有关。鲜切造成的机械损伤会破坏活性氧清除系统的平衡，导致活性氧的大量积累，从而加速细胞膜脂过氧化过程。一方面，活性氧代谢产生的过氧化氢可诱导苯丙氨酸解氨酶（苯丙烷代谢的关键酶）的表达，使苯丙氨酸解氨酶活性增加，从而导致类黄酮等次级代谢产物含量的升高。另一方面，在膜脂氧化过程中，亚麻酸被脂氧合酶等催化形成一系列氧化脂质，其中部分（例如茉莉酸及其衍生物等）可作为伤口感知信号分子，诱导苯丙氨酸解氨酶转录表达，进而导致次级代谢产物（如类黄酮）的生成（Song et al.，2019）。

（二）异硫氰酸酯合成

黄化现象也出现在白萝卜中，白萝卜根会在腌制和发酵几个月后变黄，变黄的机理主要是产生了黄色色素。产生的黄色色素与 4-甲硫基-3-丁烯基异硫氰酸酯（MTBITC）有关，MTBITC 在有水的情况下生成 2-硫代-3-吡咯烷醛（TPC），TPC 与 L-色氨酸脱水缩合生成 1-（2-硫氧吡咯烷-3-基）-1,2,3,4-四氢-β-咔啉-3-羧酸（TPCC），TPCC 在中性条件下不稳定，最终变为（E）-2-[3-（2-硫代吡咯烷-3-亚甲基）]-色氨酸 [（E）-TPMT]，该物质为主要黄色色素（Takahashi et al.，2009）。

二、黄变的控制

荸荠黄变是由类黄酮物质的生成所导致，苯丙氨酸解氨酶是黄变过程的关键酶，可通过控制苯丙氨酸解氨酶的活性抑制黄变。

（一）直接抑制方法

热处理（例如将鲜切荸荠在沸水中浸泡 30 s）能够有效抑制鲜切处理后苯丙氨酸解氨酶活性的升高（Peng et al.，2004）。丁香酚乳液（EUG）也能够抑制苯丙氨酸解氨酶的活性，且在适度范围内随着 EUG 浓度的增加，对苯丙氨酸解氨酶的抑制作用增强（Teng et al.，2020）。乙醇是一种能够抑制苯丙氨酸解氨酶活性的保鲜剂，其中 30% 和 40% 的乙醇效果更好，能够更长时间地抑制苯丙氨酸解氨酶的活性。同时乙醇还能抑制查耳酮异构酶和类黄酮 3'-羟化酶的活性，从而进一步抑制黄变（Yue et al.，2017）。

（二）间接抑制方法

阿魏酸（FA）和水杨酸（SA）通过间接作用影响苯丙氨酸解氨酶的活性。FA 是苯丙氨酸解氨酶的抑制剂，FA 处理可以通过减少与苯丙烷途径有关的代谢相关酶的基因的表达来延缓鲜切荸荠的黄化。SA 能够抑制莽草酸-苯丙烷代谢途径的单基因的表达以及与茉莉酸生物合成相关基因的表达（Song et al.，2019）。

壳聚糖涂膜处理通过降低膜脂氧化，间接阻断了膜脂氧化产物对苯丙氨酸解氨酶表达的刺激，从而抑制了苯丙氨酸解氨酶的活性。当其质量浓度为 0.005～0.02 g/mL 时，随着处理浓度的增加，抑制作用增强（Pen et al.，2003）。过氧化氢处理也能够显著抑制苯丙氨酸解氨酶活性，且其效果随浓度增加而增强（Peng et al.，2008）。

第五节　白　　变

一、白变机制

白变是指果蔬经鲜切处理后，切割表面出现代谢物质，形成白色层的现象。白变现象主要出现在有色根类作物中，例如鲜切胡萝卜和鲜切甜菜根（Edelenbos et al.，2020）。目前，对鲜切胡萝卜白变机理的研究较多，研究认为鲜切胡萝卜的白变是由机械损伤引起的物理反应（外层表面脱水）和生理反应（酚类代谢的活化和木质素的产生）导致的，并且主要由脱水引起。

物理反应是指可逆的外层表面脱水引起的颜色变化。机械处理导致表层细胞被破坏，被破坏的表层细胞极易失水。当去皮的胡萝卜表面变干后，会散射反射光，导致外观呈白色。干燥表面上细胞壁的破坏程度越高，表面不规则区域的面积就越大，增加的面积会增强光散射，导致外观白色增强。去皮胡萝卜的表面发生白变后，表面颜色能够重新变回原来的橙色，这表明由表面脱水引起的白变具有可逆性。这种现象可能是由于干燥表面发生复水，被破坏的细胞壁或碎片之间的空隙被水所填充，潮湿的表面会降低光的反射率，从而使表层细胞下的深橙色更加明显。

生理反应是指受到机械损伤后，胡萝卜中的酚代谢被激活，诱导外细胞木质化，在切割表面产生白色物质（木质素），该反应导致的颜色变化是不可逆的。木质化是指木质素单体氧化聚合形成的木质素在细胞壁上沉积的过程。细胞木质化过程有 3 个阶段：细胞质中木质素单体的生物合成、木质素单体通过细胞膜向细胞壁的转运、木质素单体氧化聚合并在细胞壁上沉积。

第一阶段，木质素单体的生物合成发生在胞质中或内质网附近，随后发生一系列的羟基化、甲基化和还原反应。首先通过苯丙烷途径生成对香豆酰辅酶 A，对香豆酰辅酶 A 可以通过肉桂酰辅酶 A 还原酶（CCR）和肉桂醇脱氢酶（CAD）还原为对香豆醇。此外，对香豆酰辅酶 A 还可以通过羟基肉桂酰-辅酶 A 莽草酸/奎宁酸羟基肉桂酰转移酶（HCT）、对香豆酰莽草酸/奎宁酸 3′-羟化酶（C3H）和咖啡酰辅酶 A 甲氧基转移酶（CCoAOMT）介导的 4 种酶促反应形成阿魏酰辅酶 A。阿魏酰辅酶 A 在 CCR 作用下生成松柏醛，并在 CAD 作用下进一步生成松柏醇。松柏醛和松柏醇经阿魏酸 5 -羟化酶

（F5H）和咖啡酸甲氧基转移酶（COMT）的催化可生成芥子醛和芥子醇。最后生成了对香豆醇、松柏醇、芥子醇这 3 种木质素单体（Xie et al.，2018）。

第二阶段，木质素单体的转运是指木质素从胞质合成部位穿过细胞膜并进入发育中的细胞壁。目前针对转运机制有 3 种假说：被动扩散、囊泡介导的胞外分泌以及利用 ABC 转运蛋白或者质子耦合逆向运输蛋白的 ATP 依赖的转运机制（Liu，2012）。

第三阶段，木质素单体被氧化酶氧化聚合并在次生细胞壁上沉积。有研究表明，植物漆酶（Laccases，LAC）和Ⅲ型的过氧化物酶（Peroxidases，PER）可以催化木质素单体的氧化聚合，且漆酶和Ⅲ型过氧化物酶能够独立又相互依存地发挥功能。松柏醇、对香豆醇、芥子醇在 LAC 和 PER 作用下，分别聚合形成愈创木基木质素（G 木质素）、对羟基苯基木质素（H 木质素）和紫丁香基木质素（S 木质素）。

二、白变的控制

（一）物理方法

表面脱水和木质素合成是胡萝卜表面白变的原因，可食用涂层能够保持胡萝卜表面湿度从而抑制因表面脱水引起的白变。可食用涂层还能够为水分、氧气和其他溶质运动提供屏障，降低新陈代谢和氧化反应速率。

构成吸湿性涂层的亲水性材料（例如多元醇和盐溶液）的吸湿性有助于保持去皮胡萝卜表面的湿润，从而减少去皮胡萝卜因表面脱水而产生的白变。亲水性材料（例如丙二醇、山梨醇、甘油和氯化钙等）具有良好的吸湿性，浓度越高，浸泡时间越长，表面沉积的吸湿性物质就越多，能够增加果蔬表面多余的水分，从而减少表面脱水，抑制白变（Cisneros et al.，1997）。1％酪蛋白酸钠和1％硬脂酸制成的可食用涂膜能够提高水蒸气阻力起到保湿作用，从而抑制胡萝卜白变。

以壳聚糖为基础的可食用涂层结合一些其他的控制条件能够有效控制白变。例如，当壳聚糖基可食性涂膜通过真空浸渍来施用时，样品的水蒸气传输阻力显著提高，抑制白变的效果增强（Vargas et al.，2009）。乳酸链球菌素、ε-聚赖氨酸、乳酸溶液以及壳聚糖复合涂膜处理则能够通过抑制 4 -香豆酰-辅酶 A 连接酶（4CL）和肉桂酸- 4 -羟化酶（C4H）的酶活性和基因表达，显著延缓鲜切胡萝卜的白变。

水蒸气处理能够有效控制去皮胡萝卜棒的表面变色，该控制是通过延缓苯丙烷代谢实现的。水蒸气处理降低了苯丙氨酸解氨酶、过氧化物酶的活性，从而抑制了木质素的生成（Howard et al.，1994）。热处理（100 ℃，45 s）也能够抑制果蔬表面白变，可能与过氧化物酶活性受抑制有关。

（二）化学方法

研究发现，新鲜去皮胡萝卜在 6 ℃、pH 1.0 的盐酸溶液中浸泡 20～45 s 可抑制其表面白色物质的形成。浸泡在柠檬酸溶液中也可以防止胡萝卜变白。胡萝卜浸泡在柠檬酸中，涂上海藻酸钠，在 50% O_2、30% CO_2，或 1% O_2、10% CO_2 环境下包装，直到贮藏 12 d 才会有颜色变化。此外，还可用抗坏血酸和柠檬酸对胡萝卜进行处理，结果表明，当抗坏血酸浓度为 0.4% 时，其抑制作用最强；而当柠檬酸浓度大于 0.2% 时，白变就会受到抑制，其中 0.6% 的柠檬酸效果最好。因此，采用 0.4% 的抗坏血酸和 0.6% 的柠檬酸的混合液进行处理，能够在一定程度上抑制苯丙氨酸解氨酶活性，更好地抑制白变（Chen et al.，2020）。苯丙烷途径是木质素单体生成的起始步骤，苯丙氨酸解氨酶是控制苯丙烷途径的关键酶，苯丙氨酸解氨酶活性的降低有利于减少木质素的生成。

硫化氢（H_2S）则能够通过减少过氧化氢的积累和脂质过氧化，以及抑制多酚氧化酶和过氧化物酶活性来抑制鲜切胡萝卜的表面变白，其中过氧化物酶能够催化木质素单体的氧化聚合。

参 考 文 献

Acevedo R M, Maiale S J, Pessino S C, et al. , 2013. A Succinate Dehydrogenase Flavoprotein Subunit – like Transcript Is Upregulated in *Ilex Paraguariensis* Leaves in Response to Water Deficit and Abscisic Acid [J]. Plant Physiology and Biochemistry, 65: 48 – 54.

Adams J B, Brown H M, 2007. Discoloration in Raw and Processed Fruits and Vegetables [J]. Critical Reviews in Food Science and Nutrition, 47 (3): 319 – 333.

Aguilar K, Garvín A, Ibarz A, 2018. Effect of UV – Vis Processing on Enzymatic Activity and the Physicochemical Properties of Peach Juices from Different Varieties [J]. Innovative Food Science and Emerging Technologies, 48 (5): 83 – 89.

Alaniz S, Hernández L, Damasco D, et al. , 2011. First Report of *Colletotrichum Acutatum* and *C. Fragariae* Causing Bitter Rot of Apple in Uruguay [J]. Plant Disease, 96 (3): 458.

Alba – Jiménez J E, Benito – Bautista P, Nava G M, et al. , 2018. Chilling Injury Is Associated with Changes in Microsomal Membrane Lipids in Guava Fruit (*Psidium guajava* L.) and the Use of Controlled Atmospheres Reduce These Effects [J]. Scientia Horticulturae, 240 (3): 94 – 101.

Ali S, Khan A S, Malik A U, 2016. Postharvest L – Cysteine Application Delayed Pericarp Browning, Suppressed Lipid Peroxidation and Maintained Antioxidative Activities of Litchi Fruit [J]. Postharvest Biology and Technology, 121: 135 – 142.

Alikhani – Koupaei M, Mazlumzadeh M, Sharifani M, et al. , 2014. Enhancing Stability of Essential Oils by Microencapsulation for Preservation of Button Mushroom during Postharvest [J]. Food Science and Nutrition, 2 (5): 526 – 533.

Alu' datt M H, Alli I, Ereifej K, et al. , 2010. Optimisation, Characterisation and Quantification of Phenolic Compounds in Olive Cake [J]. Food Chemistry, 123 (1): 117 – 122.

Alunni S, Cipiciani A, Fioroni G, et al. , 2003. Mechanisms of Inhibition of Phenylalanine Ammonia – Lyase by Phenol Inhibitors and Phenol/Glycine Synergistic Inhibitors [J]. Archives of Biochemistry and Biophysics, 412 (2): 170 – 175.

Andrés V, Villanueva M J, Tenorio M D, 2016. The Effect of High – Pressure Processing on Colour, Bioactive Compounds, and Antioxidant Activity in Smoothies during Refrigerated Storage [J]. Food Chemistry, 192: 328 – 335.

Apel K, Hirt H, 2004. Reactive Oxygen Species: Metabolism, Oxidative Stress, and Signal Transduction [J]. Annual Review of Plant Biology, 55: 373 – 399.

Arruda H S, Neri – Numa I A, Kido L A, et al. , 2020. Recent Advances and Possibilities for the Use of Plant Phenolic Compounds to Manage Ageing – Related Diseases [J]. Journal of Functional Foods, 75 (6): 104203.

Asada K, 2006. Production and Scavenging of Reactive Oxygen Species in Chloroplasts and Their Functions [J]. Plant Physiology, 141 (2): 391 - 396.

Asthana S, Zucca P, Vargiu A V, et al., 2015. Structure - Activity Relationship Study of Hydroxycoumarins and Mushroom Tyrosinase [J]. Journal of Agricultural Food Chemistry, 63 (32): 7236 - 7244.

Aziz E, Batool R, Akhtar W, et al., 2019. Expression Analysis of the Polyphenol Oxidase Gene in Response to Signaling Molecules, Herbivory and Wounding in Antisense Transgenic Tobacco Plants [J]. Biotech, 9 (2): 1 - 13.

Barbhuiya R I, Singha P, Singh S K, 2021. A Comprehensive Review on Impact of Non - Thermal Processing on the Structural Changes of Food Components [J]. Food Research International, 149 (4): 110647.

Bargmann B O R, Munnik T, 2006. The Role of Phospholipase D in Plant Stress Responses [J]. Current Opinion in Plant Biology, 9 (5): 515 - 522.

Barros J, Dixon R A, 2020. Plant Phenylalanine/Tyrosine Ammonia - Lyases [J]. Trends in Plant Science, 25 (1): 66 - 79.

Barros J, Serrani - Yarce J C, Chen F, et al., 2016. Role of Bifunctional Ammonia - Lyase in Grass Cell Wall Biosynthesis [J]. Nature Plants, 2 (6): 1 - 9.

Bayindirli A, Alpas H, Bozoglu F, et al., 2006. Efficiency of High Pressure Treatment on Inactivation of Pathogenic Microorganisms and Enzymes in Apple, Orange, Apricot and Sour Cherry Juices [J]. Food Control, 17 (1): 52 - 58.

Berghold J, Breuker K, Oberhuber M, et al., 2002. Chlorophyll Breakdown in Spinach: On the Structure of Five Nonfluorescent Chlorophyll Catabolites [J]. Photosynthesis Research, 74 (2): 109 - 119.

Berno N D, Tezotto - Uliana J V, dos Santos Dias C T, et al., 2014. Storage Temperature and Type of Cut Affect the Biochemical and Physiological Characteristics of Fresh - Cut Purple Onions [J]. Postharvest Biology and Technology, 93: 91 - 96.

Bharate S S, Bharate S B, 2012. Non - Enzymatic Browning in Citrus Juice: Chemical Markers, Their Detection and Ways to Improve Product Quality [J]. Journal of Food Science and Technology, 51 (10): 2271 - 2288.

Bhattacharjee S, 2012. The Language of Reactive Oxygen Species Signaling in Plants [J]. Journal of Botany, 2012: 1 - 22.

Bi X, Liu F, Rao L, et al., 2013. Effects of Electric Field Strength and Pulse Rise Time on Physicochemical and Sensory Properties of Apple Juice by Pulsed Electric Field [J]. Innovative Food Science and Emerging Technologies, 17: 85 - 92.

Bico S L S, Raposo M F J, Morais R M S C, et al., 2009. Combined Effects of Chemical Dip and / or Carrageenan Coating and / or Controlled Atmosphere on Quality of Fresh - Cut Banana [J]. Food Control, 20 (5): 508 - 514.

Bin Q, Peterson D G, Elias R J, 2012. Influence of Phenolic Compounds on the Mechanisms of Pyrazinium Radical Generation in the Maillard Reaction [J]. Journal of Agricultural and Food Chemistry, 60 (21): 5482 - 5490.

Blankenship S M, Dole J M, 2003. 1 - Methylcyclopropene: A Review [J]. Postharvest Biology and Technology, 28 (1): 1 - 25.

Blount J W, Korth K L, Masoud S A, et al., 2000. Altering Expression of Cinnamic Acid 4 - Hydroxylase in Transgenic Plants Provides Evidence for a Feedback Loop at the Entry Point into the Phenylpropanoid Pathway [J]. Plant Physiology, 122 (1): 107 - 116.

Boeckx T, Winters A L, Webb K J, et al., 2015. Polyphenol Oxidase in Leaves: Is There Any Significance to the Chloroplastic Localization? [J]. Journal of Experimental Botany, 66 (12): 3571 - 3579.

Boissy R E, Visscher M, DeLong M A, 2005. DeoxyArbutin: A Novel Reversible Tyrosinase Inhibitor with Effective in Vivo Skin Lightening Potency [J]. Experimental Dermatology, 14 (8): 601 - 608.

Bolwell G P, Cramer C L, Lamb C J, et al., 1986. L - Phenylalanine Ammonia - Lyase From *Phaseolus Vulgaris*: Modulation of the Levels of Active Enzyme By trans - Cinnamic Acid [J]. Planta, 169 (1): 97 - 107.

Bottino A, Degl'Innocenti E, Guidi L, et al., 2009. Bioactive Compounds during Storage of Fresh - Cut Spinach: The Role of Endogenous Ascorbic Acid in the Improvement of Product Quality [J]. Journal of Agricultural and Food Chemistry, 57 (7): 2925 - 2931.

Brands C M J, Van Boekel M A J S, 2003. Kinetic Modelling of Reactions in Heated Disaccharide - Casein Systems [J]. Food Chemistry, 83 (1): 13 - 26.

Bravo K, Osorio E, 2016. Characterization of Polyphenol Oxidase from Cape Gooseberry (*Physalis peruviana* L.) Fruit [J]. Food Chemistry, 197 (3): 185 - 190.

Bubna G A, Lima R B, Zanardo D Y L, et al., 2011. Exogenous Caffeic Acid Inhibits the Growth and Enhances the Lignification of the Roots of Soybean (*Glycine Max*) [J]. Journal of Plant Physiology, 168 (14): 1627 - 1633.

Buckow R, Weiss U, Knorr D, 2009. Inactivation Kinetics of Apple Polyphenol Oxidase in Different Pressure - Temperature Domains [J]. Innovative Food Science and Emerging Technologies, 10 (4): 441 - 448.

Burdurlu H S, Koca N, Karadeniz F, 2006. Degradation of Vitamin C in Citrus Juice Concentrates during Storage [J]. Journal of Food Engineering, 74 (7): 211 - 216.

BuBler S, Ehlbeck J, Schlüter O K, 2017. Pre - Drying Treatment of Plant Related Tissues Using Plasma Processed Air: Impact on Enzyme Activity and Quality Attributes of Cut Apple and Potato [J]. Innovative Food Science and Emerging Technologies, 40: 78 - 86.

Cabezas - Serrano A B, Amodio M L, Cornacchia R, et al., 2009. Suitability of Five Different Potato Cultivars (*Solanum tuberosum* L.) to Be Processed as Fresh - Cut Products [J]. Postharvest Biology and Technology, 53 (3): 138 - 144.

Calabrese J C, Jordan D B, Boodhoo A, et al. , 2004. Crystal Structure of Phenylalanine Ammonia Lyase: Multiple Helix Dipoles Implicated in Catalysis [J]. Biochemistry, 43 (36): 11403 - 11416.

Campos - Vargas R, Nonogaki H, Suslow T, et al. , 2005. Heat Shock Treatments Delay the Increase in Wound - Induced Phenylalanine Ammonia - Lyase Activity by Altering Its Expression, Not Its Induction in Romaine Lettuce (*Lactuca sativa*) Tissue [J]. Physiologia Plantarum, 123 (1): 82 - 91.

Cantín C M, Tian L, Qin X, et al. , 2011. Copigmentation Triggers the Development of Skin Burning Disorder on Peach and Nectarine Fruit [*Prunus Persica* (L.) Batsch] [J]. Journal of Agricultural and Food Chemistry, 59 (6): 2393 - 2402.

Cao S, Zheng Y, Wang K, et al. , 2009. Methyl Jasmonate Reduces Chilling Injury and Enhances Antioxidant Enzyme Activity in Postharvest Loquat Fruit [J]. Food Chemistry, 115 (4): 1458 - 1463.

Cao X, Cai C, Wang Y, et al. , 2018. The Inactivation Kinetics of Polyphenol Oxidase and Peroxidase in Bayberry Juice during Thermal and Ultrasound Treatments [J]. Innovative Food Science and Emerging Technologies, 45 (6): 169 - 178.

Carvajal F, Palma F, Jamilena M, et al. , 2015. Cell Wall Metabolism and Chilling Injury during Postharvest Cold Storage in Zucchini Fruit [J]. Postharvest Biology and Technology, 108: 68 - 77.

Cazón P, Velazquez G, Ramírez J A, et al. , 2017. Polysaccharide - Based Films and Coatings for Food Packaging: A Review [J]. Food Hydrocolloids, 68: 136 - 148.

Cefola M, Pace B, Sergio L, et al. , 2014. Postharvest Performance of Fresh - Cut 'Big Top' Nectarine as Affected by Dipping in Chemical Preservatives and Packaging in Modified Atmosphere [J]. International Journal of Food Science and Technology, 49: 1184 - 1195.

Cervantes - Elizarrarás A, Piloni - Martini J, Ramírez - Moreno E, et al. , 2017. Enzymatic Inactivation and Antioxidant Properties of Blackberry Juice after Thermoultrasound: Optimization Using Response Surface Methodology [J]. Ultrasonics Sonochemistry, 34: 371 - 379.

Chaisakdanugull C, Theerakulkait C, Wrolstad R E, 2007. Pineapple Juice and Its Fractions in Enzymatic Browning Inhibition of Banana [*Musa* (AAA Group) Gros Michel] [J]. Journal of Agricultural and Food Chemistry, 55 (10): 4252 - 4257.

Chandler B V, Mary Clegg K, 1970. Pink Discoloration in Canned Pears Ⅲ: Inhibition by Chemical Additives [J]. Journal of the Science of Food and Agriculture, 21 (6): 323 - 328.

Chapman J M, Muhlemann J K, Gayomba S R, et al. , 2019. RBOH - Dependent ROS Synthesis and ROS Scavenging by Plant Specialized Metabolites to Modulate Plant Development and Stress Responses [J]. Chemical Research in Toxicology, 32 (3): 370 - 396.

Chawla S, DeLong M A, Visscher M O, et al. , 2008. Mechanism of Tyrosinase Inhibition by DeoxyArbutin and Its Second – Generation Derivatives [J]. British Journal of Dermatology, 159 (6): 1267 – 1274.

Chazarra S, Garcia – Carmona F, Cabanes J, 2001. Evidence for a Tetrameric Form of Iceberg Lettuce (*Lactuca sativa* L.) Polyphenol Oxidase: Purification and Characterization [J]. Journal of Agricultural Food Chemistry, 49 (10): 4870 – 4875.

Chen C, Chang X, Chen X, 2020. Effect of the Control of White – Blush of Fresh – Cut Carrot and Its Process Optimization [J]. IOP Conference Series: Earth and Environmental Science. 474 (3): 32028.

Chen G, Sun Y, Wang G, et al., 2008. Current Progress in Research of Edible Film [J]. Journal of Jilin Agricultural University, 148: 148 – 162.

Chen J, Li Q, Ye Y, et al., 2020. Phloretin as Both a Substrate and Inhibitor of Tyrosinase: Inhibitory Activity and Mechanism [J]. Spectrochimica Acta Part A: Molecular and Biomolecular Spectroscopy, 226: 117642.

Chen L L, Shan W, Cai D L, et al., 2021. Postharvest Application of Glycine Betaine Ameliorates Chilling Injury in Cold – Stored Banana Fruit by Enhancing Antioxidant System [J]. Scientia Horticulturae, 287 (3): 110264.

Chen X, Ren L, Li M, et al., 2017. Effects of Clove Essential Oil and Eugenol on Quality and Browning Control of Fresh – Cut Lettuce [J]. Food Chemistry, 214: 432 – 439.

Cheng D, Wang G, Tang J, et al., 2020. Inhibitory Effect of Chlorogenic Acid on Polyphenol Oxidase and Browning of Fresh – Cut Potatoes [J]. Postharvest Biology and Technology, 168: 111282.

Cheng G W, Crisosto C H, 1994. Development of Dark Skin Discoloration on Peach and Nectarine Fruit in Response to Exogenous Contaminations [J]. Journal of the American Society for Horticultural Science, 119 (3): 529 – 533.

Cheng G W, Crisosto C H, 1995. Browning Potential, Phenolic Composition, and Polyphenoloxidase Activity of Buffer Extracts of Peach and Nectarine Skin Tissue [J]. Journal of the American Society for Horticultural Science, 120 (5): 835 – 838.

Cheng G W, Crisosto C H, 1997. Iron – Polyphenol Complex Formation and Skin Discoloration in Peaches and Nectarines [J]. Journal of the American Society for Horticultural Science, 122 (1): 95 – 99.

Cheng S H, Sheen J, Gerrish C, et al., 2001. Molecular Identification of Phenylalanine Ammonia – Lyase as a Substrate of a Specific Constitutively Active *Arabidopsis* CDPK Expressed in Maize Protoplasts [J]. FEBS Letters, 503 (2 – 3): 185 – 188.

Cheynier V, 2012. Phenolic Compounds: From Plants to Foods [J]. Phytochemistry Reviews, 11: 153 – 177.

Chizoba Ekezie F G, Sun D W, Cheng J H, 2017. A Review on Recent Advances in Cold Plasma Technology for the Food Industry: Current Applications and Future Trends [J]. Trends in Food Science and Technology, 69: 46 – 58.

Choudhury F K, Rivero R M, Blumwald E, et al., 2017. Reactive Oxygen Species, Abiotic Stress and Stress Combination [J]. Plant Journal, 90 (5): 856 - 867.

Ciimmerer B, Kroh L W, 1995. Investigation of the Influence of Reaction Conditions on the Elementary Composition of Melanoidins [J]. 53: 55 - 59.

Cisneros - Zevallos L, Saltveit M E, Krochta J M, 1997. Hygroscopic Coatings Control Surface White Discoloration of Peeled (Minimally Processed) Carrots during Storage [J]. Journal of Food Science, 62 (2): 363 - 366.

Cocci E, Rocculi P, Romani S, et al., 2006. Changes in Nutritional Properties of Minimally Processed Apples during Storage [J]. Postharvest Biology and Technology, 39 (3): 265 - 271.

Constabel C P, Yip L, Patton J J, et al., 2000. Polyphenol Oxidase from Hybrid Poplar. Cloning and Expression in Response to Wounding and Herbivory [J]. Plant Physiology, 124 (1): 285 - 295.

Corpas F J, Barroso J B, Palma J M, et al., 2017. Plant Peroxisomes: A Nitro - Oxidative Cocktail [J]. Redox Biology, 11 (11): 535 - 542.

Corpas F J, Palma J M, Sandalio L M, et al., 2008. Peroxisomal Xanthine Oxidoreductase: Characterization of the Enzyme from Pea (*Pisum sativum* L.) Leaves [J]. Journal of Plant Physiology, 165 (13): 1319 - 1330.

Cortellino G, Gobbi S, Bianchi G, et al., 2015. Modified Atmosphere Packaging for Shelf Life Extension of Fresh - Cut Apples [J]. Trends in Food Science and Technology, 46 (2): 320 - 330.

Costa M G M, Fonteles T V, de Jesus A L T, et al., 2013. High - Intensity Ultrasound Processing of Pineapple Juice [J]. Food and Bioprocess Technology, 6 (4): 997 - 1006.

Crisosto C H, Johnson R S, Luza J, et al., 1993. Incidence of Physical Damage on Peach and Nectarine Skin Discoloration Development: Anatomical Studies [J]. Journal of the American Society for Horticultural Science, 118 (6): 796 - 800.

Crisosto C, Johnson R, Day K, et al., 1999. Contaminants and Injury Induce Inking on Peaches and Nectarines [J]. California Agriculture, 53 (1): 19 - 23.

Csepregi K, Hideg É, 2018. Phenolic Compound Diversity Explored in the Context of Photo - Oxidative Stress Protection [J]. Phytochemical Analysis, 29 (2): 129 - 136.

Czégény G, Le Martret B, Pávkovics D, et al., 2016. Elevated ROS - Scavenging Enzymes Contribute to Acclimation to UV - B Exposure in Transplastomic Tobacco Plants, Reducing the Role of Plastid Peroxidases [J]. Journal of Plant Physiology, 201: 95 - 100.

Dai Q, He Y, Ho C T, et al., 2017. Effect of Interaction of Epigallocatechin Gallate and Flavonols on Color Alteration of Simulative Green Tea Infusion after Thermal Treatment [J]. Journal of Food Science and Technology, 54 (9): 2919 - 1928.

Davidek T, Kraehenbuehl K, Devaud S, et al., 2005. Analysis of Amadori Compounds by High - Performance Cation Exchange Chromatography Coupled to Tandem Mass Spectrometry [J]. Analytical Chemistry, 77 (1): 140 - 147.

Davies C G A, Wedzicha B L, Gillard C, 1997. Kinetic Model of the Glucose - Glycine Reaction [J]. Food Chemistry, 60 (3): 323 - 329.

Davies M J, 2003. Singlet Oxygen - Mediated Damage to Proteins and Its Consequences [J]. Biochemical and Biophysical Research Communications, 305 (3): 761 - 770.

Debelo H, Li M, Ferruzzi M G, 2020. Processing Influences on Food Polyphenol Profiles and Biological Activity [J]. Current Opinion in Food Science, 32: 90 - 102.

Del Pozo J C, Estelle M, 2000. F - box Proteins and Protein Degradation: An Emerging Theme in Cellular Regulation [J]. Plant Molecular Biology, 44 (2), 123 - 128.

Demidchik V, Shang Z, Shin R, et al., 2009. Plant Extracellular ATP Signalling by Plasma Membrane NADPH Oxidase and Ca^{2+} Channels [J]. Plant Journal, 58 (6): 903 - 913.

Denoya G I, Colletti A C, Vaudagna S R, et al., 2021. Application of Non - Thermal Technologies as a Stress Factor to Increase the Content of Health - Promoting Compounds of Minimally Processed Fruits and Vegetables [J]. Current Opinion in Food Science, 42 (1): 224 - 236.

Deri B, Kanteev M, Goldfeder M, et al., 2016. The Unravelling of the Complex Pattern of Tyrosinase Inhibition [J]. Scientific Reports, 6: 34993.

Deun E Le, Werf R Van Der, Bail G Le, et al., 2015. HPLC - DAD - MS Profiling of Polyphenols Responsible for the Yellow - Orange Color in Apple Juices of Different French Cider Apple Varieties [J]. Journal of Agricultural and Food Chemistry, 63: 7675 - 7684.

Dickey L C, Parris N, Craig J C, et al., 2001. Ethanolic Extraction of Zein from Maize [J]. Industrial Crops and Products, 13 (1): 67 - 76.

Dietz K J, Turkan I, Krieger - Liszkay A, 2016. Redox - and Reactive Oxygen Species - Dependent Signaling into and out of the Photosynthesizing Chloroplast [J]. Plant Physiology, 171 (3): 1541 - 1550.

Dixon R A, Paiva N L, 1995. Stress - Induced Phenylpropanoid Metabolism [J]. Plant Cell, 7 (7): 1085 - 1097.

Docimo T, Francese G, De Palma M, et al., 2016. Insights in the Fruit Flesh Browning Mechanisms in *Solanum melongena* Genetic Lines with Opposite Postcut Behavior [J]. Journal of Agricultural and Food Chemistry, 64 (22): 4675 - 4685.

Dogan M, Arslan O, Dogan S, 2002. Substrate Specificity, Heat Inactivation and Inhibition of Polyphenol Oxidase from Different Aubergine Cultivars [J]. International Journal of Food Science and Technology, 37 (4): 415 - 423.

Dogan S, Dogan M, 2004. Determination of Kinetic Properties of Polyphenol Oxidase from *Thymus* (*Thymus longicaulis* subsp. *chaubardii* var. *chaubardii*) [J]. Food Chemistry, 88 (1): 69 - 77.

Dong Y, Wang D, Li M, et al., 2010. One New Pathway for *Allium* Discoloration [J]. Food Chemistry, 119 (2): 548 - 553.

Drake S R, Spayd S E, Thompson J B, 1981. The Influence of Blanch and Freezing Methods on the Quality of Selected Vegetables [J]. Journal of Food Quality, 4 (4): 271 – 278.

Duan X, Jiang Y, Su X, et al. , 2004. Role of Pure Oxygen Treatment in Browning of Litchi Fruit after Harvest [J]. Plant Science, 167 (3): 665 – 668.

Duan X, Liu T, Zhang D, et al. , 2011. Effect of Pure Oxygen Atmosphere on Antioxidant Enzyme and Antioxidant Activity of Harvested Litchi Fruit during Storage [J]. Food Research International, 44 (7): 1905 – 1911.

Edelenbos M, Wold A B, Wieczynska J, et al. , 2020. Roots: Fresh – Cut Carrots [M]. New York: Academic Press.

Elsabee M Z, Abdou E S, 2013. Chitosan Based Edible Films and Coatings: A Review [J]. Materials Science and Engineering C, 33 (4): 1819 – 1841.

Endo H, Miyazaki K, Ose K, et al. , 2019. Hot Water Treatment to Alleviate Chilling Injury and Enhance Ascorbate – Glutathione Cycle in Sweet Pepper Fruit during Postharvest Cold Storage [J]. Scientia Horticulturae, 257 (8): 108715.

Ergun M, Jeong J, Huber D J, et al. , 2007. Physiology of Fresh – Cut 'Galia' (*Cucumis melo* var. *Reticulatus*) from Ripe Fruit Treated with 1 – Methylcyclopropene [J]. Postharvest Biology and Technology, 44 (3): 286 – 292.

Escalona H, Verlinden B E, Geysen S, et al. , 2006. Changes in Respiration of Fresh – Cut Butterhead Lettuce under Controlled Atmospheres Using Low and Superatmospheric Oxygen Conditions with Different Carbon Dioxide Levels [J]. Postharvest Bidogy and Technology, 39: 48 – 55.

Espley R V, Leif D, Plunkett B, et al. , 2019. Red to Brown: An Elevated Anthocyanic Response in Apple Drives Ethylene to Advance Maturity and Fruit Flesh Browning [J]. Frontiers in Plant Science, 10 (10): 1 – 15.

Fakhouri F M, Martelli S M, Caon T, et al. , 2015. Edible Films and Coatings Based on Starch/Gelatin: Film Properties and Effect of Coatings on Quality of Refrigerated Red Crimson Grapes [J]. Postharvest Biology and Technology, 109: 57 – 64.

Falguera V, Folch A, Garvín A, et al. , 2013. Protective Effect of Melanoidins from Fructose – Glutamic Acid on Polyphenol Oxidase Inactivation by Ultraviolet – Visible Irradiation [J]. Food and Bioprocess Technology, 6 (11): 3290 – 3294.

Falguera V, Garvín A, Garza S, et al. , 2014. Effect of UV – Vis Photochemical Processing on Pear Juices from Six Different Varieties [J]. Food and Bioprocess Technology, 7 (1): 84 – 92.

Falguera V, Pagán J, Ibarz A, 2011. Effect of UV Irradiation on Enzymatic Activities and Physicochemical Properties of Apple Juices from Different Varieties [J]. LWT – Food Science and Technology, 44 (1): 115 – 119.

Fallico B, Ames J M, 1999. Effect of Hexanal and Iron on Color Development in a Glucose / Phenylalanine Model System [J] . Journal of Agricultural and Food Chemistry, 47:

2255 - 2261.

Fan W, Wang Q, 2018. Effects of Ethanol Fumigation on Inhibiting Fresh - Cut Yam Enzymatic Browning and Microbial Growth [J]. Journal of Food Processing and Preservation, 18 (5): 1 - 7.

Fan X, Mattheis J P, 2000. Yellowing of Broccoli in Storage Is Reduced by 1 - Methylcyclopropene [J]. HortScience, 35 (5): 885 - 887.

Fang Z T, Song C J, Xu H R, et al. , 2019. Dynamic Changes in Flavonol Glycosides during Production of Green, Yellow, White, Oolong and Black Teas from *Camellia sinensis* L. (cv. *Fudingdabaicha*) [J]. International Journal of Food Science and Technology, 54 (2): 490 - 498.

Farooq M A, Niazi A K, Akhtar J, et al. , 2019. Acquiring Control: The Evolution of ROS - Induced Oxidative Stress and Redox Signaling Pathways in Plant Stress Responses [J]. Plant Physiology and Biochemistry, 141: 353 - 369.

Farouk B, Aref N, Rachid C, et al. , 2020. Characterization of Three Polyphenol Oxidase Isoforms in Royal Dates and Inhibition of Its Enzymatic Browning Reaction by Indole - 3 - Acetic Acid [J]. International Journal of Biological Macromolecules, 145: 894 - 903.

Feki K, Kamoun Y, Ben Mahmoud R, et al. , 2015. Multiple Abiotic Stress Tolerance of the Transformants Yeast Cells and the Transgenic Arabidopsis Plants Expressing a Novel Durum Wheat Catalase [J]. Plant Physiology and Biochemistry, 97: 420 - 431.

Fernandez M V, Denoya G I, Agüero M V, et al. , 2018. Optimization of High Pressure Processing Parameters to Preserve Quality Attributes of a Mixed Fruit and Vegetable Smoothie [J]. Innovative Food Science and Emerging Technologies, 47 (3): 170 - 179.

Fini A, Brunetti C, Ferdinando M Di, et al. , 2011. Stress - Induced Flavonoid Biosynthesis and the Antioxidant Machinery of Plants [J]. Plant Signaling and Behavior, 6 (5): 709 - 711.

Fonseca S C, Oliveira F A R, Brecht J K, et al. , 2005. Influence of Low Oxygen and High Carbon Dioxide on Shredded Galega Kale Quality for Development of Modified Atmosphere Packages [J]. Postharvest Biology and Technology, 35: 279 - 292.

Fonteles T V, Costa M G M, de Jesus A L T, et al. , 2012. Power Ultrasound Processing of Cantaloupe Melon Juice: Effects on Quality Parameters [J]. Food Research International, 48 (1): 41 - 48.

Foyer C H, Noctor G, 2016. Stress - Triggered Redox Signalling: What's in Prospect? [J] . Plant Cell and Environment, 39 (5): 951 - 964.

Foyer C H, Ruban A V, Noctor G, 2017. Viewing Oxidative Stress through the Lens of Oxidative Signalling Rather than Damage [J]. Biochemical Journal, 474: 877 - 883.

Fraser C M, Chapple C, 2011. The Phenylpropanoid Pathway in *Arabidopsis* [M]. The Arabidopsis Book, 9: e0152.

Fraser P D, Bramley P M, 2004. The Biosynthesis and Nutritional Uses of Carotenoids [J].

Progress in Lipid Research, 43 (3): 228 - 265.

Freeman S, Katan T, Shabi E, 1998. Characterization of Colletotrichum Species Responsible for Anthracnose Diseases of Various Fruits [J]. Plant Disease, 82 (6): 596 - 605.

Fujieda N, Yabuta S, Ikeda T, et al., 2013. Crystal Structures of Copper - Depleted and Copper - Bound Fungal Pro - Tyrosinase: Insights into Endogenous Cysteine - Dependent Copper Incorporation [J]. Journal of Biological Chemistry, 288 (30): 22128 - 22140.

G. Allwood E, DewiR. Davies, Gerrish C, et al., 1999. Phosphorylation of Phenylalanine Ammonia - Lyase: Evidence for a Novel Protein Kinase and Identification of the Phosphorylated Residue [J]. Zeitschrift Für Die Gesamte Versicherungswissenschaft, 457 (1): 47 - 52.

Gao M, Feng L, Jiang T, 2014. Browning Inhibition and Quality Preservation of Button Mushroom (*Agaricus Bisporus*) by Essential Oils Fumigation Treatment [J]. Food Chemistry, 149: 107 - 113.

Gao Z J, Han X H, Xiao X G, 2009. Purification and Characterisation of Polyphenol Oxidase from Red Swiss Chard (*Beta vulgaris* Subspecies *Cicla*) Leaves [J]. Food Chemistry, 117 (2): 342 - 348.

Garcia - Jimenez A, Garcia - Molina F, Teruel - Puche J A, et al., 2018. Catalysis and Inhibition of Tyrosinase in the Presence of Cinnamic Acid and Some of Its Derivatives [J]. International Journal of Biological Macromolecules, 119: 548 - 554.

Garcia - Palazon A, Suthanthangjai W, Kajda P, et al., 2004. The Effects of High Hydrostatic Pressure on β - Glucosidase, Peroxidase and Polyphenoloxidase in Red Raspberry (*Rubus idaeus*) and Strawberry (*Fragaria × Ananassa*) [J]. Food Chemistry, 88 (1): 7 - 10.

Garmash E V, Velegzhaninov I O, Grabelnych O I, et al., 2017. Expression Profiles of Genes for Mitochondrial Respiratory Energy - Dissipating Systems and Antioxidant Enzymes in Wheat Leaves during De - Etiolation [J]. Journal of Plant Physiology, 215 (1): 110 - 121.

Ghiron A F, Quack B, Mawhinney T P, et al., 1988. Studies on the Role of 3 - Deoxy - d - Erythro - Glucosulose (3 - Glucosone) in Nonenzymatic Browning [J]. Journal of Agricultural Food Chemistry, 36 (4): 677 - 680.

Gill S S, Tuteja N, 2010. Reactive Oxygen Species and Antioxidant Machinery in Abiotic Stress Tolerance in Crop Plants [J]. Plant Physiology and Biochemistry, 48 (12): 909 - 930.

Gomyo T, Horikoshi M, 1976. On the Interaction of Melanoidin with Metallic Ions [J]. Agricultural and Biological Chemistry, 40 (1): 33 - 40.

Gonc F P, Martins M C, Junior G J S, et al., 2010. Postharvest Control of Brown Rot and Rhizopus Rot in Plums and Nectarines Using Carnauba Wax [J]. Postharvest Biology and Technology, 58 (3): 211 - 217.

Gong Y, Mattheis J P, 2003. Effect of Ethylene and 1 – Methylcyclopropene on Chlorophyll Catabolism of Broccoli Florets [J]. Plant Growth Regulation, 40 (1): 33 – 38.

Gonzalez – Aguilar G A, Celis J, Sotelo – Mundo R R, et al., 2008. Physiological and Biochemical Changes of Different Fresh – Cut Mango Cultivars Stored at 5 ℃ [J]. International Journal of Food Science and Technology, 43 (1): 91 – 101.

Gonzalez – Aguilar G A, Wang C Y, Buta J G, 2000. Maintaining Quality of Fresh – Cut Mangoes Using Antibrowning [J]. Journal of Agricultural and Food Chemistry, 48 (9): 4204 – 4208.

Grechkin A, 1998. Recent Developments in Biochemistry of the Plant Lipoxygenase Pathway [J]. Progress in Lipid Research, 37 (5): 317 – 352.

Greig W S, Smith O, 1955. Potato Quality Ⅸ. Use of Sequestering Agents in Preventing after – Cooking Darkening in Pre – Peeled Potatoes [J]. American Potato Journal, 32 (1): 1 – 6.

Gross J, 2012. Pigments in Vegetables: Chlorophylls and Carotenoids [J]. Springer Science and Business Media, 351: 297 – 334.

Grunewald W, De Smet I, Lewis D R, et al., 2012. Transcription Factor WRKY23 Assists Auxin Distribution Patterns during *Arabidopsis* Root Development through Local Control on Flavonol Biosynthesis [J]. Proceedings of the National Academy of Sciences of the United States of America, 109 (5): 1554 – 1559.

Grzegorzewski F, Rohn S, Quade A, et al., 2010. Reaction Chemistry of 1, 4 – Benzopyrone Deriwates in Non – Equilibrium Low – Temperature Plasmas [J]. Plasma Processes and Polymers, 7 (6): 466 – 473.

Guerber J C, Liu B, Correll J C, et al., 2003. Characterization of Diversity in *Colletotrichum Acutatum Sensu Lato* by Sequence Analysis of Two Gene Introns, mtDNA and Intron RFLPs, and Mating Compatibility [J]. Mycologia, 95 (5): 872 – 895.

Gunes G, Watkins C B, Hotchkiss J H, 2001. Physiological Responses of Fresh – Cut Apple Slices under High CO_2 and Low O_2 Partial Pressures [J]. Postharvest Biology and Technology, 22: 197 – 204.

Guo X, Song J, Wang D, et al., 2020. Physiological Activities and Research Status of Gallic Acid and Its Derivatives [J]. Chemical World, 61 (9): 585 – 593.

Gupte S M, El – Bisi H M, Francis F J, 1964. Kinetics of Thermal Degradation of Chlorophyll in Spinach Puree A [J]. Journal of Food Science, 29 (4): 379 – 382.

Halliwell B, 2006. Reactive Species and Antioxidants. Redox Biology Is a Fundamental Theme of Aerobic Life [J]. Plant Physiology, 141 (2): 312 – 322.

Han Q Y, Liu F, Wen X, et al., 2020. Kinetic, Spectroscopic, and Molecular Docking Studies on the Inhibition of Membrane – Bound Polyphenol Oxidase from Granny Smith Apples (*Malus domestica* Borkh.) [J]. Food Chemistry, 338: 127928.

Hao W, Ming Z, Zhao – sheng W, et al., 2018. Research Progress on the Effect of Drying

Technology on the Quality of Dry Fruit and Vegetable Products [J]. Process, 38: 15 - 20.

Harborne J B, 1986. The Flavonoids Advances in Research [M]. London: Chapman and Hall.

He Qiang, Dong Jingwen, 2019. Polyphenols in Fruits and Vegetables and Its Function [J]. Journal of Xihua University (Natural Science Edition), 38 (4): 37 - 44.

Heaton J W, Marangoni A G, 1996. Chlorophyll Degradation in Processed Foods and Senescent Plant Tissues [J]. Trends in Food Science and Technology, 7 (1): 8 - 15.

Hemachandran H, Anantharaman A, Mohan S, et al., 2017. Unraveling the Inhibition Mechanism of Cyanidin - 3 - Sophoroside on Polyphenol Oxidase and Its Effect on Enzymatic Browning of Apples [J]. Food Chemistry, 227: 102 - 110.

Hengle Z, Jianlei Z, Xiaoping F, et al., 2020. Study on the Passivation of Polyphenol Oxidase and Peroxidase in Mango by High Field Ultrasound [J]. Storage and Process, 20 (2): 68 - 73.

Henriod R E, 2006. Postharvest Characteristics of Navel Oranges Following High Humidity and Low Temperature Storage and Transport [J]. Postharvest Biology and Technology, 42 (1): 57 - 64.

Henzler T, Steudle E, 2000. Transport and Metabolic Degradation of Hydrogen Peroxide in *Chara Corallina*: Model Calculations and Measurements with the Pressure Probe Suggest Transport of H_2O_2 across Water Channels [J]. Journal of Experimental Botany, 51 (353): 2053 - 2066.

Higgins P, Bunn H, 1981. Kinetic Analysis of the Nonenzymatic Glycosylation of Hemoglobin [J]. Journal of Biological Chemistry, 256: 5204 - 5208.

Hilber - Bodmer M, Bünter M, Patocchi A, 2010. First Report of Brown Rot Caused by *Monilinia Fructicola* on Apricot in a Swiss Orchard [J]. Plant Disease, 94 (5): 643.

Hithamani G, Medappa H, Chakkaravarthi A, et al., 2018. Effect of Adsorbent and Acidulants on Enzymatic Browning of Sugarcane Juice [J]. Journal of Food Science and Technology, 55 (10): 4356 - 4362.

Hodge J E, 1953. Dehydrated Foods - Chemistry of Browning Reactions in Model Systems [J]. Journal of Agricultural and Food Chemistry, 1 (15): 928 - 943.

Hofmann T, 1998. Studies on Melanoidin - Type Colorants Generated from the Maillard Reaction of Protein - Bound Lysine and Furan - 2 - Carboxaldehyde - Chemical Characterisation of a Red Coloured Domaine [J]. Lebensm Unters Forsch, 206: 251 - 258.

Holthuis J C M, Menon A K, 2014. Lipid Landscapes and Pipelines in Membrane Homeostasis [J]. Nature, 510 (7503): 48 - 57.

Homaida M A, Yan S, Yang H, 2017. Effects of Ethanol Treatment on Inhibiting Fresh - Cut Sugarcane Enzymatic Browning and Microbial Growth [J]. LWT - Food Science and Technology, 77: 8 - 14.

Hou Q, Ufer G, Bartels D, 2016. Lipid Signalling in Plant Responses to Abiotic Stress [J].

Plant Cell and Environment，39（5）：1029 - 1048.

Howard L R，Griffin L E，Lee Y，1994. Steam Treatment of Minimally Processed Carrot Sticks to Control Surface Discoloration [J]. Journal of Food Science，59（2）：356 - 358.

Hsieh L S，Ma G J，Yang C C，et al. ，2010. Cloning，Expression，Site - Directed Mutagenesis and Immunolocalization of Phenylalanine Ammonia - Lyase in *Bambusa oldhamii* [J]. Phytochemistry，71（17/18）：1999 - 2009.

Hu W，Zhou L，Xu Z，et al. ，2013. Enzyme Inactivation in Food Processing Using High Enzyme Inactivation in Food Processing Using High Pressure [J]. Critical Reviews in Food Science and Nutrition，53（2）：145 - 161.

Hua X，Tao S，Sun S，et al. ，2017. Research Progress on Phenolic Compounds of Plant Secondary Metabolites [J]. Biotechnology Bulletin，33（12）：22 - 29.

Huang S，Van Aken O，Schwarzländer M，et al. ，2016. The Roles of Mitochondrial Reactive Oxygen Species in Cellular Signaling and Stress Response in Plants [J]. Plant Physiology，171（3）：1551 - 1559.

Huang W，Bi X，Zhang X，et al. ，2013. Comparative Study of Enzymes，Phenolics，Carotenoids and Color of Apricot Nectars Treated by High Hydrostatic Pressure and High Temperature Short Time [J]. Innovative Food Science and Emerging Technologies，18：74 - 82.

Hughes J C，Evans J L，1969. Studies on After - Cooking Blackening. V. Changes in After - Cooking Blackening and the Chemistry of Majestic and Ulster Beacon Tubers during the Growing Season [J]. European Potato Journal，12（1）：26 - 40.

Ibarz A，Pagán J，Panadés R，et al. ，2005. Photochemical Destruction of Color Compounds in Fruit Juices [J]. Journal of Food Engineering，69（2）：155 - 160.

Illera A E，Sanz M T，Trigueros E，et al. ，2018. Effect of High Pressure Carbon Dioxide on Tomato Juice：Inactivation Kinetics of Pectin Methylesterase and Polygalacturonase and Determination of Other Quality Parameters [J]. Journal of Food Engineering，239：64 - 71.

Imai S，Akita K，Tomotake M，et al. ，2006. Identification of Two Novel Pigment Precursors and a Reddish - Purple Pigment Involved in the Blue - Green Discoloration of Onion and Garlic [J]. Journal of Agricultural and Food Chemistry，54（3）：843 - 847.

Islam M N，Zhang M，Adhikari B，2014. The Inactivation of Enzymes by Ultrasound：A Review of Potential Mechanisms [J]. Food Reviews International，30（1）：1 - 21.

Jacxsens L，Devlieghere F，Steen C Van Der，et al. ，2001. Effect of High Oxygen Modified Atmosphere Packaging on Microbial Growth and Sensorial Qualities of Fresh - Cut Produce [J]. International Journal of Food Microbiology，71（2/3）：197 - 210.

Javier Moreno F，Corzo - Martínez M，Dolores Del Castillo M，et al. ，2006. Changes in Antioxidant Activity of Dehydrated Onion and Garlic during Storage [J]. Food Research International，39（8）：891 - 897.

Jayathunge K G L R，Gunawardhana D K S N，Illeperuma D C K，et al. ，2014. Physico -

Chemical and Sensory Quality of Fresh Cut Papaya (*Carica papaya*) Packaged in Micro – Perforated Polyvinyl Chloride Containers [J]. Journal of Food Science and Technology, 51: 3918 – 3925.

Jeantet, R, Croguennec, T, Schuck, P, 2016. Handbook of Food Science and Technology 1: Food Alteration and Food Quality [M]. New Jersey: John Wiley and Sons.

Cheng X F, Jiang K L, Zhu Y G, et al., 2016. The Mechanism of Enzyme Inactivation Induced by Ultrasound and Its Application in Food Processing [J]. Science and Technology of Food Industry, 37 (8): 351 – 357.

Jin P, Zhu H, Wang J, et al., 2013. Effect of Methyl Jasmonate on Energy Metabolism in Peach Fruit during Chilling Stress [J]. Journal of the Science of Food and Agriculture, 93 (8): 1827 – 1832.

Jin P, Zhu H, Wang L, et al., 2014. Oxalic Acid Alleviates Chilling Injury in Peach Fruit by Regulating Energy Metabolism and Fatty Acid Contents [J]. Food Chemistry, 161: 87 – 93.

Joslyn M A, Peterson R G, 1958. Food Discoloration, Reddening of White Onion Bulb Purees [J]. Journal of Agricultural and Food Chemistry, 6 (10): 754 – 765.

Jun S Y, Sattler S A, Cortez G S, et al., 2018. Biochemical and Structural Analysis of Substrate Specificity of a Phenylalanine Ammonia – Lyase [J]. Plant Physiology, 176 (2): 1452 – 1468.

Kaintz C, Mauracher S G, Rompel A, 2014. Type – 3 Copper Proteins: Recent Advances on Polyphenol Oxidases [J]. Advance in Protein Chemistry and Structural Biology, 97: 1 –35.

Kalachova T, Puga – Freitas R, Kravets V, et al., 2016. The Inhibition of Basal Phosphoinositide – Dependent Phospholipase C Activity in *Arabidopsis* Suspension Cells by Abscisic or Salicylic Acid Acts as a Signalling Hub Accounting for an Important Overlap in Transcriptome Remodelling Induced by These Hormones [J]. Environmental and Experimental Botany, 123: 37 – 49.

Kampatsikas I, Bijelic A, Pretzler M, et al., 2019. A Peptide—Inducing Self-Cleavage Reaction Initiates the Activation of Tyrosinase [J]. Angewandte Chemie International Edition, 58 (22): 7475 – 7479.

Kanteev M, Goldfeder M, Fishman A, 2015. Structure – Function Correlations in Tyrosinases [J]. Protein Science, 24 (9): 1360 – 1369.

Kawaoka A, Ebinuma H, 2001. Transcriptional Control of Lignin Biosynthesis by Tobacco LIM Protein [J]. Phytochemistry, 57 (7): 1149 – 1157.

Kawaoka A, Kaothien P, Yoshida K, et al., 2000. Functional Analysis of Tobacco LIM Protein Ntlim 1 Involved in Lignin Biosynthesis [J]. Plant Journal, 22 (4): 289 – 301.

Kennett B H, 1971. The Anaerobic Decomposition of Ascorbic Acid in the pH Range of Foods and in More Acid Solutions [J]. Journal of the science of food and agriculture, 22:

21 - 23.

Kerchev P, Waszczak C, Lewandowska A, et al. , 2016. Lack of Glycolate Oxidase 1, but Not Glycolate Oxidase 2, Attenuates the Photorespiratory Phenotype of Catalase 2 - Deficient *Arabidopsis* [J]. Plant Physiology, 171 (3): 1704 - 1719.

Kim D, Kim H, Chung H, et al. , 2014. Browning Control of Fresh - Cut Lettuce by Phytoncide Treatment [J]. Food Chemistry, 159: 188 - 192.

Kim D, Park J, Kim J, et al. , 2006. Flavonoids as Mushroom Tyrosinase Inhibitors: A Fluorescence Quenching Study [J]. J Agric Food Chem, 54 (3): 935 - 941.

Kim D Y, Scalf M, Smith L M, et al. , 2013. Advanced Proteomic Analyses Yield a Deep Catalog of Ubiquitylation Targets in *Arabidopsis* [J]. Plant Cell, 25 (5): 1523 - 1540.

Kim M J, Kim C Y, Park I, 2005. Prevention of Enzymatic Browning of Pear by Onion Extract [J]. Food Chemistry, 89 (2): 181 - 184.

Kislinger T, Humeny A, Peich C C, et al. , 2003. Relative Quantification of N$^\epsilon$ - (Carboxymethyl) Lysine, Imidazolone A, and the Amadori Product in Glycated Lysozyme by MALDI - TOF Mass Spectrometry [J]. Journal of Agricultural and Food Chemistry, 51 (1): 51 - 57.

Klimczak I, Gliszczynska - Swiglo A, 2017. Green Tea Extract as an Anti - Browning Agent for Cloudy Apple Juice [J]. Journal of Science Food Agricultural, 97 (5): 1420 - 1426.

Kong M, Murtaza A, Hu X, et al. , 2021. Effect of High - Pressure Carbon Dioxide Treatment on Browning Inhibition of Fresh - Cut Chinese Water Chestnut (*Eleocharis Tuberosa*): Based on the Comparison of Damaged Tissue and Non - Damaged Tissue [J]. Postharvest Biology and Technology, 179 (1): 111557.

Kong Q, Qi J, An P, et al. , 2020. *Melaleuca alternifolia* Oil Can Delay Nutrient Damage of Grapes Caused by *Aspergillus ochraceus* through Regulation of Key Genes and Metabolites in Metabolic Pathways [J]. Postharvest Biology and Technology, 164 (11): 111152.

Kong X, Wei B, Gao Z, et al. , 2018. Changes in Membrane Lipid Composition and Function Accompanying Chilling Injury in Bell Peppers [J]. Plant and Cell Physiology, 59 (1): 167 - 178.

Koushesh Saba M, Sogvar O B, 2016. Combination of Carboxymethyl Cellulose - Based Coatings with Calcium and Ascorbic Acid Impacts in Browning and Quality of Fresh - Cut Apples [J]. LWT - Food Science and Technology, 66: 165 - 171.

Kowalska H, Czajkowska K, Cichowska J, et al. , 2017. What's New in Biopotential of Fruit and Vegetable by - Products Applied in the Food Processing Industry [J]. Trends in Food Science and Technology, 67: 150 - 159.

Kubec R, Hrbáčová M, Musah R A, et al. , 2004. Allium Discoloration: Precursors Involved in Onion Pinking and Garlic Greening [J]. Journal of Agricultural and Food Chemistry, 52 (16): 5089 - 5094.

Kuijpers T F M, Van Herk T, Vincken J P, et al. , 2014. Potato and Mushroom Polyphenol Oxidase Activities Are Differently Modulated by Natural Plant Extracts [J]. Journal of Agricultural and Food Chemistry, 62 (1): 214 - 221.

Kumar M S, Chaudhury S, Balachandran S, 2014. In Vitro Callus Culture of *Heliotropium indicum* Linn. for Assessment of Total Phenolic and Flavonoid Content and Antioxidant Activity [J]. Appl Biochem Biotechnol, 174: 2897 - 2909.

Kumar V B, Mohan T C, Murugan K, 2008. Purification and Kinetic Characterization of Polyphenol Oxidase from Barbados Cherry (*Malpighia glabra* L.) [J]. Food Chemistry, 110 (2): 328 - 333.

Kusano R, Tanaka T, Matsuo Y, et al. , 2007. Structures of Epicatechin Gallate Trimer and Tetramer Produced by Enzymatic Oxidation [J]. Chemical and Pharmaceutical Bulletin, 55 (12): 1768 - 1772.

Kwak E J, Lee Y S, Murata M, et al. , 2004. Effect of Reaction pH on the Photodegradation of Model Melanoidins [J]. LWT - Food Science and Technology, 37 (2): 255 - 262.

Kwak E, Lim S, 2004. The Effect of Sugar, Amino Acid, Metal Ion, and NaCl on Model Maillard Reaction under pH Control [J]. Amino Acids, 27: 85 - 90.

Lado J, Gurrea A, Zacarías L, et al. , 2019. Influence of the Storage Temperature on Volatile Emission, Carotenoid Content and Chilling Injury Development in Star Ruby Red Grapefruit [J]. Food Chemistry, 295 (3): 72 - 81.

Lamb C J, 1979. Regulation of Enzyme Levels in Phenylpropanoid Biosynthesis: Characterization of the Modulation by Light and Pathway Intermediates [J]. Archives of Biochemistry and Biophysics, 192 (1): 311 - 317.

Langer B, Langer M, Rétey J, 2001. Methylidene - Imidazolone (MIO) from Histidine and Phenylalanine Ammonia - Lyase [J]. Novel Cofactors, 58: 175 - 214

Lante A, Tinello F, 2015. Citrus Hydrosols as Useful By - Products for Tyrosinase Inhibition [J]. Innovative Food Science and Emerging Technologies, 27: 154 - 159.

Lante A, Tinello F, Lomolino G, 2013. Effect of UV Light on Microbial Proteases: From Enzyme Inactivation to Antioxidant Mitigation [J]. Innovative Food Science and Emerging Technologies, 17: 130 - 134.

Lante A, Tinello F, Nicoletto M, 2016. UV - A Light Treatment for Controlling Enzymatic Browning of Fresh - Cut Fruits [J]. Innovative Food Science and Emerging Technologies, 34: 141 - 147.

Le B C, Gouble B, Bureau S, et al, 2013. Pink Discoloration of Canned Pears: Role of Procyanidin Chemical Depolymerization and Procyanidin/Cell Wall Interactions [J]. Journal of Agricultural Food Chemistry, 61 (27): 6679 - 6692.

Le T C, Letendre M, Ispas - Szabo P, et al, 2000. Development of Biodegradable Films from Whey Proteins by Cross - Linking and Entrapment in Cellulose [J]. Journal of Agricultural and Food Chemistry, 48 (11), 5566 - 5575.

Leberman, M, Hardenburg R E, 1954. Effect of modified atmospheres on respiration and yellowing of broccoli at 75 ℃ [J]. Proceedings of the American society for hroticultural science, 63: 409 - 414.

Lechner E, Achard P, Vansiri A, et al., 2006. F - Box Proteins Everywhere [J]. Current Opinion in Plant Biology, 9 (6): 631 - 638.

Lee C - H, Parkin K L, 1998. Relationship between Thiosulfinates and Pink Discoloration in Onion Extracts, as Influenced by pH [J]. Food Chemistry, 61 (3): 345 - 350.

Lee M K, Kim Y M, Kim N Y, et al., 2002. Prevention of Browning in Potato with a Heat - Treated Onion Extract [J]. Bioscience, Biotechnology and Biochemistry, 66 (4): 856 - 858.

Lerner N H, 1954. Polyphenoloxidase and the Respiration of Ivy Leaves [J]. Journal of Experimental Botany, 5 (1): 79 - 90.

Lesnefsky E J, Hoppel C L, 2006. Oxidative Phosphorylation and Aging [J]. Ageing Research Reviews, 5 (4): 402 - 433.

Li Q Z, Jie Z, Shu H Z, et al., 2009. Inhibition of Browning on the Surface of Peach Slices by Short - Term Exposure to Nitric Oxide and Ascorbic Acid [J]. Food Chemistry, 114 (1): 174 - 179.

Li D, Chen R, Liu J, et al., 2022. Characterizing and Alleviating the Browning of *Choerospondias axillaris* Fruit Cake during Drying [J]. Food Control, 132 (6): 108522.

Li H, Wu C J, Tang X Y, et al., 2019. Insights into the Regulation Effects of Certain Phenolic Acids on 2,3 - Dihydro - 3,5 - Dihydroxy - 6 - Methyl - 4 (H) - Pyran - 4 - One Formation in a Microaqueous Glucose - Proline System [J]. Journal of Agricultural and Food Chemistry, 67 (32): 9050 - 9059.

Li J, Luo M, Zhou X, et al., 2021. Postharvest Biology and Technology Polyamine Treatment Ameliorates Pericarp Browning in Cold - Stored 'Nanguo' Pears by Protecting Mitochondrial Structure and Function [J]. Postharvest Biology and Technology, 178 (1): 111553.

Li J, Zhou X, Wei B, et al., 2019. GABA Application Improves the Mitochondrial Antioxidant System and Reduces Peel Browning in "Nanguo" Pears after Removal from Cold Storage [J]. Food Chemistry, 297 (3): 124903.

Li L, Yin Tang L, Liang B, et al., 2019. Evaluation of in *Vitro* Embryotoxicity Tests for Chinese Herbal Medicines [J]. Reproductive Toxicology, 89 (11): 45 - 53.

Li M, Hong Y, Wang X, 2009. Phospholipase D - and Phosphatidic Acid - Mediated Signaling in Plants [J]. Biochimica et Biophysica Acta - Molecular and Cell Biology of Lipids, 1791 (9): 927 - 935.

Li M, Liu L, Kermasha S, et al., 2021. Laccase - Catalyzed Oxidative Cross - Linking of Tyrosine and Potato Patatin - and Lysozyme - Derived Peptides: Molecular and Kinetic Study [J]. Enzyme and Microbial Technology, 143 (10): 109694.

Li W, Shi Q, Mo C, et al., 2017. Chemical Composition and Antimicrobial Activity of Several Typical Essential Oils [J]. Microbiology China, 40 (11): 2128 – 2137.

Li X, Li M, Han C, et al., 2017. Increased Temperature Elicits Higher Phenolic Accumulation in Fresh – Cut Pitaya Fruit [J]. Postharvest Biology and Technology, 129: 90 – 96.

Li X, Li M, Wang L, et al., 2018. Methyl Jasmonate Primes Defense Responses against Wounding Stress and Enhances Phenolic Accumulation in Fresh – Cut Pitaya Fruit [J]. Postharvest Biology and Technology, 145: 101 – 107.

Li X J, Li Q, Li X Y, 2017. Formula Optimization of Non – Sulfur Color – Protective Agents for Agaricus Bisporus by Response Surface Methodology [J]. Food Industry (3): 87 – 91.

Li Y X, Pan Y G, He F – P, et al., 2016. Pathway Analysis and Metabolites Identification by Metabolomics of Etiolation Substrate from Fresh – Cut Chinese Water Chestnut (*Eleocharis tuberosa*) [J]. Molecules, 21 (12): 1648.

Li Z, Wang L, Xie B, et al., 2020. Scientia Horticulturae Effects of Exogenous Calcium and Calcium Chelant on Cold Tolerance of Postharvest Loquat Fruit [J]. Scientia Horticulturae, 269 (5): 109391.

Liang X, Wu Y P, Qiu J H, et al., 2014. A Potent Antibrowning Agent from Pine Needles of *Cedrus deodara*: 2R, 3R – Dihydromyricetin [J]. Journal of Food Science, 79 (9): 1643 – 1648.

Lin M, Ke L N, Han P, et al., 2010. Inhibitory Effects of P – Alkylbenzoic Acids on the Activity of Polyphenol Oxidase from Potato (*Solanum tuberosum*) [J]. Food Chemistry, 119 (2): 660 – 663.

Lin Y, Lin H, Lin Y, et al., 2016. The Roles of Metabolism of Membrane Lipids and Phenolics in Hydrogen Peroxide – Induced Pericarp Browning of Harvested Longan Fruit [J]. Postharvest Biology and Technology, 111: 53 – 61.

Lin Y, Lin Y, Lin H, et al., 2017. Inhibitory Effects of Propyl Gallate on Membrane Lipids Metabolism and Its Relation to Increasing Storability of Harvested Longan Fruit [J]. Food Chemistry, 217: 133 – 138.

Lin Y F, Lin Y X, Lin H, et al., 2018. Application of Propyl Gallate Alleviates Pericarp Browning in Harvested Longan Fruit by Modulating Metabolisms of Respiration and Energy [J]. Food Chemistry, 240 (7): 863 – 69.

Liu C J, 2012. Deciphering the Enigma of Lignification: Precursor Transport, Oxidation, and the Topochemistry of Lignin Assembly [J]. Molecular Plant, 5 (2): 304 – 317.

Liu H, Jiang W, Cao J, et al., 2019. Effect of Chilling Temperatures on Physiological Properties, Phenolic Metabolism and Antioxidant Level Accompanying Pulp Browning of Peach during Cold Storage [J]. Scientia Horticulturae, 255: 175 – 182.

Liu H, Song L, You Y, et al., 2011. Cold Storage Duration Affects Litchi Fruit Quality, Membrane Permeability, Enzyme Activities and Energy Charge during Shelf Time at Ambient Temperature [J]. Postharvest Biology and Technology, 60 (1): 24 – 30.

Liu J, Sui Y, Wisniewski M, et al., 2012. Effect of Heat Treatment on Inhibition of Monilinia Fructicola and Induction of Disease Resistance in Peach Fruit [J]. Postharvest Biology and Technology, 65: 61 - 68.

Liu J, Wu F, Chen L, et al., 2012. Biological Evaluation of Coumarin Derivatives as Mushroom Tyrosinase Inhibitors [J]. Food Chemistry, 135 (4): 2872 - 2878.

Liu S, Liu Y, Huang X, et al., 2017. Effect of Ultrasonic Processing on the Changes in Activity, Aggregation and the Secondary and Tertiary Structure of Polyphenol Oxidase in Oriental Sweet Melon (*Cucumis melo* var. *makuwa* Makino) [J]. Journal of the Science of Food and Agriculture, 97 (4): 1326 - 1334.

Liu W, Zou L Q, Liu J P, et al., 2013. The Effect of Citric Acid on the Activity, Thermodynamics and Conformation of Mushroom Polyphenoloxidase [J]. Food Chemistry, 140 (1/2): 289 - 295.

Liu X, Cui X, Ji D, et al., 2021. Luteolin - Induced Activation of the Phenylpropanoid Metabolic Pathway Contributes to Quality Maintenance and Disease Resistance of Sweet Cherry [J]. Food Chemistry, 342 (10): 128309.

Loizzo M R, Tundis R, Menichini F, 2012. Natural and Synthetic Tyrosinase Inhibitors as Antibrowning Agents: An Update [J]. Comprehensive Reviews in Food Science and Food Safety, 11 (4): 378 - 398.

Louie G V, Bowman M E, Moffitt M C C, et al., 2006. Structural Determinants and Modulation of Substrate Specificity in Phenylalanine - Tyrosine Ammonia - Lyases [J]. Chemistry and Biology, 13 (12): 1327 - 1338.

Lovelock S L, Lloyd R C, Turner N J, 2014. Phenylalanine Ammonia Lyase Catalyzed Synthesis of Amino Acids by an MIO - Cofactor Independent Pathway [J]. Angewandte Chemie, 126 (18): 4740 - 4744.

Lu X, Sun D, Li Y, et al., 2011. Scientia Horticulturae Pre - and Post - Harvest Salicylic Acid Treatments Alleviate Internal Browning and Maintain Quality of Winter Pineapple Fruit [J]. Scientia Horticulturae, 130 (1): 97 - 101.

Luengwilai K, Beckles D M, Saltveit M E, 2012. Chilling - Injury of Harvested Tomato (*Solanum lycopersicum* L.) cv. Micro-Tom Fruit Is Reduced by Temperature Pre - Treatments [J]. Postharvest Biology and Technology, 63 (1): 123 - 128.

Luna M C, Tudela J A, Tomás - barberán F A, et al., 2016. Modified Atmosphere (MA) Prevents Browning of Fresh - Cut Romaine Lettuce through Multi - Target Effects Related to Phenolic Metabolism [J]. Postharvest Biology and Technology, 119: 84 - 93.

Lund M N, Ray C A, 2017. Control of Maillard Reactions in Foods: Strategies and Chemical Mechanisms [J]. Journal of Agricultural and Food Chemistry, 65 (23): 4537 - 4552.

Lurie S, Crisosto C H, 2005. Chilling Injury in Peach and Nectarine [J]. Postharvest Biology and Technology, 37 (3): 195 - 208.

Maeda H, Dudareva N, 2012. The Shikimate Pathway and Aromatic Amino Acid Biosynthesis in Plants [J]. Annual Review of Plant Biology, 63: 73 - 105.

Malaikritsanachalee P, Choosri W, Choosri T, 2018. Study on Kinetics of Flow Characteristics in Hot Air Drying of Pineapple [J]. Food Science and Biotechnology, 27 (4): 1047 – 1055.

Manso M C, Oliveira F A R, Oliveira J C, 2001. Modelling Ascorbic Acid Thermal Degradation and Browning in Orange Juice under Aerobic Conditions [J]. International Journal of Food Science and Technology, 36: 303 – 312.

Manzocco L, Panozzo A, Nicoli M C, 2013. Inactivation of Polyphenoloxidase by Pulsed Light [J]. Journal of Food Science, 78 (8): 1183 – 1187.

Manzocco L, Quarta B, Dri A, 2009. Polyphenoloxidase Inactivation by Light Exposure in Model Systems and Apple Derivatives [J]. Innovative Food Science and Emerging Technologies, 10 (4): 506 – 511.

Maria – Solano M A, Ortiz – Ruiz C V, Muñoz – Muñoz J L, et al., 2016. Further Insight into the pH Effect on the Catalysis of Mushroom Tyrosinase [J]. Journal of Molecular Catalysis B: Enzymatic, 125: 6 – 15.

Marino A K, Junior J S P, Magalhães K M, et al., 2018. Chitosan – Propolis Combination Inhibits Anthracnose in "hass" Avocados [J]. Emirates Journal of Food and Agriculture, 30 (8): 681 – 687.

Marrero A, Kader A A, 2006. Optimal Temperature and Modified Atmosphere for Keeping Quality of Fresh – Cut Pineapples [J]. 39: 163 – 168.

Marri C, Frazzoli A, Hochkoeppler A, et al., 2003. Purification of a Polyphenol Oxidase Isoform from Potato (*Solanum tuberosum*) Tubers [J]. Phytochemistry, 63 (7): 745 – 752.

Marsellés – Fontanet Á R, Martín – Belloso O, 2007. Optimization and Validation of PEF Processing Conditions to Inactivate Oxidative Enzymes of Grape Juice [J]. Journal of Food Engineering, 83 (3): 452 – 462.

Martin C, Paz – Ares J, 1997. MYB Transcription Factors in Plants [J]. Trends in Genetics, 13 (2): 67 – 73.

Martínez – Castellanos G, Pelayo – Zaldívar C, Pérez – Flores L J, et al., 2011. Postharvest Litchi (*Litchi chinensis* Sonn.) Quality Preservation by *Lactobacillus plantarum* [J]. Postharvest Biology and Technology, 59: 172 – 178.

Martins S I F S, Jongen W M F, Boekel M A J S Van, 2001. A Review of Maillard Reaction in Food and Implications to Kinetic Modelling [J]. Trends in Food Science and Technology, 11: 364 – 373.

Marusek C M, Trobaugh N M, Flurkey W H, et al., 2006. Comparative Analysis of Polyphenol Oxidase from Plant and Fungal Species [J]. Journal of Inorganic Biochemistry, 100 (1): 108 – 123.

Mathew A G, Parpia H A B, 1971. Food Browning as a Polyphenol Reaction [J]. Advances in Food Research, 19: 75 – 145.

Matile P, Hörtensteiner S, Thomas H, 1999. Chlorophyll Degradation [J]. Annual Review of Plant Biology, 50 (1): 67 – 95.

Mauracher S G, Molitor C, Al – Oweini R, et al., 2014. Latent and Active *Ab*PPO4 Mushroom Tyrosinase Cocrystallized with Hexatungstotellurate (VI) in a Single Crystal [J]. Acta Crystallographica Section D – Structural Biology, 70: 2301 – 2315.

Mavandad M, Edwards R, Liang X, et al., 1990. Effects of *Trans* – Cinnamic Acid on Expression of the Bean Phenylalanine Ammonia – Lyase Gene Family [J]. Plant Physiology, 94 (2): 671 – 680.

Mayer A M, 2006. Polyphenol Oxidases in Plants and Fungi: Going Places? A Review [J]. Phytochemistry, 67 (21): 2318 – 2331.

Mazur S P, Nes A, Wold A, et al., 2014. Effect of Genotype and Storage Time on Stability of Colour, Phenolic Compounds and Ascorbic Acid in Red Raspberry (*Rubus idaeus* L.) Jams [J]. 64 (5): 442 – 453.

Mazza G, Qi H, 1991. Control of After – Cooking Darkening in Potatoes with Edible Film – Forming Products and Calcium Chloride [J]. Journal of Agricultural and Food Chemistry, 39 (12): 2163 – 2166.

McCollum G, Maul P, 2007. 1 – Methylcyclopropene Inhibits Degreening but Stimulates Respiration and Ethylene Biosynthesis in Grapefruit [J]. HortScience, 42 (1): 120 – 124.

McLarin M A, Leung I K H, 2020. Substrate Specificity of Polyphenol Oxidase [J]. Critical Reviews in Biochemistry and Molecular Biology, 55 (3): 274 – 308.

Medina – Meza I G, Boioli P, Barbosa – Cánovas G V, 2016. Assessment of the Effects of Ultrasonics and Pulsed Electric Fields on Nutritional and Rheological Properties of Raspberry and Blueberry Purees [J]. Food and Bioprocess Technology, 9 (3): 520 – 531.

Meitinger M, Hartmann S, Schieberle P, 2014. Development of Stable Isotope Dilution Assays for the Quantitation of Amadori Compounds in Foods [J]. Journal of Agricultural and Food Chemistry, 62 (22): 5020 – 5027.

Mele G, Ori N, Sato Y, et al., 2003. The Knotted 1 – like Homeobox Gene Brevipedicellus Regulates Cell Differentiation by Modulating Metabolic Pathways [J]. Genes and Development, 17 (17): 2088 – 2093.

Meneses N, Saldaña G, Jaeger H, et al., 2013. Modelling of Polyphenoloxidase Inactivation by Pulsed Electric Fields Considering Coupled Effects of Temperature and Electric Field [J]. Innovative Food Science and Emerging Technologies, 20: 126 – 132.

Menniti A M, Donati I, Gregori R, 2006. Responses of 1 – MCP Application in Plums Stored under Air and Controlled Atmospheres [J]. Postharvest Biology and Technology, 39: 243 – 246.

Mertens N, Mai F, Glomb M A, 2019. Influence of Nucleophilic Amino Acids on Enzymatic Browning Systems [J]. Journal of Agricultural Food Chemistry, 67 (6): 1719 – 1725

Mhamdi A, Noctor G, Baker A, 2012. Plant Catalases: Peroxisomal Redox Guardians [J].

Archives of Biochemistry and Biophysics, 525 (2): 181 - 194.

Mi Moon K, Young Kim C, Yeul Ma J, et al., 2019. Xanthone - Related Compounds as an Anti - Browning and Antioxidant Food Additive [J]. Food Chemistry, 274 (8): 345 - 350.

Michalska A, Wojdylo A, Lech K, et al., 2016. Physicochemical Properties of Whole Fruit Plum Powders Obtained Using Different Drying Technologies [J]. Food Chemistry, 207: 223 - 232.

Min Y, Song Y, Ma Q, 2020. Study on Isolation, Purification and Characterization of Tyrosianse from the *Agaricus bisporus* [J]. The Food Industry, 41 (3): 138 - 141.

Mirdehghan S H, Rahemi M, Mart D, et al., 2007. Reduction of Pomegranate Chilling Injury during Storage after Heat Treatment: Role of Polyamines [J]. Postharvest Biology and Technology, 44: 19 - 25.

Mishra B B, Gautam S, Sharma A, 2013. Free Phenolics and Polyphenol Oxidase (PPO): The Factors Affecting Post - Cut Browning in Eggplant (*Solanum melongena*) [J]. Food Chemistry, 139 (1/4): 105 - 114.

Misra N N, Pankaj S K, Segat A, et al., 2016. Cold Plasma Interactions with Enzymes in Foods and Model Systems [J]. Trends in Food Science and Technology, 55: 39 - 47.

Mittler R, 2002. Oxidative Stress, Antioxidants and Stress Tolerance [J]. Trends in Plant Science, 7 (9): 405 - 410.

Mittler R, Berkowitz G, 2001. Hydrogen Peroxide, a Messenger with Too Many Roles [J]. Redox Report, 6 (2): 69 - 72.

Mittler R, Vanderauwera S, Gollery M, et al., 2004. Reactive Oxygen Gene Network of Plants [J]. Trends in Plant Science, 9 (10): 490 - 498.

Miura C, Sugawara K, Neriya Y, et al., 2012. Functional Characterization and Gene Expression Profiling of Superoxide Dismutase from Plant Pathogenic Phytoplasma [J]. Gene, 510 (2): 107 - 112.

Morales F J, 2005. Assessing the Non - Specific Hydroxyl Radical Scavenging Properties of Melanoidins in a Fenton - Type Reaction System [J]. Analytica Chimica Acta, 534 (1): 171 - 176.

Motallebi P, Niknam V, Ebrahimzadeh H, et al., 2015. The Effect of Methyl Jasmonate on Enzyme Activities in Wheat Genotypes Infected by the Crown and Root Rot Pathogen *Fusarium culmorum* [J]. Acta Physiologiae Plantarum, 37 (11): 1 - 11.

Mu Y, Li L, Hu S Q, 2013. Molecular Inhibitory Mechanism of Tricin on Tyrosinase [J]. Spectrochimica Acta Part A: Molecular and Biomolecular Spectroscopy, 107: 235 - 240.

Müller A, Briviba K, Gräf V, et al., 2013. UV - C Treatment Using a Dean Vortex Technology - Impact on Apple Juice Enzymes and Toxicological Potential [J]. Innovative Food Science and Emerging Technologies, 20: 238 - 243.

Müller A, Noack L, Greiner R, et al., 2014. Effect of UV - C and UV - B Treatment on Polyphenol Oxidase Activity and Shelf Life of Apple and Grape Juices [J]. Innovative Food

Science and Emerging Technologies, 26: 498 – 504.

Mundt S, Wedzicha B L, 2003. A Kinetic Model for the Glucose – Fructose – Glycine Browning Reaction [J]. Journal of Agricultural and Food Chemistry, 51 (12): 3651 – 3655.

Muneta P, 1977. Enzymatic Blackening in Potatoes: Influence of pH on Dopachrome Oxidation [J]. American Potato Journal, 54 (8): 387 – 393.

Muneta P, 1981. Comparisons of Inhibitors of Tyrosine Oxidation in the Enzymatic Blackening of Potatoes [J]. American Potato Journal, 58 (2): 85 – 92.

Muneta P, Wang H, 1977. Influence of pH and Bisulfite on the Enzymatic Blackening Reaction in Potatoes [J]. American Potato Journal, 54 (2): 73 – 81.

Murmu S B, Mishra H N, 2018. The Effect of Edible Coating Based on Arabic Gum, Sodium Caseinate and Essential Oil of Cinnamon and Lemon Grass on Guava [J]. Food Chemistry, 245 (11): 820 – 828.

Murtaza A, Muhammad Z, Iqbal A, et al. , 2018. Aggregation and Conformational Changes in Native and Thermally Treated Polyphenol Oxidase From Apple Juice (*Malus domestica*) [J]. Frontiers in Chemistry, 6: 1 – 10.

Muzzopappa F, Kirilovsky D, 2020. Changing Color for Photoprotection: The Orange Carotenoid Protein [J]. Trends in Plant Science, 25 (1): 92 – 104.

Narváez – Cuenca C E, Vincken J P, Gruppen H, 2013. Quantitative Fate of Chlorogenic Acid during Enzymatic Browning of Potato Juice [J]. Journal of Agricultural and Food Chemistry, 61 (7): 1563 – 1572.

Neumann G, Schwemmle B, 1993. Flavonoids from *Oenothera* – Seedlings: Identification and Extranuclear Control of Their Biosynthesis [J]. Journal of Plant Physiology, 142 (2): 135 – 143.

Nishimura M, Fukuda C, Murata M, et al. , 2003. Cloning and Some Properties of Japanese Pear (*Pyrus pyrifolia*) Polyphenol Oxidase, and Changes in Browning Potential during Fruit Maturation [J]. Journal of the Science of Food and Agriculture, 83 (11): 1156 – 1162.

Noctor G, Foyer C H, 2016. Intracellular Redox Compartmentation and ROS – Related Communication in Regulation and Signaling [J]. Plant Physiology, 171 (3): 1581 – 1592.

Noctor G, Lelarge – Trouverie C, Mhamdi A, 2015. The Metabolomics of Oxidative Stress [J]. Phytochemistry, 112 (1): 33 – 53.

O'Beirne D, Murphy E, Eidhin D N, 2011. Effects of Argon Enriched Low – Oxygen Atmospheres and of High – Oxygen Atmospheres on the Kinetics of Polyphenoloxidase (PPO) [J]. Journal of Food Science, 76 (1): 73 – 77.

Obi V I, Barriuso J J, Gogorcena Y, 2018. Peach Brown Rot: Still in Search of an Ideal Management Option [J]. Agriculture (Switzerland), 8 (8): 1 – 34.

Oboh G, Ademosun A O, 2012. Characterization of the Antioxidant Properties of Phenolic Extracts from Some Citrus Peels [J]. 49 (12): 729 – 36.

Olsen K M, Lea U S, Slimestad R, et al. , 2008. Differential Expression of Four *Arabidopsis* PAL *Genes*; PAL1 and PAL2 Have Functional Specialization in Abiotic Environmental – Triggered Flavonoid Synthesis [J]. Journal of Plant Physiology, 165 (14): 1491 – 1499.

Oms – Oliu G, Aguilo' – Aguayo I, Soliva – Fortuny R, et al. , 2009. Effect of Ripeness at Processing on Fresh – Cut 'Flor de Invierno' Pears Packaged under Modified Atmosphere Conditions [J]. International Journal of Food Science and Technology, 44: 900 – 909.

Oms – Oliu G, Martinez R M R – M, Soliva – Fortuny R, et al. , 2008. Effect of Superatmospheric and Low Oxygen Modified Atmospheres on Shelf – Life Extension of Fresh – Cut Melon [J]. Food Control, 19: 191 – 199.

Oo M M, Yoon H Y, Jang H A, et al. , 2018. Identification and Characterization of *Colletotrichum* Species Associated with Bitter Rot Disease of Apple in South Korea [J]. Plant Pathology Journal, 34 (6): 480 – 489.

Ortiz – Ruiz C V, Garcia – Molina M del M, Serrano J T, et al. , 2015. Discrimination between Alternative Substrates and Inhibitors of Tyrosinase [J]. Journal of Agricultural and Food Chemistry, 63 (8): 2162 – 2171.

Otwell W S, Iyengar R, 1992. Inhibition of Enzymatic Browning in Foods and Beverages [J]. Critical Reviews in Food Science and Nutrition, 32 (3): 253 – 273.

Oufedjikh H, Mahrouz M, Amiot M J, et al. , 2000. Effect of γ – Irradiation on Phenolic Compounds and Phenylalanine Ammonia – Lyase Activity during Storage in Relation to Peel Injury from Peel of *Citrus clementina* Hort. Ex. Tanaka [J]. Journal of Agricultural and Food Chemistry, 48 (2): 559 – 565.

Ozolu H, Bayndrl A, 2002. Inhibition of Enzymic Browning in Cloudy Apple Juice with Selected Antibrowning Agents [J]. Food Control, 13 (4/5): 213 – 221.

Pace B, Capotorto I, Ventura M, et al. , 2015. Evaluation of L – Cysteine as Anti – Browning Agent in Fresh – Cut Lettuce Processing [J]. Journal of Food Processing and Preservation, 39 (6): 985 – 993.

Padilla M N, Hernández M L, Sanz C, et al. , 2012. Molecular Cloning, Functional Characterization and Transcriptional Regulation of a 9 – Lipoxygenase Gene from Olive [J]. Phytochemistry, 74: 58 – 68.

Pan X, Li H, Wei H, et al. , 2013. Analysis of the Spatial and Temporal Expression Pattern Directed by the *Populus tomentosa* 4 – Coumarate: CoA Ligase *Pto*4CL2 Promoter in Transgenic Tobacco [J]. Molecular Biology Reports, 40 (3): 2309 – 2317.

Pan Y, Chen L, Pang L, et al. , 2020. Ultrasound Treatment Inhibits Browning and Improves Antioxidant Capacity of Fresh – Cut Sweet Potato during Cold Storage [J]. RSC Advances, 10 (16): 9193 – 9202.

Pan Y, Li Y, Yuan M, 2015. Isolation, Purification and Identification of Etiolation Substrate from Fresh – Cut Chinese Water – Chestnut (*Eleocharis tuberosa*) [J]. Food Chemistry, 186: 119 – 122.

Panadare D, Rathod V K, 2018. Extraction and Purification of Polyphenol Oxidase: A Review [J]. Biocatalysis and Agricultural Biotechnology, 14: 431 – 37.

Pandey V P, Awasthi M, Singh S, et al., 2017. A Comprehensive Review on Function and Application of Plant Peroxidases [J]. Biochem Anal Biochem, 6 (1): 1000308.

Paravisini L, Peterson D G, 2019. Mechanisms Non – Enzymatic Browning in Orange Juice during Storage [J]. Food Chemistry, 289 (5): 320 – 327.

Passardi F, Zamocky M, Favet J, et al., 2007. Phylogenetic Distribution of Catalase – Peroxidases: Are There Patches of Order in Chaos? [J]. Gene, 397 (1/2): 101 – 113.

Patras A, Brunton N P, Tiwari B K, et al., 2011. Stability and Degradation Kinetics of Bioactive Compounds and Colour in Strawberry Jam during Storage [J]. Food Bioprocess Technology, 4: 1245 – 1252.

Paudel P, Seong S H, Wagle A, et al., 2020. Antioxidant and Anti – Browning Property of 2 – Arylbenzofuran Derivatives from *Morus alba* Linn. Root Bark [J]. Food Chemistry, 309 (9): 125739.

Pedreschi F, Kaack K, Granby K, 2006. Acrylamide Content and Color Development in Fried Potato Strips [J]. Food Research International, 39 (1): 40 – 46.

Pellicer J A, Navarro P, Gómez – López V M, 2018. Pulsed Light Inactivation of Mushroom Polyphenol Oxidase: A Fluorometric and Spectrophotometric Study [J]. Food and Bioprocess Technology, 11 (3): 603 – 609.

Pen L T, Jiang Y M, 2003. Effects of Chitosan Coating on Shelf Life and Quality of Fresh – Cut Chinese Water Chestnut [J]. LWT – Food Science and Technology, 36 (3): 359 – 364.

Peng J, Jing W, Hong Z, et al., 2012. Progress on Techniques and Mechanisms in Alleviating Chilling Injury of Postharvest Fruits and Vegetables [J]. Journal of Nanjing Agricultural University, 35: 167 – 174.

Peng L, Jiang Y, 2004. Effects of Heat Treatment on the Quality of Fresh – Cut Chinese Water Chestnut [J]. International Journal of Food Science and Technology, 39 (2): 143 – 148.

Peng L, Yang S, Li Q, et al., 2008. Hydrogen Peroxide Treatments Inhibit the Browning of Fresh – Cut Chinese Water Chestnut [J]. Postharvest Biology and Technology, 47 (2): 260 – 266.

Pennycooke J C, Cox S, Stushnoff C, 2005. Relationship of Cold Acclimation, Total Phenolic Content and Antioxidant Capacity with Chilling Tolerance in *Petunia* (*Petunia×Hybrida*) [J]. Environmental and Experimental Botany, 53 (2): 225 – 232.

Persic M, Mikulic – petkovsek M, Slatnar A, et al., 2017. Chemical Composition of Apple Fruit, Juice and Pomace and the Correlation between Phenolic Content, Enzymatic Activity and Browning [J]. LWT – Food Science and Technology, 82: 23 – 31.

Phillips D J, 1988. Reduction of Transit Injury – Associated Black Discoloration of Fresh Peaches with EDTA Treatments [J]. Plant Disease, 72 (2): 118 – 120.

Pilbák S, Farkas Ö, Poppe L, 2012. Mechanism of the Tyrosine Ammonia Lyase Reaction - Tandem Nucleophilic and Electrophilic Enhancement by a Proton Transfer [J]. Chemistry - A European Journal, 18 (25): 7793 - 7802.

Pilbák S, Tomin A, Rétey J, et al. , 2006. The Essential Tyrosine - Containing Loop Conformation and the Role of the C - Terminal Multi - Helix Region in Eukaryotic Phenylalanine Ammonia - Lyases [J]. FEBS Journal, 273 (5): 1004 - 1019.

Pinhero R G, Almquist K C, Novotna Z, et al. , 2003. Developmental Regulation of Phospholipase D in Tomato Fruits [J]. Plant Physiology and Biochemistry, 41 (3): 223 - 240.

Pinto G P, Ribeiro A J M, Ramos M J, et al. , 2015. New Insights in the Catalytic Mechanism of Tyrosine Ammonia - Lyase given by QM/MM and QM Cluster Models [J]. Archives of Biochemistry and Biophysics, 582: 107 - 115.

Poppe L, Rétey J, 2005. Friedel - Crafts - Type Mechanism for the Enzymatic Elimination of Ammonia from Histidine and Phenylalanine [J]. Angewandte Chemie - International Edition, 44 (24): 3668 - 3688.

Pospíšil P, 2012. Molecular Mechanisms of Production and Scavenging of Reactive Oxygen Species by Photosystem Ⅱ [J]. Biochimica et Biophysica Acta - Bioenergetics, 1817 (1): 218 - 231.

Powers J R, Costello M J, Leung H K, 1984. Peroxidase Fractions from Asparagus of Varying Heat Stabilities [J]. Journal of Food Science, 49 (6): 1618 - 1619.

Del Pozo J C, Estelle M, 2000. F - Box Proteins and Protein Degradation: An Emerging Theme in Cellular Regulation [J]. Plant Molecular Biology, 44 (2): 123 - 128.

Purlis E, 2010. Browning Development in Bakery Products - A Review [J]. Journal of Food Engineering, 99 (3): 239 - 249.

Putnik P, Bursać Kovačević D, Herceg K, et al. , 2017. Effects of Modified Atmosphere, Anti - Browning Treatments and Ultrasound on the Polyphenolic Stability, Antioxidant Capacity and Microbial Growth in Fresh - Cut Apples [J]. Journal of Food Process Engineering, 40 (5): e12539.

Qin G Z, Tian S P, Xu Y, et al. , 2006. Combination of Antagonistic Yeasts with Two Food Additives for Control of Brown Rot Caused by *Monilinia fructicola* on Sweet Cherry Fruit [J]. Journal of Applied Microbiology, 100: 508 - 515.

Qin L, Wu Y, Liu Y, et al. , 2014. Dual Effects of Alpha - Arbutin on Monophenolase and Diphenolase Activities of Mushroom Tyrosinase [J]. PloS One, 9 (10): e109398.

Queiroz C, Mendes Lopes M L, Fialho E, et al. , 2008. Polyphenol Oxidase: Characteristics and Mechanisms of Browning Control [J]. Food Reviews International, 24 (4): 361 - 375.

Ramsden C A, Riley P A, 2014. Tyrosinase: The Four Oxidation States of the Active Site and Their Relevance to Enzymatic Activation, Oxidation and Inactivation [J]. Bioorganic and Medicinal Chemistry, 22 (8): 2388 - 2395.

Ranganna S, Lakshminarayana S, 1968. Nonenzymatic Discolouration in Dried Cabbage. Ascorbic Acid – Amino Acid Interactions [J]. Journal of Agricultural and Food Chemistry, 16: 529 – 533.

Rao J, McClements D J, 2012. Food – Grade Microemulsions and Nanoemulsions: Role of Oil Phase Composition on Formation and Stability [J]. Food Hydrocolloids, 29 (2): 326 – 334.

Rawel H M, Czajka D, Rohn S, et al., 2002. Interactions of Different Phenolic Acids and Flavonoids with Soy Proteins [J]. International Journal of Biological Macromolecules, 30 (3/4): 137 – 150.

Rawson A, Patras A, Tiwari B K, et al., 2011. Effect of Thermal and Non Thermal Processing Technologies on the Bioactive Content of Exotic Fruits and Their Products: Review of Recent Advances [J]. Food Research International, 44 (7): 1875 – 1887.

Reiter R J, Tan D X, Manchester L C, et al., 2001. Biochemical Reactivity of Melatonin with Reactive Oxygen and Nitrogen Species: A Review of the Evidence [J]. Cell Biochemistry and Biophysics, 34 (2): 237 – 256.

Reszczyńska E, Hanaka A, 2020. Lipids Composition in Plant Membranes [J]. Cell Biochemistry and Biophysics, 78 (4): 401 – 414.

Rétey J, 2003. Discovery and Role of Methylidene Imidazolone, a Highly Electrophilic Prosthetic Group [J]. Biochimica et Biophysica Acta – Proteins and Proteomics, 1647 (1/2): 179 – 184.

Riener J, Noci F, Cronin D A, et al., 2008. Combined Effect of Temperature and Pulsed Electric Fields on Apple Juice Peroxidase and Polyphenoloxidase Inactivation [J]. Food Chemistry, 109 (2): 402 – 407.

Riera N, Ramirez – Villacis D, Barriga – Medina N, et al., 2018. First Report of Banana Anthracnose Caused by *Colletotrichum gloeosporioides* in Ecuador [J]. Plant Disease, 103 (4): 763.

Ritter H, Schulz G E, 2004. Structural Basis for the Entrance into the Phenylpropanoid Metabolism Catalyzed by Phenylalanine Ammonia -Lyase [J]. Plant Cell, 16 (12): 3426 – 3436.

Robinson R, 1965. Naturally Occurring Phenolic Compounds [J]. Nature, 208: 515.

Rodoni S, Muhlecker W, Anderl M, et al., 1997. Chlorophyll Breakdown in Senescent Chloroplasts (Cleavage of Pheophorbide a in Two Enzymic Steps) [J]. Plant Physiology, 115 (2): 669 – 676.

Rodrigues M L M, De Souza S G R, Mizobutsi E H, et al., 2020. Anthracnose Control of 'Prata – Ana' Banana with Pre – Harvest Phosphite Application [J]. Revista Brasileira de Fruticultura, 42 (3): 1 – 10.

Rojas – Graü M A, Grasa – Guillem R, Martín – Belloso O, 2007. Quality Changes in Fresh – Cut Fuji Apple as Affected by Ripeness Stage, Antibrowning Agents, and Storage Atmosphere [J]. Journal of Food Science, 72 (1): 36 – 43.

Roldán E, Sánchez - Moreno C, de Ancos B, et al. , 2008. Characterisation of Onion (*Allium cepa* L.) by - Products as Food Ingredients with Antioxidant and Antibrowning Properties [J]. Food Chemistry, 108 (3): 907 - 916.

Romani V P, Hernández C P, Martins V G, 2018. Pink Pepper Phenolic Compounds Incorporation in Starch/Protein Blends and Its Potential to Inhibit Apple Browning [J]. Food Packaging and Shelf Life, 15 (1): 151 - 158.

Ross P D, Subramanian S, 1981. Thermodynamics of Protein Association Reactions: Forces Contributing to Stability [J]. Biochemistry, 20 (11): 3096 - 3102.

Röther D, Poppe L, Morlock G, et al. , 2002. An Active Site Homology Model of Phenylalanine Ammonia - Lyase from *Petroselinum crispum* [J]. European Journal of Biochemistry, 269 (12): 3065 - 3075.

Royer C A, 2006. Probing Protein Folding and Conformational Transitions with Fluorescence [J]. Chemical Reviews, 106 (5): 1769 - 1784.

Ru X, Tao N, Feng Y, et al. , 2020. A Novel Anti - Browning Agent 3 - Mercapto - 2 - Butanol for Inhibition of Fresh - Cut Potato Browning [J]. Postharvest Biology and Technology, 170 (8): 111324.

Salman A, Goupil P, Filgueiras H, et al. , 2008. Controlled Atmosphere and Heat Shock Affect PAL1 and HSP90 mRNA Accumulation in Fresh - Cut Endive (*Cichorium intybus* L.) [J]. European Food Research and Technology, 227 (3): 721 - 726.

Salvia - trujillo L, Rojas - graü A, Soliva - fortuny R, et al. , 2015. Food Hydrocolloids Physicochemical Characterization and Antimicrobial Activity of Food - Grade Emulsions and Nanoemulsions Incorporating Essential Oils [J]. Food Hydrocolloids, 43: 547 - 556.

Salvia - trujillo L, Rojas - graü M A, Soliva - fortuny R, et al. , 2015. Use of Antimicrobial Nanoemulsions as Edible Coatings: Impact on Safety and Quality Attributes of Fresh - Cut Fuji Apples [J]. Postharvest Biology and Technology, 105: 8 - 16.

Sampedro F, Fan X, 2014. Inactivation Kinetics and Photoreactivation of Vegetable Oxidative Enzymes after Combined UV - C and Thermal Processing [J]. Innovative Food Science and Emerging Technologies, 23: 107 - 113.

Sánchez - Ferrer Á, Neptuno Rodríguez - López J, García - Cánovas F, et al. , 1995. Tyrosinase: A Comprehensive Review of Its Mechanism [J]. Biochimica et Biophysica Acta (BBA) /Protein Structure and Molecular, 1247 (1): 1 - 11.

Sandhya, 2010. Modified Atmosphere Packaging of Fresh Produce: Current Status and Future Needs [J]. LWT - Food Science and Technology, 43 (3): 381 - 392.

Sanz M L, Del Castillo M D, Corzo N, et al. , 2001. Formation of Amadori Compounds in Dehydrated Fruits [J]. Journal of Agricultural and Food Chemistry, 49 (11): 5228 - 5231.

Saquet A A, Streif J, Bangerth F, 2003. Energy Metabolism and Membrane Lipid Alterations in Relation to Brown Heart Development in 'Conference' Pears during Delayed Controlled Atmosphere Storage [J]. Postharvest Biology and Technology, 30 (2): 123 - 132.

Saxena A, Saxena T M, Raju P S, 2013. Effect of Controlled Atmosphere Storage and Chitosan Coating on Quality of Fresh - Cut Jackfruit Bulbs [J]. Food and Bioprocess Technology, 6: 2182 - 2189.

Saxena J, Ahmad Makroo H, Srivastava B, 2017. Effect of Ohmic Heating on Polyphenol Oxidase (PPO) Inactivation and Color Change in Sugarcane Juice [J]. Journal of Food Process Engineering, 40 (3): 1 - 11.

Schilling S, Schmid S, Jäger H, et al., 2008. Comparative Study of Pulsed Electric Field and Thermal Processing of Apple Juice with Particular Consideration of Juice Quality and Enzyme Deactivation [J]. Journal of Agricultural and Food Chemistry, 56 (12): 45 - 54.

Schilling S, Sigolotto C I, Carle R, et al., 2008. Characterization of Covalent Addition Products of Chlorogenic Acid Quinone with Amino Acid Derivatives in Model Systems and Apple Juice by High - Performance Liquid Chromatography/Electrospray Ionization Tandem Mass Spectrometry [J]. Rapid Communications in Mass Spectrometry, 22: 441 - 448.

Schmid M, Hinz L V, Wild F, et al., 2013. Effects of Hydrolysed Whey Proteins on the Techno - Functional Characteristics of Whey Protein - Based Films [J]. Materials, 6 (3): 927 - 940.

Seong Hwan K, Kronstad J W, Ellis B E, 1996. Purification and Characterization of Phenylalanine Ammonia - Lyase from *Ustilago maydis* [J]. Phytochemistry, 43 (2): 351 - 357.

Serpen A, Go V, 2007. Reversible Degradation Kinetics of Ascorbic Acid under Reducing and Oxidizing Conditions [J]. Food Chemistry, 104: 721 - 725.

Shannon S, Yamaguchi M, Howard F D, 1967. Precursors Involved in the Formation of Pink Pigments in Onion Purees [J]. Journal of Agricultural and Food Chemistry, 15 (3): 423 - 426.

Shao X, Zhu Y, Cao S, 2013. Soluble Sugar Content and Metabolism as Related to the Heat - Induced Chilling Tolerance of Loquat Fruit During Cold Storage [J]. Food Bioprocess Technol, 6: 3490 - 3498.

Shen Q, Kong F, Wang Q, 2006. Effect of Modified Atmosphere Packaging on the Browning and Lignification of Bamboo Shoots [J]. Journal of Food Engineering, 77 (2): 348 - 354.

Sheng L, Zhou X, Liu Z Y, et al., 2016. Changed Activities of Enzymes Crucial to Membrane Lipid Metabolism Accompany Pericarp Browning in 'Nanguo' Pears during Refrigeration and Subsequent Shelf Life at Room Temperature [J]. Postharvest Biology and Technology, 117: 1 - 8.

Shin N - H, Ryu S Y, Choi E J, et al., 1998. Oxyresveratrol as the Potent Inhibitor on Dopa Oxidase Activity of Mushroom Tyrosinase [J]. Biochemical and Biophysical Research Communications, 243 (3): 801 - 803.

Shinoda Y, Murata M, Homma S, et al., 2004. Browning and Decomposed Products of Model Orange Juice [J]. Bioscience, Biotechnology and Biochemistry, 68 (3): 529 - 536.

Si Y X, Wang Z J, Park D, et al., 2012. Effect of Hesperetin on Tyrosinase: Inhibition Kinetics Integrated Computational Simulation Study [J]. International Journal of Biological Macromolecules, 50 (1): 257 - 262.

Siebert K J, 1999. Effects of Protein - Polyphenol Interactions on Beverage Haze, Stabilization, and Analysis [J]. Journal of Agricultural and Food Chemistry, 47 (2): 353 - 362.

Sikora M, Swieca M, 2018. Effect of Ascorbic Acid Postharvest Treatment on Enzymatic Browning, Phenolics and Antioxidant Capacity of Stored Mung Bean Sprouts [J]. Food Chemistry, 239: 1160 - 1166.

Silva - Navas J, Moreno - Risueno M A, Manzano C, et al., 2016. Flavonols Mediate Root Phototropism and Growth through Regulation of Proliferation - to - Differentiation Transition [J]. Plant Cell, 28 (6): 1372 - 1387.

Singh B, Suri K, Shevkani K, et al., 2018. Enzymatic Browning of Fruit and Vegetables: A Review [J]. Enzymes in Food Technology, 63 - 78.

Singh R, Singh S, Parihar P, et al., 2016. Reactive Oxygen Species (ROS): Beneficial Companions of Plants' Developmental Processes [J]. Frontiers in Plant Science, 7 (9): 1 - 19.

Slaughter J C, 1999. The Naturally Occurring Furanones: Formation and Function from Pheromone to Food [J]. Biological Reviews of the Cambridge Philosophical Society, 74 (3): 259 - 276.

Smirnoff N, Wheeler G L, Smirnoff N, et al., 2000. Ascorbic Acid in Plants: Biosynthesis and Function [J]. Critical Reviews in Plant Sciences, 35 (4): 291 - 314.

Smith O, Nash L B, Dittman A L, 1942. Potato Quality VI. Relation of Temperature and Other Factors to Blackening of Boiled Potatoes [J]. American Potato Journal, 19 (11): 229 - 254.

Sojo M M, Nuñez - Delicado E, García - Carmona F, et al., 1998. Monophenolase Activity of Latent - Banana Pulp Polyphenol Oxidase [J]. Journal of Agricultural and Food Chemistry, 46 (12): 4931 - 4936.

Soliva - fortuny R, Ricart - coll M, Elez - Martínez P, et al., 2007. Internal Atmosphere, Quality Attributes and Sensory Evaluation of MAP Packaged Fresh - Cut Conference Pears [J]. International Journal of Food Science and Technology, 42: 208 - 213.

Sommer N F, Sommer N F, 2009. Role of Controlled Environments in Suppression of Postharvest Diseases [J]. Canadian Journal of Plant Pathology, 7 (3): 311 - 319.

Song M, Shuai L, Huang S, et al., 2019. RNA - Seq Analysis of Gene Expression during the Yellowing Developmental Process of Fresh - Cut Chinese Water Chestnuts [J]. Scientia Horticulturae, 250: 421 - 431.

Song M, Wu S, Shuai L, et al., 2019. Effects of Exogenous Ascorbic Acid and Ferulic Acid on the Yellowing of Fresh - Cut Chinese Water Chestnut [J]. Postharvest Biology and Technology, 148: 15 - 21.

Song Y M, Ha Y M, Kim J A, et al. , 2012. Synthesis of Novel Azo‐Resveratrol, Azo‐Oxyresveratrol and Their Derivatives as Potent Tyrosinase Inhibitors [J]. Bioorg Med Chem Lett, 22 (24): 7451‐7455.

Spadoni A, Cappellin L, Neri F, et al. , 2015. Effect of Hot Water Treatment on Peach Volatile Emission and *Monilinia fructicola* Development [J]. Plant Pathology, 64 (5): 1120‐1129.

Stevens L H, Davelaar E, Kolb R M, et al. , 1998. Tyrosine and Cysteine Are Substrates for Blackspot Synthesis in Potato [J]. Phytochemistry, 49 (3): 703‐707.

Sukhonthara S, Kaewka K, Theerakulkait C, 2016. Inhibitory Effect of Rice Bran Extracts and Its Phenolic Compounds on Polyphenol Oxidase Activity and Browning in Potato and Apple Puree [J]. Food Chem, 190: 922‐927.

Sukhonthara S, Kaewka K, Theerakulkait C, 2016. Inhibitory Effect of Rice Bran Extracts and Its Phenolic Compounds on Polyphenol Oxidase Activity and Browning in Potato and Apple Puree [J]. Food Chemistry, 190: 922‐927.

Sulaiman A, Farid M, Silva F V M, 2017. Quality Stability and Sensory Attributes of Apple Juice Processed by Thermosonication, Pulsed Electric Field and Thermal Processing [J]. Food Science and Technology International, 23 (3): 265‐276.

Sulaiman A, Soo M J, Farid M, et al. , 2015. Thermosonication for Polyphenoloxidase Inactivation in Fruits: Modeling the Ultrasound and Thermal Kinetics in Pear, Apple and Strawberry Purees at Different Temperatures [J]. Journal of Food Engineering, 165: 133‐140.

Sun J, Zhang C L, Deng S R, et al. , 2012. An ATP Signalling Pathway in Plant Cells: Extracellular ATP Triggers Programmed Cell Death in Populus Euphratica [J]. Plant, Cell and Environment, 35 (5): 893‐916.

Surowsky B, Fischer A, Schlueter O, et al. , 2013. Cold Plasma Effects on Enzyme Activity in a Model Food System [J]. Innovative Food Science and Emerging Technologies, 19: 146‐152.

Surowsky B, Schlüter O, Knorr D, 2015. Interactions of Non‐Thermal Atmospheric Pressure Plasma with Solid and Liquid Food Systems: A Review [J]. Food Engineering Reviews, 7 (2): 82‐108.

Suzuki N, Miller G, Morales J, et al. , 2011. Respiratory Burst Oxidases: The Engines of ROS Signaling [J]. Current Opinion in Plant Biology, 14 (6): 691‐699.

Sweetlove L J, Heazlewoo J L, Herald V, et al. , 2002. The Impact of Oxidative Stress on A. Thaliana Mitochondria [J]. The Plant Journal, 32: 891‐904.

Takahashi A, Matsuoka H, Watanabe E, et al. , 2009. Quantitative Analysis of Yellow Pigment in *Takuan‐Zuke* and Their ABTS Radical Cation Scavenging Activity [J]. Food Science and Technology Research, 15 (3): 337‐342.

Taketa S, Matsuki K, Amano S, et al. , 2010. Duplicate Polyphenol Oxidase Genes on Barley Chromosome 2H and Their Functional Differentiation in the Phenol Reaction of Spikes and Grains [J]. Journal of Experimental Botany, 61 (14): 3983 – 3993.

Tan C T, Francis F J, 1962. Effect of Processing Temperature on Pigments and Color of Spinach A [J]. Journal of Food Science, 27 (3): 232 – 241.

Tan J, De Bruijn W J C, Van Zadelhoff A, et al., 2020. Browning of Epicatechin (EC) and Epigallocatechin (EGC) by Auto – Oxidation [J]. Journal of Agricultural and Food Chemistry, 68 (47): 13879 – 13887.

Tan X, Fan Z qi, Zeng Z xiang, et al., 2021. Exogenous Melatonin Maintains Leaf Quality of Postharvest Chinese Flowering Cabbage by Modulating Respiratory Metabolism and Energy Status [J]. Postharvest Biology and Technology, 177 (5): 111524.

Tang T, Xie X, Ren X, et al., 2020. Postharvest Biology and Technology A Difference of Enzymatic Browning Unrelated to PPO from Physiology, Targeted Metabolomics and Gene Expression Analysis in Fuji Apples [J]. Postharvest Biology and Technology, 170 (8): 111323.

Tappi S, Berardinelli A, Ragni L, et al., 2014. Atmospheric Gas Plasma Treatment of Fresh – Cut Apples [J]. Innovative Food Science and Emerging Technologies, 21: 114 – 122.

Tas N G, Gökmen V, 2016. Effect of Alkalization on the Maillard Reaction Products Formed in Cocoa during Roasting [J]. Food Research International, 89: 930 – 936.

Teixidó N, Sisquella M, Usall J, et al., 2012. The Combination of Curing with Either Chitosan or *Bacillus subtilis* CPA – 8 to Control Brown Rot Infections Caused by *Monilinia Fructicola* [J]. Postharvest Biology and Technology, 64: 126 – 132.

Teixidó N, Usall J, 2013. Combination of Peracetic Acid and Hot Water Treatment to Control Postharvest Brown Rot on Peaches and Nectarines [J]. Postharvest Biology and Technology, 83: 1 – 8.

Teng Y, Murtaza A, Iqbal A, et al., 2020. Eugenol Emulsions Affect the Browning Processes, and Microbial and Chemical Qualities of Fresh – Cut Chinese Water Chestnut [J]. Food Bioscience, 38 (1): 100716.

Terefe N S, Buckow R, Versteeg C, 2014. Quality – Related Enzymes in Fruit and Vegetable Products: Effects of Novel Food Processing Technologies, Part 1: High – Pressure Processing [J]. Critical Reviews in Food Science and Nutrition, 54 (1): 24 – 63.

Terefe N S, Delon A, Buckow R, et al., 2015. Blueberry Polyphenol Oxidase: Characterization and the Kinetics of Thermal and High Pressure Activation and Inactivation [J]. Food Chemistry, 188: 193 – 200.

Terefe N S, Yang Y H, Knoerzer K, et al., 2010. High Pressure and Thermal Inactivation Kinetics of Polyphenol Oxidase and Peroxidase in Strawberry Puree [J]. Innovative Food Science and Emerging Technologies, 11 (1): 52 – 60.

Tzia C, 2015. Handbook of Food Processing: Food Preservation [M]. Florida: CRC Press.

Thomas H，1986. The Role of Polyunsaturated Fatty Acids in Senescence [J]. Journal of Plant Physiology，123 (2)：97 – 105.

Thomidis T，Exadaktylou E，2012. First Report of Aspergillus Niger Causing Postharvest Fruit Rot of Cherry in the Prefectures of Imathia and Pella，Northern Greece [J]. Plant Diease，96 (3)：458 – 458.

Thomidis T，Karagiannidis N，Stefanou S，et al. ，2017. Influence of Boron Applications on Preharvest and Postharvest Nectarine Fruit Rot Caused by Brown Rot [J]. Australasian Plant Pathology，46 (2)：177 – 181.

Tinello F，Lante A，2017. Evaluation of Antibrowning and Antioxidant Activities in Unripe Grapes Recovered during Bunch Thinning [J]. Australian Journal of Grape and Wine Research，23 (1)：33 – 41.

Tinello F，Lante A，2018. Recent Advances in Controlling Polyphenol Oxidase Activity of Fruit and Vegetable Products [J]. Innovative Food Science and Emerging Technologies，50：73 – 83.

Toivonen P M A，Brummell D A，2008. Biochemical Bases of Appearance and Texture Changes in Fresh – Cut Fruit and Vegetables [J]. Postharvest Biology and Technology，48 (1)：1 – 14.

Tomás – callejas A，Boluda M，Robles P A，et al. ，2011. Innovative Active ModiFiEd Atmosphere Packaging Improves Overall Quality of Fresh – Cut Red Chard Baby Leaves [J]. LWT – Food Science and Technology，44 (6)：1422 – 1428.

Trabelsi H，Cherif O A，Sakouhi F，et al. ，2012. Total Lipid Content，Fatty Acids and 4 – Desmethylsterols Accumulation in Developing Fruit of *Pistacia lentiscus* L. Growing Wild in Tunisia [J]. Food Chemistry，131 (2)：434 – 440.

Tran L T，Taylor J S，Constabel C P，2012. The Polyphenol Oxidase Gene Family in Land Plants：Lineage – Specific Duplication and Expansion [J]. BMC Genomics，13 (1)：395.

Tressl R，Nittka C，Kersten E，et al. ，1995. Formation of Isoleucine – Specific Maillard Products from [1–¹³C] – D – Glucose and [1–¹³C] – D – Fructose [J]. Journal of Agricultural and Food Chemistry，43 (5)：1163 – 1169.

Tripathi J，Variyar P S，2016. Gamma Irradiation Inhibits Browning in Ready – to – Cook (RTC) Ash Gourd (*Benincasa hispida*) during Storage [J]. Innovative Food Science and Emerging Technologies，33：260 – 267.

Tudela J A，Marín A，Garrido Y，et al. ，2013. Off – Odour Development in Modified Atmosphere Packaged Baby Spinach Is an Unresolved Problem [J]. Postharvest Biology and Technology，75：75 – 85.

Umezawa K，Niikura M，Kojima Y，et al. ，2020. Transcriptome Analysis of the Brown Rot Fungus *Gloeophyllum trabeum* during Lignocellulose Degradation [J]. PLoS ONE，15 (12)：1 – 19.

Valenzuela J L，Manzano S，Palma F，et al. ，2017. Oxidative Stress Associated with Chilling Injury in Immature Fruit: Postharvest Technological and Biotechnological Solutions [J]. International Journal of Molecular Sciences, 18 (7): 1467.

Van B M A J S, 2002. On the use of the Weibull model to describe thermal inactivation of microbial vegetative cells [J]. International Journal of Food Microbiology, 74 (1/2): 139 – 159.

Van D, Verbeyst L, De Vleeschouwer K, et al. , 2012. (Bio) chemical Reactions during High Pressure/High Temperature Processing Affect Safety and Quality of Plant – Based Foods [J]. Trends in Food Science and Technology, 23 (1): 28 – 38.

Vargas – Ramella M, Pateiro M, Gavahian M, et al. , 2021. Impact of Pulsed Light Processing Technology on Phenolic Compounds of Fruits and Vegetables [J]. Trends in Food Science and Technology, 115 (4): 1 – 11.

Vargas M, Chiralt A, Albors A, et al. , 2009. Effect of Chitosan – Based Edible Coatings Applied by Vacuum Impregnation on Quality Preservation of Fresh – Cut Carrot [J]. Postharvest Biology and Technology, 51 (2): 263 – 271.

Vazquez – Armenta F J, Ayala – Zavala J F, Olivas G I, et al. , 2014. Antibrowning and Antimicrobial Effects of Onion Essential Oil to Preserve the Quality of Cut Potatoes [J]. Acta Alimentaria: An International Journal of Food Science, 43 (4): 640 – 649.

Vhangani L N, Van Wyk J, 2021. Heated Plant Extracts as Natural Inhibitors of Enzymatic Browning: A Case of the Maillard Reaction [J]. Journal of Food Biochemistry, 45 (2): 1 – 24.

Vilaplana R, Hurtado G, Valencia – Chamorro S, 2018. Hot Water Dips Elicit Disease Resistance against Anthracnose Caused by Colletotrichum Musae in Organic Bananas (*Musa acuminata*) [J]. Lwt, 95 (1): 247 – 254.

Vilas – Boas E V D B, Kader A A, 2006. Effect of Atmospheric Modification, 1 – MCP and Chemicals on Quality of Fresh – Cut Banana [J]. Postharvest Biology and Technology, 39 (2): 155 – 162.

Vissers A, Kiskini A, Hilgers R, et al. , 2017. Enzymatic Browning in Sugar Beet Leaves (*Beta vulgaris* L.): Influence of Caffeic Acid Derivatives, Oxidative Coupling, and Coupled Oxidation [J]. Journal of Plant Nutrition, 65 (24): 4911 – 4920.

Vitorino C, Carvalho F A, Almeida A J, et al. , 2011. The Size of Solid Lipid Nanoparticles: An Interpretation from Experimental Design [J]. Colloids and Surfaces B: Biointerfaces, 84 (1): 117 – 130.

Vogt T, 2010. Phenylpropanoid Biosynthesis [J]. Molecular Plant, 3 (1): 2 – 20.

Vyatkina G, Bhatia V, Gerstner A, et al. , 2004. Impaired Mitochondrial Respiratory Chain and Bioenergetics during Chagasic Cardiomyopathy Development [J]. Biochimica et Biophysica Acta – Molecular Basis of Disease, 1689 (2): 162 – 173.

Wang – Pruski G, Nowak J, 2004. Potato After – Cooking Darkening [J]. American Journal of Potato Research, 81 (1): 7 – 16.

Wang D, Chen L, Ma Y, et al. , 2019. Effect of UV – C Treatment on the Quality of Fresh – Cut Lotus (*Nelumbo nucifera* Gaertn.) Root [J]. Food Chemistry, 278: 659 – 664.

Wang D, Nanding H, Han N, et al. , 2008. 2 – (1H – Pyrrolyl) Carboxylic Acids as Pigment Precursors in Garlic Greening [J]. Journal of Agricultural and Food Chemistry, 56 (4): 1495 – 1500.

Wang G L, Huang Y, Zhang X Y, et al. , 2016. Transcriptome – Based Identification of Genes Revealed Differential Expression Profiles and Lignin Accumulation during Root Development in Cultivated and Wild Carrots [J]. Plant Cell Reports, 35 (8): 1743 – 1755.

Wang H, Cheng X, Wu C, et al. , 2021. Retardation of Postharvest Softening of Blueberry Fruit by Methyl Jasmonate Is Correlated with Altered Cell Wall Modification and Energy Metabolism [J]. Scientia Horticulturae, 276 (9): 109752.

Wang J, Lv M, Li G, et al. , 2018. Effect of Intermittent Warming on Alleviation of Peel Browning of 'Nanguo' Pears by Regulation Energy and Lipid Metabolisms after Cold Storage [J]. Postharvest Biology and Technology, 142 (120): 99 – 106.

Wang J W, Wu J Y, 2005. Nitric Oxide Is Involved in Methyl Jasmonate – Induced Defense Responses and Secondary Metabolism Activities of Taxus Cells [J]. Plant and Cell Physiology, 46 (6): 923 – 930.

Wang J, Zhou X, Zhou Q, et al. , 2017. Low Temperature Conditioning Alleviates Peel Browning by Modulating Energy and Lipid Metabolisms of 'Nanguo' Pears during Shelf Life after Cold Storage [J]. Postharvest Biology and Technology, 131 (120): 10 – 15.

Wang K, Yin X R, Zhang B, et al. , 2017. Transcriptomic and Metabolic Analyses Provide New Insights into Chilling Injury in Peach Fruit [J]. Plant Cell and Environment, 40 (8): 1531 – 1551.

Wang L, Chen S, Kong W, et al. , 2006. Salicylic Acid Pretreatment Alleviates Chilling Injury and Affects the Antioxidant System and Heat Shock Proteins of Peaches during Cold Storage [J]. Postharvest Biology and Technology, 41: 244 – 251.

Wang L, Shan T, Xie B, et al. , 2018. Glycine Betaine Reduces Chilling Injury in Peach Fruit by Enhancing Phenolic and Sugar Metabolisms [J]. Food Chemistry, 272: 530 –538.

Wang W, Dong W, Li G, et al. , 2013. Effect of Propolis Fruit Wax Coating on the Pear Quality of Shelf Life [J]. Food Science and Technology, 38 (3): 42 – 44.

Wang W, Yagiz Y, Buran T J, et al. , 2011. Phytochemicals from Berries and Grapes Inhibited the Formation of Advanced Glycation End – Products by Scavenging Reactive Carbonyls [J]. Food Research International, 44 (9): 2666 – 2673.

Wang X, Devaiah S P, Zhang W, et al. , 2006. Signaling Functions of Phosphatidic Acid [J]. Progress in Lipid Research, 45 (3): 250 – 278.

Wang X, Hou C, Liu J, et al. , 2013. Hydrogen Peroxide Is Involved in the Regulation of Rice (*Oryza Sativa* L.) Tolerance to Salt Stress [J]. Acta Physiologiae Plantarum, 35 (3): 891 – 900.

Wang Y, Luo Z, Khan Z U, et al. , 2015. Effect of Nitric Oxide on Energy Metabolism in Postharvest Banana Fruit in Response to Chilling Stress [J]. Postharvest Biology and Technology, 108: 21 – 27.

Wang Y, Zhang G, Yan J, et al. , 2014. Inhibitory Effect of Morin on Tyrosinase: Insights from Spectroscopic and Molecular Docking Studies [J]. Food Chemistry, 163: 226 – 233.

War A R, Paulraj M G, Ahmad T, et al. , 2012. Mechanisms of Plant Defense against Insect Herbivores [J]. Plant Signaling and Behavior, 7 (10): 1306 – 1320.

Wedzicha B L, Kaputo M T, 1992. Melanoidins from Glucose and Glycine: Composition, Characteristics and Reactivity towards Sulphite Ion [J]. Food Chemistry, 43: 359 – 367.

Weiser D, Bencze L C, Bánóczi G, et al. , 2015. Phenylalanine Ammonia – Lyase – Catalyzed Deamination of an Acyclic Amino Acid: Enzyme Mechanistic Studies Aided by a Novel Microreactor Filled with Magnetic Nanoparticles [J]. ChemBioChem, 16 (16): 2283 – 2288.

Wellner A, Huettl C, Henle T, 2011. Formation of Maillard Reaction Products during Heat Treatment of Carrots [J]. Journal of Agricultural and Food Chemistry, 59 (14): 7992 – 7998.

Wessels B, Damm S, Kunz B, et al. , 2014. Effect of Selected Plant Extracts on the Inhibition of Enzymatic Browning in Fresh – Cut Apple [J]. Journal of Applied Botany and Food Quality, 87: 16 – 23.

Woolf A B, Wibisono R, Farr J, et al. , 2013. Effect of High Pressure Processing on Avocado Slices [J]. Innovative Food Science and Emerging Technologies, 18: 65 – 73.

Wu Q, Chen H, Lv Z, et al. , 2013. Oligomeric Procyanidins of Lotus Seedpod Inhibits the Formation of Advanced Glycation End – Products by Scavenging Reactive Carbonyls [J]. Food Chemistry, 138 (2/3): 1493 – 1502.

Xiang J, Zhang M, Apea – Bah F B, et al. , 2019. Hydroxycinnamic Acid Amide (HCAA) Derivatives, Flavonoid C – Glycosides, Phenolic Acids and Antioxidant Properties of Foxtail Millet [J]. Food Chemistry, 295 (1): 214 – 223.

Xiao Y, He J, Zeng J, et al. , 2020. Application of Citronella and Rose Hydrosols Reduced Enzymatic Browning of Fresh – Cut Taro [J]. Food Biochem, 44 (1): 1 – 10.

Xiao Z, 2017. Reasearch Advance in Application of Protein Edible Film Preservation in Fresh – Cut Fruits [J]. Food Science, 3 (5) 234 – 235.

Xie M, Zhang J, Tschaplinski T J, et al. , 2018. Regulation of Lignin Biosynthesis and Its Role in Growth – Defense Tradeoffs [J]. Frontiers in Plant Science, 9: 1427.

Xiong S L, Lim G T, Yin S J, et al. , 2019. The Inhibitory Effect of Pyrogallol on Tyrosinase Activity and Structure: Integration Study of Inhibition Kinetics with Molecular Dynamics Simulation [J]. International Journal of Biological Macromolecule, 121: 463 – 471.

Xiong Z, Liu W, Zhou L, et al. , 2016. Mushroom (*Agaricus bisporus*) Polyphenoloxidase Inhibited by Apigenin: Multi – Spectroscopic Analyses and Computational Docking Simulation [J]. Food Chemistry, 203: 430 – 439.

Xu Q, Zhang C, Wu J, et al., 2020. Research Progress in Biosynthesis of Anthocyanins [J]. Chemistry and Industry of Forest Products, 40 (3): 1 - 11.

Yamauchi N, Funamoto Y, Shigyo M, 2004. Peroxidase - Mediated Chlorophyll Degradation in Horticultural Crops [J]. Phytochemistry Reviews, 3 (1): 221 - 228.

Yao H J, Tian S P, 2005. Effects of a Biocontrol Agent and Methyl Jasmonate on Postharvest Diseases of Peach Fruit and the Possible Mechanisms Involved [J]. Journal of Applied Microbiology, 98: 941 - 950.

Yaylayan V A, 2003. Recent Advances in the Chemistry of Strecker Degradation and Amadori Rearrangement: Implications to Aroma and Color Formation [J]. Nippon Shokuhin Kagaku Kogaku Kaishi, 50 (8): 372 - 377.

Ye Z, Zhang J, Townsend D M, et al., 2015. Oxidative Stress, Redox Regulation and Diseases of Cellular Differentiation [J]. Biochemica et Biophysica Acta - General Subjects, 1850 (8): 1607 - 1621.

Yee W, Cing L, Cheun F, et al., 2019. Inhibition of Enzymatic Browning in Sweet Potato [*Ipomoea Batatas* (L.)] with Chemical and Natural Anti - Browning Agents [J]. J Food Process Preserv, 43 (9): 1 - 8.

Yeoh W K, Ali A, 2017. Ultrasound Treatment on Phenolic Metabolism and Antioxidant Capacity of Fresh - Cut Pineapple during Cold Storage [J]. Food Chemistry, 216: 247 - 253.

Yi C, Jiang Y, Shi John, et al., 2010. ATP - Regulation of Antioxidant Properties and Phenolics in Litchi Fruit during Browning and Pathogen Infection Process [J]. Food Chemistry, 118 (1): 42 - 47.

Yi J, Jiang B, Zhang Z, et al., 2012. Effect of Ultrahigh Hydrostatic Pressure on the Activity and Structure of Mushroom (*Agaricus bisporus*) Polyphenoloxidase [J]. Journal of Agricultural and Food Chemistry, 60 (2): 593 - 598.

Yi J, Yi J, Dong P, et al., 2015. Effect of High - Hydrostatic - Pressure on Molecular Microstructure of Mushroom (*Agaricus bisporus*) Polyphenoloxidase [J]. LWT - Food Science and Technology, 60 (2): 890 - 898.

Yin D, Brunk U L F T, 1991. Oxidized Ascorbic Acid and Reaction Products between Ascorbic and Amino Acids Might Constitute of ACE Pigments [J]. Mechanisms of Ageing and Development, 61 (1): 99 - 112.

Yin R, Messner B, Faus - Kessler T, et al., 2012. Feedback Inhibition of the General Phenylpropanoid and Flavonol Biosynthetic Pathways upon a Compromised Flavonol - 3 - O - Glycosylation [J]. Journal of Experimental Botany, 63 (7): 2465 - 2478.

Yoo H, Widhalm J R, Qian Y, et al., 2013. An Alternative Pathway Contributes to Phenylalanine Biosynthesis in Plants via a Cytosolic Tyrosine: Phenylpyruvate Aminotransferase [J]. Nature Communications, 4: 2833.

Yoruk R, Marshall M R, 2003. Physicochemical Properties and Function of Plant Polyphenol Oxidase: A Review [J]. Journal of Food Biochemistry, 27 (5): 361 - 422.

You Y, Jiang Y, Sun J, et al. , 2012. Effects of Short – Term Anoxia Treatment on Browning of Fresh – Cut Chinese Water Chestnut in Relation to Antioxidant Activity [J]. Food Chemistry, 132 (3): 1191 – 1196.

Yu A, Tan Z, Wang F, 2013. Mechanistic Studies on the Formation of Pyrazines by Maillard Reaction between L – Ascorbic Acid and L – Glutamic Acid [J]. LWT – Food Science and Technology, 50 (1): 64 – 71.

Yu Q, Fan L, Duan Z, 2019. Five Individual Polyphenols as Tyrosinase Inhibitors: Inhibitory Activity, Synergistic Effect, Action Mechanism, and Molecular Docking [J]. Food Chemistry, 297: 124910.

Yu S in, Kim H, Yun D J, et al. , 2019. Post – Translational and Transcriptional Regulation of Phenylpropanoid Biosynthesis Pathway by Kelch Repeat F – Box Protein SAGL1 [J]. Plant Molecular Biology, 99 (1/2): 135 – 148.

Yu Z L, Zhang Z, Zeng W C, 2014. Investigation of Antibrowning Activity of Pine Needle (*Cedrus Deodara*) Extract with Fresh – Cut Apple Slice Model and Identification of the Primary Active Components [J]. European Food Research and Technology, 239 (4): 669 – 678.

Yu Z, Zhang Z, Zeng W, 2014. Investigation of Antibrowning Activity of Pine Needle (*Cedrus Deodara*) Extract with Fresh – Cut Apple Slice Model and Identification of the Primary Active Components [J]. European Food Research and Technology, 239: 669 – 678.

Yue J, Feng – ping H E, Hui – ling Z, et al. , 2017. Effect of Ethanol Treatment on Fresh – Cut Chinese Water Chestnut Etiolation and the Related Enzymes [J]. Food Science (10): 326 – 330.

Zambrano – zaragoza M L, Mercado – silva E, L A D R, et al. , 2014. The Effect of Nano – Coatings with α – Tocopherol and Xanthan Gum on Shelf – Life and Browning Index of Fresh – Cut 'Red Delicious' Apples [J]. Innovative Food Science and Emerging Technologies, 22: 188 – 196.

Zerdin K, Rooney M L, Vermue J, 2003. The Vitamin C Content of Orange Juice Packed in an Oxygen Scavenger Material [J]. 82: 387 – 395.

Zhang C, Ding Z, Xu X, 2010. Crucial Roles of Membrane Stability and Its Related Proteins in the Tolerance of Peach Fruit to Chilling Injury [J]. Amino Acids, 39: 181 – 194.

Zhang C, Jin Y, Liu J, et al. , 2014. The Phylogeny and Expression Profiles of the Lipoxygenase (LOX) Family Genes in the Melon (*Cucumis melo* L.) Genome [J]. Scientia Horticulturae, 170: 94 – 102.

Zhang D, Quantick P C, Grigor J M, et al. , 2001. A Comparative Study of Effects of Nitrogen and Argon on Tyrosinase and Malic Dehydrogenase Activities [J]. Food Chemistry, 72 (1): 45 – 49.

Zhang J P, Chen Q X, Song K K, et al. , 2006. Inhibitory Effects of Salicylic Acid Family Compounds on the Diphenolase Activity of Mushroom Tyrosinase [J]. Food Chemistry, 95

(4)：579 - 584.

Zhang J，Li J，Murtaza A，et al. ，2021. Synergistic Effect of High - intensity Ultrasound and β - cyclodextrin Treatments on Browning Control in Apple Juice [J]. International Journal of Food Science and Technology，1 - 11.

Zhang J，Sun X，2021. Recent Advances in Polyphenol Oxidase - Mediated Plant Stress Responses [J]. Phytochemistry，181 (11)：112588.

Zhang S，Lin Yuzhao，Lin H，et al. ，2018. *Lasiodiplodia theobromae* (Pat.) Griff. & Maubl. - Induced Disease Development and Pericarp Browning of Harvested Longan Fruit in Association with Membrane Lipids Metabolism [J]. Food Chemistry，244 (7)：93 - 101.

Zhang W，Zhao H，Jiang H，et al. ，2020. Multiple 1 - MCP Treatment More Effectively Alleviated Postharvest Nectarine Chilling Injury than Conventional One - Time 1 - MCP Treatment by Regulating ROS and Energy Metabolism [J]. Food Chemistry，330 (6)：127256.

Zhang X，Gou M，Liu C J，2013. Arabidopsis Kelch Repeat F - Box Proteins Regulate Phenylpropanoid Biosynthesis via Controlling the Turnover of Phenylalanine Ammonia - Lyase [J]. Plant Cell，25 (12)：4994 - 5010.

Zhang X，Liu C J，2015. Multifaceted Regulations of Gateway Enzyme Phenylalanine Ammonia - Lyase in the Biosynthesis of Phenylpropanoids [J]. Molecular Plant，8 (1)：17 - 27.

Zhang Y，Aryee A N A，Simpson B K，2020. Current Role of in Silico Approaches for Food Enzymes [J]. Current Opinion in Food Science，31：63 - 70.

Zhang Z，Huber D J，Qu H，et al. ，2015. Enzymatic Browning and Antioxidant Activities in Harvested Litchi Fruit as Influenced by Apple Polyphenols [J]. Food Chemistry，171：191 - 199.

Zhang Z，Pang X，Xuewu D，et al. ，2005. Role of Peroxidase in Anthocyanin Degradation in Litchi Fruit Pericarp [J]. Food Chemistry，90 (1/2)：47 - 52.

Zhang Z，Zhang Y，Huber D J，et al. ，2010. Changes in Prooxidant and Antioxidant Enzymes and Reduction of Chilling Injury Symptoms during Low - Temperature Storage of 'Fuyu' Persimmon Treated with 1 - methylcyclopropene [J]. Hortscience，45 (11)：1713 -1718.

Zhao S，Gong H，Tian Y，et al. ，2018. Preparation of PLA/SA Composite Coating and Its Application in Quality Preservation of Sweet Cherries [J]. Food Science，39 (11)：221 - 226.

Zhao Y，Song C，Brummell D A，et al. ，2021. Salicylic Acid Treatment Mitigates Chilling Injury in Peach Fruit by Regulation of Sucrose Metabolism and Soluble Sugar Content [J]. Food Chemistry，358 (10)：129867.

Zheng Z P，Tan H Y，Wang M，2012. Tyrosinase Inhibition Constituents from the Roots of Morus Australis [J]. Fitoterapia，83 (6)：1008 - 1013.

Zhimo V Y, Dilip D, Sten J, et al., 2017. Antagonistic Yeasts for Biocontrol of the Banana Postharvest Anthracnose Pathogen *Colletotrichum musae* [J]. Journal of Phytopathology, 165 (1): 35 - 43.

Zhou D, Li L, Wu Y, et al., 2015. Salicylic Acid Inhibits Enzymatic Browning of Fresh - Cut Chinese Chestnut (*Castanea mollissima*) by Competitively Inhibiting Polyphenol Oxidase [J]. Food Chemistry, 171: 19 - 25.

Zhou F, Jiang A, Feng K, et al., 2019. Effect of Methyl Jasmonate on Wound Healing and Resistance in Fresh - Cut Potato Cubes [J]. Postharvest Biology and Technology, 157 (7): 110958.

Zhou L, Liu W, Xiong Z, et al., 2016. Different Modes of Inhibition for Organic Acids on Polyphenoloxidase [J]. Food Chemistry, 199: 439 - 446.

Zhou L, Liu W, Zou L, et al., 2017. Aggregation and Conformational Change of Mushroom (*Agaricus bisporus*) Polyphenoloxidase Subjected to Thermal Treatment [J]. Food Chemistry, 214: 423 - 431.

Zhou L, Tey C Y, Bingol G, et al., 2016. Effect of Microwave Treatment on Enzyme Inactivation and Quality Change of Defatted Avocado Puree during Storage [J]. Innovative Food Science and Emerging Technologies, 37: 61 - 67.

Zhou Y, Huang J S, Yang L Y, et al., 2016. First Report of Banana Anthracnose Caused by *Colletotrichum scovillei* in China [J]. Plant Disease, 101 (2): 381.

Zhu L Q, Zhou J, Zhu S H, 2010. Effect of a Combination of Nitric Oxide Treatment and Intermittent Warming on Prevention of Chilling Injury of Feicheng Peach Fruit during Storage [J]. Food Chemistry, 121 (1): 165 - 170.

Zhu L, Zhu L, Murtaza A, et al., 2019. Ultrasonic Processing Induced Activity and Structural Changes of Polyphenol Oxidase in Orange (*Citrus sinensis* Osbeck) [J]. Molecules, 24: 1922.

Zhu S, Sun L, Liu M, et al., 2008. Effect of Nitric Oxide on Reactive Oxygen Species and Antioxidant Enzymes in Kiwifruit during Storage [J]. Journal of the Science of Food and Agriculture, 2331 (1): 2324 - 2331.

Zhuang W B, Liu T Y, Shu X C, et al., 2018. The Molecular Regulation Mechanism of Anthocyanin Biosynthesis and Coloration in Plants [J]. Zhiwu Shengli Xuebao/Plant Physiology Journal, 54 (11): 1630 - 1644.

Zocca F, Lomolino G, Lante A, 2011. Dog Rose and Pomegranate Extracts as Agents to Control Enzymatic Browning [J]. Food Research International, 44 (4): 957 - 963.

Zuo X, Cao S, Jia W, et al., 2021. Near - Saturated Relative Humidity Alleviates Chilling Injury in Zucchini Fruit through Its Regulation of Antioxidant Response and Energy Metabolism [J]. Food Chemistry, 351 (9): 129336.

Zuo X, Cao S, Zhang M, et al., 2021. Postharvest Biology and Technology High Relative Humidity (HRH) Storage Alleviates Chilling Injury of Zucchini Fruit by Promoting the

Accumulation of Proline and ABA [J]. Postharvest Biology and Technology, 171 (8): 111344.

Zwicker K, Dikalov S, Matuschka S, et al., 1998. Oxygen Radical Generation and Enzymatic Properties of Mitochondria in Hypoxia/Reoxygenation [J]. Arzneimittel – Forschung, 48 (6): 629 – 636.

常浩祥，杨敏，张炎，等，2014. 牦牛乳源乳糖水解工艺及美拉德反应抑制剂的研究 [J]. 食品工业科技，35 (13): 95 – 99.

曹丽萍，田文妮，夏雨，等，2019. 产乳酸芽孢杆菌发酵液对山药护色及多糖免疫活性的影响 [J]. 食品研究与开发，28 (9): 44 – 51.

郭庆启，张娜，王硕，等，2012. 蓝靛果汁中维生素 C 热降解动力学研究 [J]. 食品工业科技，33 (8): 179 – 182.

郝云彬，相兴伟，周宇芳，等，2019. 复合无硫抑制剂对中华管鞭虾中多酚氧化酶的协同作用机理 [J]. 食品与发酵工业，45 (9): 25 – 31.

李申，马亚琴，韩智，等，2015. 氨基酸在柑橘汁非酶褐变过程中的影响和作用 [J]. 食品与发酵工业，41 (11): 249 – 255.

李香玉，张新华，李富军，等，2011. 采后热处理影响果蔬贮藏品质机理的研究进展 [J]. 北方园艺，5: 204 – 208.

林铭杰，张建桃，宋庆奎，等. 雾化植物精油在荔枝保鲜中的应用研究 [J]. 现代农业科技 (6): 205 – 215.

王洪斌，肖萌，李新楠，等，2016. 豌豆发酵液对莲藕多酚氧化酶的抑制作用及机理 [J]. 中国食品学报，16 (5): 76 – 81.

蒋依辉，钟云，2005. 热处理对板栗酶活性及贮藏品质的影响 [J]. 食品与发酵 (4): 1 – 4.